U0143259

中央高校基本科研业务费专项资金项目（项目编号：CCNU19HQ019）

资助成果

华中师范大学历史文化学院一流学科（新一轮）建设项目资助成果

先秦孝文化史

许刚 著

凤凰出版社

图书在版编目（CIP）数据

先秦孝文化史 / 许刚著. -- 南京 : 凤凰出版社, 2023.4 （2023.11重印）
ISBN 978-7-5506-3843-3

Ⅰ. ①先… Ⅱ. ①许… Ⅲ. ①孝-文化研究-中国-先秦时代 Ⅳ. ①B823.1

中国版本图书馆CIP数据核字(2022)第243759号

书　　名	先秦孝文化史
著　　者	许　刚
责任编辑	汪允普
装帧设计	陈贵子
责任监制	程明娇
出版发行	凤凰出版社(原江苏古籍出版社) 发行部电话025-83223462
出版社地址	江苏省南京市中央路165号,邮编:210009
照　　排	南京新洲印刷有限公司
印　　刷	南京新洲印刷有限公司 江苏省南京市六合区雨花路2号　211500
开　　本	880毫米×1230毫米　1/32
印　　张	12.5
字　　数	270千字
版　　次	2023年4月第1版
印　　次	2023年11月第2次印刷
标准书号	ISBN 978-7-5506-3843-3
定　　价	98.00元

(本书凡印装错误可向承印厂调换,电话:025-57500228)

序

许刚先生新作《先秦孝文化史》即将由凤凰出版社刊行，邀我作序。我三十年前在台湾出版过一本研究孝道的著作，也由此得以结识许刚先生，多有学术往还，今承蒙看重，不能推辞，乃勉为之序。

《论语·学而》载有子曰："君子务本，本立而道生。孝弟也者，其为仁之本与！"孔子思想的核心是"仁"，而"仁"是由"孝"生发和推衍出来的，所以孝是儒家学说中一项极为重要的内容，是奠定儒家思想的基石。中国文化以孝为根本，宗法社会以孝为基础，可见孝道在中国文化中的地位是无与伦比的。从某种意义上来说，中国的孝文化研究得越精深，对中华文明的独特精神就会理解得越深透。许刚先生发愿要写出一部《中华孝文化史》，而本书就是其中的第一册，我看不仅其志可嘉，只这个选题本身即折射出作者深邃的历史眼光、强烈的文化自觉和过人的学术担当。

仔细阅读书稿，感到有几个值得称道的特点，在此有必要向读者朋友分享一下。

第一，符合"史"的体例，孝文化被成功地描述为一个历史的过程。我在三十年前曾给孝道下过一个定义："所谓孝，就是伴随人类自身再生产而自然产生的亲亲之情，在文明社会中，它是表现纵向血缘关系中晚辈对长辈的行为规范的观念体系的总和。”如此说来，从历史和哲学上看，孝属于道德范畴的社会意识形态，而并非一种物质形态的存在。那么孝作为一种非物质的文化现象，它当然也有自己生成、发展、演化的历史。本书试图“断代地呈现中国孝文化第一个历史阶段先秦时期的基本情况”，即还原出先秦时期中国孝文化的历史演进过程。从全书看，这一目的是达到了。作者从原始社会孝文化的产生讲起，而以五帝时期的尧舜时代为代表，进而勾勒出夏商周三代对氏族社会传统孝文化的继承和不断扬弃不断发展的历史印迹，是完全符合历史真实的。先秦孝文化史中不可或缺的一个重要时期，是春秋末开始的百家争鸣时代，从儒墨道法各家的孝道学说一直到《孝经》的成书，作者对本期孝文化繁荣的历史进程把握得也很到位。

第二，文献引证丰富而严谨，彰显本书是一本学术专著而非通俗读物。研究先秦孝文化史(包括古史的传说时代)所凭借的文献资料，当然以儒家六经为主，这里胪列繁富，且分析到位，有力地佐证了全书的观点。当然，读者也许会觉得一些具体的孝文化史实描述得还不够生动和明确，这是由于资料的匮乏，孔子就曾经感慨夏商时代的典章制度说不清，是由于“文献不足故也”。上古时代的中国文明只留下了苍茫而模糊的背影，三皇时代不用说了，对五帝及夏商时代的勾勒和描述也只能是粗线条的。尽管如此，在没有发现新史料的前提下，本书在一些问题的研究上还是有了一定的突破，这应该是得益于作者对传世文献的理解和运用能力。

第三，列专章论述孝文化背景下女性的地位和命运，为全书增色不少。当时男女在社会和家庭中的地位是不同的，这没有疑问。这个问题看似平常，实际关系重大，男尊女卑、夫尊妻卑并非简单的性别歧视，而是反映着父权制下最本质的东西。将孝道作为一个独立的社会意识形态来考察，父权制无疑是其唯一的基础，当政者提倡孝道的目的，就是维护父子相承的宗法血亲制度。作者使用的材料主要是刘向的《列女传》，由于涉及具体人物，更能表达真实性并增加可读性。从理论上讲，本章前面引的《左传》和《穀梁传》更可说明问题，“三礼”中记载有关婚礼的典仪和阐释尤其重要，读者可参看本书第二章第四节“宗法礼制”。

第四，文风俗而不庸，读来引人入胜。作者在导论中为本书的定位，是追求史学的真实性、哲学的思辨性和文学的可读性。能将严肃的学问用轻松而不乏幽默的语言娓娓道来，融汇古今的同时又能接地气，比板着面孔做学问强。

最后一点我个人非常赞同和推崇的是，这一套《中华孝文化史》的研究和写作，是作者的自选课题，并没有申报国家或教育部重大项目基金之类。目前学术界的风气，是拼命组队申报大项目，钻心磨眼地争取大量研究经费，以求名利双收之效。我看，学术虽为天下公器，更是一种个体行为，大团队集体攻关，最后的成果也许洋洋大观，可惜多无实际价值，徒增笑柄耳。许刚先生学养深厚，年轻有为，尤其能耐寂寞，不赶潮流，实为难得。相信会将这部书作为一个新的起点，在今后的研究中不断超越自己。盼望早日读到全套《中华孝文化史》。

康学伟

2022 年 11 月序于长春净月潭书屋

目　录

导论："先秦·孝·文化·史"　*1*

第一章　舜帝：一出场就登峰造极的完美孝子　*5*

第一节　"人不独亲其亲，不独子其子"：原始社会时期的孝文化　*5*

第二节　"尧舜之道，孝悌而已矣"：五帝时期的孝文化　*23*

第三节　文献材料中的舜帝：从最早的《尚书》"克谐以孝"四字，到后来史书的绘声绘色　*30*

第四节　自圆其说：《孟子》中关于舜帝孝道的师生问答　*48*

第二章　夏商周三代："生事爱敬，死事哀戚"的孝文化图像　*87*

第一节　日常生活　*90*

第二节　尊老养老　*98*

第三节　丧葬祭祀　*112*

一、丧葬　*112*

二、祭祀　*136*

第四节　宗法礼制　*154*

第五节　《诗经》中的千古孝诗　*169*

第三章　“父子·君臣”：亲情恩仇和忠孝矛盾　*181*

第一节　太子伋兄弟的“替死”　*187*

第二节　“忠孝难两全”的太子申生　*191*

第三节　“杀父之仇，不共戴天”的伍子胥　*200*

第四节　“养母之恩，义薄云天”的灵辄、北郭骚、聂政　*216*

第四章　“妇事舅姑，如事父母”：刘向《列女传》为代表的女性孝道守则　*222*

第五章　儒家四子的孝道学说　*235*

第一节　孔子　*236*

一、《论语·学而》：行孝为仁　*236*

二、《论语·为政》：因材施教的四子问孝与“道之以德”的“孝亦为政”　*243*

三、三年之丧　*252*

第二节　曾子　*263*

第三节　孟子　*275*

第四节　荀子　*283*

第六章　诸子百家的孝道争鸣　*292*

第一节　墨家　*292*

一、兼爱：君臣父子皆能孝慈，若此，则天下治　*293*

二、“孝，利亲也”的物质功利与“节葬，不失死生之利者”的三日之丧　*296*

第二节　法家　307
第三节　道家　318
第四节　《管子》与《晏子春秋》、《吕氏春秋》　326

第七章　《孝经》：先秦孝文化的体系构建　341
第一节　《孝经》作者考论　342
第二节　《孝经》内容概论　351

余论：先秦孝文化史的总结判断　381

主要参考文献　384

后　记　388

导论："先秦·孝·文化·史"

第一，先秦。

先秦，也就是秦以前的意思，这里的"秦"，指的是秦始皇统一中国以后的秦朝，而不是在这之前的秦国。

先秦之后，按照史学界约定俗成的历史阶段划分，为秦汉、魏晋南北朝、隋唐、宋元、明清，实际上，每一个朝代都可以单独为一个研究对象，进一步讲，不要说每一个朝代了，就是每一个朝代中的每一个皇帝执政期，也可以单独为一个研究对象，几年几十年的历史不容一成不变，遑论你方唱罢我登台式的前赴后继。然而微观固然可以"一微再微"，宏观却也不可或缺，何况微观有微观的依据，宏观也有宏观的道理，所以以每一个朝代或者历史阶段为研究对象，仍不妨许它以存在的理由。

先秦之前也是如此，或者说，更是如此。简单讲，所谓先秦，为秦朝统一中国以前的历史，那么，它的头和尾便是中国有史以来的原始社会到秦朝，中间包含夏商周三代。这个历史阶段，比先秦之后任何一个历史阶段都要漫长悠久，甚至可以说，比先秦之后迄今的所有历史阶段总和还要大且多。显然，其中的每一段都可以理直气壮地独立；不过，无奈的是，它固然漫长悠久，却也茫昧难以确知，一如孔子所慨叹，“文献不足故也”，即便自中国人最早的五经开始，截止到秦朝以前，作为中华文明草创时期，现存古书的数量和内容，委实珍稀得可怜。在这种情况下，我们不得已做一个压缩汇总并提炼，似也有合情合理的“合法性”。

所以，本书未能免俗，也以先秦作一个独立方便的研究对象，这是首先要说明的。

第二，孝。

孝，是本书的核心命题。

孝是什么，这在当下似乎是一个人人皆知不需要解释的问题，事实确实如此，所以这里也就不必辞费。尽管认真讲究起来，绝大多数人也未必真说得明白。然而在先秦时期，孝到底是什么，到底意味着什么、包含着什么，并不如我们现在这般约定俗成的比较单一的理解。孝，固然有孝敬父母、孝顺父母、孝养父母的涵义，也还有别的意思，甚至孝这个字，起初或许还不是孝敬父母、孝顺父母、孝养父母的涵义，而是别的意思。事实究竟是怎样的呢？这个问题，学界有注意到并论述的，我们会充分吸收其成果，并作出相应阐释。这里只先说明一点：本书所研究探讨的孝，既包括家庭亲子之间的孝敬父母、孝顺父母、孝养父母这一古今主要涵义，也包括家庭以外，社会、国家层面的尊老、敬老、养老等一系列礼俗礼制，前者为主，后者为辅，由此涉及的相关内容都属于“孝文化”的范畴。

第三，文化。

文化是什么，众说纷纭，难以一律。本书不欲就此辨析，只想“快刀斩乱麻”地“一言以蔽之”：所谓的文化，就是和人有关的一切事物。

这里还要交代一下，为何本书是用“孝文化”一词，而不是有的学者所用的“孝道”?

“孝道”一词，源远流长(最早见于司马迁《史记·仲尼弟子列传》)，但其偏重于伦理思想，和道德、精神关系密切，而“孝文化”则无所不包，除了“孝道”这一层面外，它还包括政治、经济、法律、艺术、宗教、风俗等领域，可以说，但凡是人的一切活动，都可以有孝的因子，涵盖了家庭、社会、国家所有层面。所以，用“孝文化”比用“孝道”更利于展开研究，也更能充分勾勒总结孝的立体式、全方位影响。

第四，史。

史，无非就是过去人类活动的尽可能真实呈现。所以，史的第一要义应该是基本情况的如实展示，其次才是在此基础上的研究和发挥。当然，这也只是我们主观上刻意地区分，实际上，整个过程下来，二者往往是交织在一起的，没有研究和发挥，哪有基本情况的如实展示?不过其间的差别依稀也还是有的，所以，本书的定位是，首先为史学的真实性，其次为哲学的思辨性和文学的可读性，庶几接近个人心目中文史哲三位一体的学术研究范式。本人虽才疏学浅，然而亦不妄自菲薄，颇有宏愿，争取做到既能“走进去”(是什么)，也能“走出来”(为什么)。另外，在参照其他学者成果时，也会借鉴吸收心理学等方法，但也仅仅是“借鉴吸收”而已，毕竟个人是历史学科班出身，难以奢望所谓跨学科融会贯通之，勉为其难，适彰其丑，不如老老实实做点力所能及的事。

以上是本人对本书的解题，总结一下，即:“先秦孝文化史”是断代地呈现中国孝文化第一个历史阶段先秦时期的基本情况，说得高端点，叫正本清源，说得平实些，就是从头考察。学历史出身的人，大约总免不了从头开始的癖好，总认为这样才能沿着历史发展的脉络看清楚看明白一些问题，实际上，历史的前后固然有因果的必然，也往往有意外的偶然，未必那么一环扣一环，环环相扣，但自上而下地纵向考察梳理，总不失为一种比较顺当的方式，而事实上，就中国孝文化而言，如果不从头说起，那么涉及先秦以后的许许多多现象都不好理解，或者不易说明。我们完成了先秦孝文化史这一工作之后，便会发现，先秦以后的方方面面，说得保守一点，都只不过是先秦孝文化体系下的一种稳定延续和点滴改变而已，直到晚清民国西学东渐以来的“千余年未有之大变局”阶段。

先秦时期是我国学术文化、政治经济形成“中国特色”的奠基时期、轴心时代，孝文化也不例外，在这一时期，其便已充分发展、高度发达，影响了后世两千余年，一直绵延到今天。孟子说“尧舜之道，孝悌而已矣”。儒家从孔子以来，祖述尧舜，宪章文武，孝道是仁义学说的核心点、发散源。从原始社会末期的孝道萌芽，到尧舜孔孟和诸子百家的孝道阐发，先秦孝文化已经牢固地发生成长于中国历史文化的童年期、少壮期，甚至早熟地呈现出成熟期的许多特质。单一文化的强大惯性，像一个藩篱，笼罩着国家、民族下的群体和个人。借用“一部西方哲学史，都是柏拉图的注脚”这样的说法，我们也可以说，一部中国孝文化史，都是先秦孝文化的演绎！

这话说得够满的了，真的是这样么？我，本书的作者，坚定地如此认为；你，本书的读者，怎么看？请君开卷，请君评判。

第一章　舜帝：一出场就登峰造极的完美孝子

第一节　“人不独亲其亲，不独子其子”：原始社会时期的孝文化

近代以来，我们采用西方学界说法，把人类社会从古到今分为原始社会、奴隶社会、封建社会云云，这种五阶段说法，现在已不再为学界完全遵信，正处于被质疑、被突破的重新架构时期。按照我国古代的文献记载，我们最早的一个阶段，虽有“原始”的这样或那样的色彩，但也蕴含后世文明的元素，“原始”的色彩在一些古文献中尚零星残存，而文明的元素则被重笔浓墨地描述。譬如，司马迁《史记》以“五帝本纪”为开篇，似乎仍是我们今天赖以探讨中国历史的起点。就中国孝文化史来看，早在所谓原始社会的五帝时期，便达到了“相当明显”的文明程度。这一奇特的文化现象，值得我们认真琢磨和考察。

我们可以先自问一个问题：是不是从有了人类开始，就有孝道伦理的产生？换言之，人类孝道伦理的发生，是和人类自身的出现相同步的吗？

依据目前学者们的研究，答案是否定的。

民族学有丰富的例证可以说明，在物质资料、精神文明极为贫乏的蒙昧时代与野蛮时代早期，是根本谈不到孝的观念的(其实也包括许许多多的文明时代产生的观念)。比如吃人风气，“吃人的风气在整个蒙昧阶段是普遍流行的，平时吃被俘获的敌人，遇到饥荒的时候，就连自己的朋友和亲属也会被吃掉”,① 类似这样的现象，许多民族都曾经存在过。“在周口店北京人遗址里，所发现的骨头大部分都有伤痕，其中的压陷和碎骨可能是尖状器等重物打击所致，大而圆的损伤是圆石和木棒打伤的，显然与食人之风有关。”“在古代文献中，不乏食人的记载。《太平寰宇记》卷一六七：‘獠人专欲吃人，得一人头，即得多妇。’周致中《异域志》卷上：‘父母死，则召亲戚挝鼓共食其尸肉。’陆次云《峒溪纤志》卷上：‘遐黎生婺岑以北，椰瓢蔽体，父母过五十则烹而食之。云葬于腹中，谓之得所。’以上均为食人之风的残余。”② 可见我国历史上也有过此种情况。

再比如杂交关系，更无文明时代所谓人伦人道。这方面，我们不妨来看一下翦伯赞《先秦史》中的论述：

在这样的群中之两性关系，当然没有什么父母之命，媒妁之言，完全是基于生理的要求，与相互的情感之共鸣

① [美]路易斯·亨利·摩尔根著，杨东莼、马雍、马巨译：《古代社会》(上册)，商务印书馆1977年8月第1版，第22页。

② 宋兆麟：《中国风俗通史·原始社会卷》，上海文艺出版社2001年11月第1版，第40页。惟后世残余，据此可考食人之风，似亦不得谓其“不孝”云云，一则“过五十则烹而食之”，有此数限，折射一定之认识；二则“葬于腹中，谓之得所”，更可见此事此俗之共识，某种程度上反过来证明这也是一种“孝道”。

而发生的纯自然的不固定的性交。因为当时的人，还不能认识谁是他的父母，所以“民有其亲死不哭，而民不非也”（《庄子·天运》）。

在这一时代的人群，他们“男女杂游，不媒不娉”（《列子·汤问》），过着极自由的、不受到任何束缚的性的生活。在这种性的关系中，包括亲子间的性交。但我们必须知道这时的人类，尚无亲疏等级之别，亦无尊卑长上之分。在今日所谓亲子的关系，在当时，只不过是年龄上的等级之差别，即老年与壮年，壮年与幼年的关系而已。在原始杂交生活中，根本没有可能使一个人认识谁是他的父亲，谁是他的子女，因而在今日所谓亲子间的性交，在当时，只不过是不同年龄级的人们之性交而已。从而在今日看来是逆伦伤风的事情，在当时，则认为是正当的行为。

翦伯赞又继续论述“血族群婚与原始杂交不同之处，即后者是不受到任何限制的杂交，而前者则是受到年龄等级的限制之杂交”，并说：

原始杂交和血族群婚，是蒙昧下期的人类之两性关系，这在现存的人类中，即使在最落后的民族中，也再找不出这样的例子了。但是在有巢氏时代，是存在过的。关于亲子间的性交，因为与伦理主义太相背逆，这样的传说即使在古代曾经有过，在伦理主义出现以后，一定也被消灭了。但是抱着妹妹做新娘的传说却留下来了。《绎史》卷七注引《博物志》云：“昔高阳氏有同产而为夫妇，帝放之此野，相抱而死。”同书卷八注引《搜神记》云：高辛氏乃令少女从盘瓠，“经三年，产六男六女，自相配偶”。这种神话正是血族群婚最好的例子。

又据文献所载，这样的家族形态直至汉唐时代，在中国境内外诸落后民族中，还有不少停滞在这个历史阶段，或者还保有血族群婚之浓厚的残余。如党项、新罗、安息、波斯、附国等。他们都是兄弟姊妹互为夫妇，而且有些还没有排除亲子间的性交。后者如宕昌羌、突厥、吐谷浑、林邑、松外诸蛮、多摩长及北狄等，他们都是父死妻其母，子死妻其媳，兄弟死妻其嫂及弟妇。

不仅在汉唐时代的四裔诸落后民族中有此残余，就是在我们的今日，这种不受年龄拘束的婚姻，也还是存在。在现在，一个人还是可以和子辈或孙辈的异性结婚，这种两性的结合，就正是有巢氏时代的遗风呵！①

翦伯赞这里的论述，应该是建立在摩尔根《古代社会》一书相关考察研究成果基础上，② 但是这里似乎有个问题，即原

① 翦伯赞：《先秦史》，北京大学出版社 1999 年 5 月第 2 版，第 38—40 页。

② 郭沫若《中国古代社会研究》就已经说：“大抵人类在最原始的时候，只能靠极简单的工具获取自然物以营生，当时是只能有一种群居生活，和禽兽相差不远。当时的性的生活不消说也完全是一种杂婚，便是一切男女都是自然的夫妇。《吕氏春秋·恃君览》上有几句很重要的话，最先道破了这个秘密。……这种群聚生活逐渐进化，就因为‘知母不知父’的关系，逐渐地便成为母系中心的社会，便是由从前的散漫的群聚变成为血族的群体。这便是人类社会的最初的雏形。”“五帝和三王祖先的诞生都是感天而生，知有母而不知有父，那暗射出一个杂交时代或者群婚时代的影子。”“故中国有史以前之传说，其可信者如帝王诞生之知有母而（转下页）

始杂交中的亲子性交，我在查阅摩尔根《古代社会》后，并未发现有此说明，其列举的人类社会之初，无论是澳大利亚人的

（接上页）不知有父，而且均系野合，这是表明社会的初期是男女杂交或血族群婚。”（人民出版社 1964 年 10 月第 2 版，第 192、196、201 页）宋兆麟《中国风俗通史・原始社会卷》也认为：“原始群的早期阶段，两性关系是杂乱的性交关系。人们可以‘无限制地性交’，还没有婚姻和家庭。但是，它同动物的性交关系是有严格区别的。……有兄弟与姊妹的婚配，没有上下辈婚配的限制。我国古代文献中记载的‘昔太古尝无君矣，其民聚生群处，知母不知父，无亲戚兄弟夫妻男女之别，无上下长幼之道’，‘男女杂游，不媒不娉’，都是对当时人类社会状态的生动描述和追忆。这是人类脱离动物状态之后的必然发展阶段。”“由于不同年龄的男女之间生理条件的悬殊所引起的反应，人们思维的进步，父母与子女也不愿发生通婚关系，终于逐步排斥了杂乱的性交关系，发展为比较固定的血缘群团。又称血缘家庭或血缘公社。它既是一个生产生活单位，又是一个内部互婚的集团。其内部排斥了祖辈和少辈之间，双亲和子女之间互为夫妻的权利和义务，而在同一辈分之间既是兄妹，也是夫妻，即兄弟姐妹，从兄弟姐妹之间互相通婚。”（第 548—549 页）郭、宋和翦伯赞意见一致，这应是从马恩那里参考而来的。徐扬杰《中国家族制度史》说：“当时还不可能产生关于两性结合的任何规定，也不可能产生限制和约束两性关系的任何道德与习俗，在群体之内，只要双方愿意，任何一个男子可以同任何一个女子发生性关系，即使是父母子女祖孙等直系亲属之间发生性关系，也不视为逆伦行为。这种家庭产生以前的杂乱的性生活，在我国古代文献中也曾朦胧地提到过。所谓男女杂游，不媒不聘，所谓无亲戚、兄弟、夫妻、男女之别，就是说的这种杂乱的性生活。”又说：“关于人类婚姻家庭史上的杂乱性生活阶段和血族群婚阶段，中外一部分古人类学家、社会学家和历史学家持否定的态度。这里我们仍然采用经过马克思、恩格斯补充、论证过的摩尔根的意见。”（武汉大学出版社 2012 年 2 月第 1 版，第 25—26 页）现在看来，固守摩尔根的意见已经站不住脚了，张祥龙《〈尚书・尧典〉解说：以时、孝为源的正治》即指出：“人类有明确的乱伦禁忌，实行外婚制。人类从开始就有乱伦禁忌和外婚制，这是 20 世纪人类学进展带来的一个共识，纠正了摩尔根的错误。他在解释印第安人的亲属称谓时出了错，以至于下了一个推断：印第安人乃至所有的原始人群，在他观察的社会阶段之前，有过一个完全没有家庭和乱交的时代，因此某群体中的这一代人都被当作是上一代人的后代，称上一代人为爸爸妈妈，互称兄弟姐妹。他是被称谓的表层含义迷惑了。经过大量的人类学调查，否证了他推断出的结论。”（生活・读书・新知三联书店 2015 年 8 月第 1 版，第 36—37 页）

婚级制，还是他所说的“五种顺序相承的家族形态”之血婚制、伙婚制等等，都没有“原始杂交中的亲子性交”这一现象，最初便是同龄同辈异性男女或者说兄弟姐妹之间的结合，直至后来限制条件愈来愈多，而彼此关系越来越远的婚姻。通过了解动物近亲繁殖信息，研究者发现神奇的造物主有各种方法使它们避免近亲之间的繁殖，那么，太古蒙昧时期的人类应该也不会“沦丧”到亲子性交的地步。美国著名动物行为学家弗朗斯·德瓦尔《猿形毕露：从猩猩看人类的权力、暴力、爱与性》一书，其中第三章《性：性欲旺盛的灵长类动物》之《青春可口》一节便说：

> 有一个限制是所有动物都无法突破的。想要获得繁殖的优点，就必须避免近亲交配。在猿类中，自然界的解决方式就是母猿迁徙：年轻母猿离开原本的社群，摆脱所有具有血缘关系的公猿，包括自己知道的对象，例如同母兄弟，以及它不知道的对象，例如自己的父亲与同父兄弟。没有人认为，猿类或任何其他动物有可能懂得近亲繁殖的不良后果。迁徙习性是自然汰择的结果，不是有意识的决定。……由于公猿的姐妹以及其他可能有血缘关系的母猿都会离开社群，因此不太可能有近亲交配的问题。唯一可能发生近亲交配的对象，就是公猿和自己的母亲——一如所料，这正是巴诺布猿唯一没有的性伴侣配对组合。公猿两岁以前，母亲偶尔会摩擦它的生殖器，但不久之后就会停止这么做。年轻公猿既然无法从母亲身上获得任何回应，就会开始向其他母猿索求

性行为。①

这一观察与研究，可谓学理性旁证，供我们去推测思考人类原始社会之初的相关伦理问题。瞿明安《中国原始社会乱婚说质疑》借助人类学等方法诠释道：

> 不仅母子之间、兄弟姐妹之间的关系在绝大多数类人猿中能够分辨清楚，而且大猩猩和长臂猿还可以分辨父母与子女以及配偶之间的关系，且尽量避免近亲之间的性关系。因此，比这些类人猿进化程度更高的早期人类在社会关系方面产生的认同心理只会显得更强，而不至于处于古代学者所推测的“无亲戚兄弟夫妻男女之别，无上下长幼之道”以及“未有夫妇妃匹之合”的状态。②

瞿文的质疑是有道理的，最起码，亲子之间的性交确然是于史无征、于动物亦无征的。翦伯赞自己也说，“关于亲子间的性交，因为与伦理主义太相背逆，这样的传说即使在古代曾经有过，在伦理主义出现以后，一定也被消灭了”，这怕只是一种揣测而已，他举证的古文献所载“妻母”现象，是“妻其庶母及伯叔母”“姑姨”、“妻其群母”“继母、世叔母”、“妻其后母、世叔母”，都不是亲子关系上的亲生母亲，类似

---

① ［美］弗朗斯·德瓦尔：《猿形毕露：从猩猩看人类的权力、暴力、爱与性》，生活·读书·新知三联书店 2015 年 4 月第 1 版，第 125—126 页。

② 瞿明安：《中国原始社会乱婚说质疑》，《民族研究》2001 年第 4 期，第 25—26 页。

于王昭君为继位之匈奴单于所继承的“烝”、“报”式婚姻形态(所谓“烝”、“报”，就是继承父亲地位的儿子，可以和除了生母以外的父亲其他妻妾发生婚姻关系)，只有安息那一条据《文献通考·四裔考》是“母子递相禽兽”，未明是亲生母亲与否，估计同上的可能性很大。实际上，华夏族也有过这一现象，春秋时期晋献公烝于其父晋武公妾齐姜，生秦穆夫人及太子申生；郑文公报叔父子仪妃陈妫，生太子华及公子臧；等等，并不鲜见。所以，原始杂交中的亲子性交这一说法，值得怀疑，需要进一步研究。①

---

① 《吕氏春秋·恃君览》说：“昔太古尝无君矣，其民聚生群处，知母不知父，无亲戚兄弟夫妻男女之别，无上下长幼之道，无进退揖让之礼，无衣服履带宫室畜积之便，无器械舟车城郭险阻之备，此无君之患，故君臣之义不可不明也。自上世以来，天下亡国多矣，而君道不废者，天下之利也。”这段材料往往被征引为原始社会人类童年时代的杂交群婚，然而此处也只是说“知母不知父”，并不能直接推出“原始杂交中的亲子性交”这一命题，所谓“无别”、“无道”、“无礼”，只是说没有后世文明时代的君臣、父母子女、夫妻兄弟等伦理道德礼节，这样解读应当更稳妥。又，吕振羽《史前期中国社会研究》也引述《吕氏春秋·恃君览》、《列子·汤问》这两处材料，并附以现实例证云：“在湖南武冈、邵阳一带也有如次一种最流行的神话：‘在古代，有次洪水滔天，人们全被淹死了，只留下东山老人和南山小妹两兄妹，他俩为着要传后代，所以同胞兄妹就结了婚，现在的人全是他俩的后代。’直到今日，当地人的祖先堂上所供奉的第一对祖宗，就是东山老人和南山小妹，因而这段神话，无疑也正反映了原始的血缘杂交。同胞兄妹可以结婚，男女可以‘不媒不聘’的‘杂游’，并且也没有什么‘亲戚、兄弟、夫妇、男女’的分别，大家‘聚生群处’，这种情形，在彭那鲁亚婚制发生以后，便要受着排除的。只有在原始杂交的群团中，才能画出这幅两性生活的图画来。”“彭那鲁亚婚姻制，是男女两性各于其同辈的‘阶级’中自由结合的。所以‘长幼侪居，不君不臣，男女杂游，不媒不聘’的传说，便是这种婚姻制度内容的一种说明。不过在这种婚姻制度的内容上，当氏族出现以后，男女两性便只许和其对方氏族（转下页）

不过，翦伯赞《先秦史》对于知母不知父现象的揭示，还是符合我们迄今为止的认识的："直到对偶婚家族时代，人类还不能正确地认识其真正的父亲。在对偶婚家族中，虽然女子已有一个主夫，但同时，还有许多庶夫；因而当时的人们虽然可能由其母主夫的存在而认识其父亲，但这只是名义上的父亲，而非真正的父亲。"① 这当然也是在郭沫若、吕振羽等前期研究基础上的借鉴，② 由此而为尧舜禹之"感天而生"作出与时俱进的解释：

（接上页）中的同辈'阶级'结婚。莫尔根说……因而传说中之所谓'上古男女无别，伏羲始制婚娶……女娲氏与伏羲同母……佐伏羲以重万民之别，而民始不渎'的神话，在这里便能得到说明了；这便在意义着开始排除兄弟姊妹间结婚关系的一种传说。""据传，黎族在很早以前，也存在过原始的血缘群婚，如关于人类的起源，他们有这样的传说：以前在洪水过去以后，只留下了兄妹两人，因为到处又没有别的人，就结了婚，生下四男四女，第一对是汉族和苗族的祖先，第二对是杞黎的祖先，第三对是侾黎的祖先，第四对是白沙本地黎的祖先。这表明黎人也是从血缘群婚和对偶婚走过来的。"吕氏一书最早出版于 1934 年，翦伯赞《先秦史》则晚出 10 年（1944 年），《先秦史》自序也提到吕著，其中亦借鉴了吕氏研究成果，而在此问题上，吕著同样未有"原始杂交中的亲子性交"的说法，清楚明白地说是"兄弟姊妹间的"杂游关系。详参吕振羽《史前期中国社会研究》，河北教育出版社 2000 年 5 月第 1 版，第 73、82、273 页。

① 翦伯赞：《先秦史》，第 97 页。

② 如郭沫若《中国古代社会研究》云："原始的人只知有母而不知有父，这在欧洲是前世纪的后半期才发现了的。但在中国是已经老早有人倡道了。《吕氏春秋》的《恃君览》上说：'昔太古尝无君矣，其民聚生群处，知母不知父，无亲戚兄弟夫妻男女之别。'所以这种学说在我们中国应该是并不稀奇，并不是那样可以使人惊骇的。不过中国的古人只知道有那种生活的现象而没有人详细地去研究过那种原始社会的各种结构，在这儿我们仍然不能不多谢恩格斯（Engels）和美国近代学者摩尔根（Morgan）了。"（第 3 页）

在对偶婚的家族中，不是片面的多妻，而是男子多妻，女子多夫。关于这样的事实之存在，却在另一种传说中暗示出来。这就是从黄帝以至尧、舜、禹这些神话人物，传说中皆谓他们系感天而生。感天而生者，即在多夫多妻的对偶婚家族中，人们尚不能正确的认识其亲身的父亲，因而不能不托于龟蛇之类的动物以设定一个假设的父亲。

传说中只记黄帝之母曰附宝，帝尧之母曰庆都，帝舜之母曰握登，帝禹之母曰修己，而皆不及其父。后来虽然有些传说替舜创造了一个父亲曰瞽瞍，替禹创造了一个父亲曰鲧；但这也只能意味着是舜、禹的母亲之主夫，因而也只能是舜、禹之名义上的父亲。因此之故，所以传说中谓黄帝之生乃其母感北斗之大电，尧之生，乃其母感三河之赤龙，即如舜、禹之生，亦与其父亲无关。舜之生，乃其母感姚墟之大虹，禹之生，乃其母感贯昂之流星。这种传说都是当时尚在对偶婚家族阶段之反证。①

---

① 翦伯赞：《先秦史》，第99页。吕振羽《史前期中国社会研究》对此也有说明："许慎《五经异义》引《春秋公羊传》说：'圣人皆无父，感天而生。'《尚书大传》郑注云：'王者之先祖，皆感太微五帝之精以生。'这类传说，大概因为后代的帝王追溯他们的男系世系，一溯到母系时代，便无法去追叙，因而辗转反映出这类传说来。所以感天而生之类的神话，无疑是关于母系制的传说。在中国的典籍中，这类神话传说很多很普遍，举例来说：……上述这些传说人物，都是在古籍中多见的，他们都只有确定的有名有姓的母，说都是由其母和某种自然现象或生物交感而生。这正是关于母系制的传说反应。这种传说，如果加到父系氏族社会成立后的人们身上，便属完全附会。因而所谓'扶都感白帝而生汤'，'苍耀稷生感迹昌'，'含始屯赤珠而生刘邦'，"孔子母和黑帝交而生孔子"，等等，无疑都是汉代阴阳五行、谶纬家们有意的附会和作伪；因为就是在汤的时代，不仅父系制度已完全确立，而且一夫一妻制也已完全确立了。"（第106—108页）

这时，“人们已确切地相信，人是由人生育的，是母亲生育的，而她们的配偶，是外氏族人，除了在一定时间与妇女交合而外，几乎没有任何联系，因此他们在生育中的作用还被埋没，也不可能为子女所知。正如《庄子·盗跖篇》所述：‘神农之世，卧则居居，起则于于，民知其母，不知其父，与麋鹿共处，耕而食，织而衣，无有相害之心。’”具体而言，“感生由两种事物结合而生育人类：一方是妇女，另一方面是某种感生物，多半是动物、植物，也有一些无生物，这些事物对妇女产生一种感应，妇女才怀孕生育”。①

因此，这个历史阶段，人类对于感生灵物、女阴、女性祖先“格外崇拜，如女娲、西王母等，都是这一时代的产物，考古发现的女神是上述信仰的铁证”。再往后，“一是男神取代女神，所谓男神就是男性祖先信仰的兴起，无论是家庭、家族，还是氏族、部落，都有自己的男性祖先，并且有隆重的祭祖仪式。二是男根崇拜取代女阴信仰”。② 翦伯赞对此亦论述道：

> 人类最初崇拜的祖先，是女祖先，这已经是考古学和民俗学所证实了的。中国母系氏族时代的人群，也是供奉女祖先。他们都是“受兹介福，于其王母”，而不是于其王父。据传说伏牺氏之族所崇拜的母神是华胥，神农氏之族的母神是安登，有熊氏之族的母神是附宝，少皞氏之族

① 宋兆麟：《中国风俗通史·原始社会卷》，第207—208页。
② 宋兆麟：《中国风俗通史·原始社会卷》，第209—211页。

的母神是女节，陶唐氏之族的母神是庆都，有虞氏之族的母神是握登，夏后氏之族的母神是修己，商族的母神是简狄，周族的母神是姜嫄。这些古典的女神之走上氏族的祭坛，就正说明当时女子之崇高的社会权威。

翦伯赞还认为，祖先崇拜，是从图腾主义中发展出来的，他的认识颇具有深度：

与图腾主义同时或者稍晚的时候，又发生了祖先崇拜。祖先崇拜和图腾主义一样，也是人类达到相对的定居生活以后的产物。没有相对的定居生活和由此而固结的血缘关系，人类要想追溯他们的祖先是不可能的。

祖先崇拜较之图腾崇拜，显然是原始宗教之更高的发展。因为图腾主义是人类对自然界的现象和生物的灵魂之崇拜；而祖先崇拜，则是人类对自身的灵魂之崇拜。自然界的现象和生物的灵魂，是表征着人类的生活资料之抽象；而人类自身的灵魂，则是表征着人类劳动经验之蓄积的抽象。因此从图腾崇拜，到祖先崇拜，是人类从崇拜生活资料的本身，进到崇拜获得生活资料的劳动经验，而这就正是表征人类从屈服自然之自然主义的世界观，进到改变自然之社会主义的世界观。①

---

① 翦伯赞：《先秦史》，第113—115页。宋兆麟《中国风俗通史·原始社会卷》论及“图腾与感生信仰”时也说：“图腾是否是人类社会的普遍存在？目前尚无定说。从我国实际情况看，也是有图腾信仰的。如(转下页)

至此，孝道伦理、家庭亲情便开始萌芽了，我们不妨借用“人面兽心”这个词来梳理下原始社会前期的人类状况。

追根溯源，这时的原始人可以称为“人”，这是从长相、技能等层面讲，而实际上也可谓之“兽”，这是从心灵、伦理等角度看，所以，“人面兽心”一词恰可作为这一时期原始人的真实写照。翦伯赞《先秦史》中有这么一段漂亮的文字：

> 根据考古学的指示，在早期旧石器时代的文化遗物中，至今尚没有发现任何宗教信仰存在的痕迹。根据传说的记载，人类也有一个不择时日、不占卦兆的时代。因为在当时，人类犹在混冥之中，他们与万物并生，并自以为马，或自以为牛，尚没有从自然界中把自己划分出来。同时，在这一时代的原始人群中，任何分业都不存在，人与人的关系只是混沌一团，他们不知亲己，不知疏物。天地万物，

(接上页)文献中有许多始祖传说有母无父，受某种动植物或无生物感应才生育后代，而这个后代正是某些氏族的男性始祖，这是与图腾信仰相吻合的。如华胥踏巨人迹而生伏羲，附宝感北斗而生黄帝，修己‘吞神珠如薏苡’而生大禹，简狄吞玄鸟卵而生契，姜嫄履神人迹而生后稷，等等。这些传说有两个特点：一是女性祖先，无男性祖先，标志是母系氏族时代，二是女始祖与某种动植物或无生物感应生子，产生父权制始祖，这些动植物或无生物，可能就是图腾。”“在我国最古老的神话传说中，有女娲、羲和、简狄、姜嫄、女歧和西王母等妇女形象。她们不仅是人类的祖先，还是当时社会的核心成员。传说还记载女登感神龙而生炎帝，附宝感北斗而生黄帝、女节梦接大星而生帝挚，庆都与赤龙合婚而生伊常(尧)、握登感大虹而生重华(舜)、简狄吞玄鸟之卵而生契等等，这些传说都说明人类最早知道的祖先是女性。人们‘知其母，不知其父’，他们的母亲是与某种图腾(动物、植物或无生物)的偶合而生人类的传说，是母系氏族存在的重要证据。”(第427—428、552页)

> 磅礴为一。在这样一个时代，人类对于他们周围的现实世界尚不能引起反映，自然不能有宗教的存在。所以在传说中之有巢氏的时代，是一个没有任何宗教信仰存在的时代。①

“不知亲己，不知疏物”，这不就是“人面兽心”的原始人自然而然的进化状态吗?《礼记·曲礼上》说:“道德仁义，非礼不成；教训正俗，非礼不备；分争辨讼，非礼不决；君臣、上下、父子、兄弟，非礼不定；宦学事师，非礼不亲；班朝治军，莅官行法，非礼威严不行；祷祠祭祀，供给鬼神，非礼不诚不庄。是以君子恭敬、撙节、退让以明礼。鹦鹉能言，不离飞鸟；猩猩能言，不离禽兽。今人而无礼，虽能言，不亦禽兽之心乎！夫唯禽兽无礼，故父子聚麀。是故圣人作，为礼以教人，使人以有礼，知自别于禽兽。”这段话，用来诠释中国古人对于“礼”也可以说文明文化发生的认识再确切不过了。“禽兽无礼”、“父子聚麀”，正对应前述杂交关系云云，而圣人作、为礼教人、使人有礼、知自别于禽兽，则是人类文明文化“人面兽心”、人兽之辨关节点的曙光。古代儒家所讲的“人之初，性本善”，是就文明时代人之所以为人的根本处立论，包括仁义礼智信等等文化属性，显然，原始人这样的状态是不符合儒家所谓“人”的定义的(当然，他们也不知人类之初有这种原始人状态)；他们正处在“人面兽心”、若即若离的人兽剥离期、分化期。在他们当时，何尝有此自觉，在我们现在，不得不赞叹造物主之伟大、巧妙，回眸千万年，穿越

① 翦伯赞:《先秦史》，第51页。

两时空，混沌的他们就是这样质朴地一步一步向“我们”走来。

要之，孝的观念、孝道伦理是人类社会发展到一定阶段后的产物，并非人类从来就有的一种天生本性，或者说，最起码在原始社会早期“人面兽心”时代，还谈不上这一温情脉脉的命题，除非我们不承认“人面兽心”阶段的人类为人；所以，我们只能说，它像人类精神文明、道德礼俗等品性一样，固然是人类区别于动物的重要所在、关键所在,[1] 但不是人类一开始就具备的本能，而是人类进入“人面人心”阶段后、“人之所以为人”文明文化层面的灵性发现、情理发展。

既然孝的观念、孝道伦理是人类社会发展到一定阶段后的产物，那么这个“一定阶段”大概是什么时候呢？依据康学伟的研究，当是父系氏族社会时期。康先生据有关学者的考察成果，对我国基诺族人、独龙族人的有关风俗予以分析，以见孝观念产生于父系氏族社会的可能性与必然性。如独龙族，分布

---

① 张祥龙《〈尚书·尧典〉解说：以时、孝为源的正治》：“黑猩猩很聪明，海豚的脑容量也很大。黑猩猩有自我意识，能制造和使用工具，还可以学会符号语言，又会玩政治，但是你教黑猩猩去尽孝，却不行。你可以尽一切办法去教小猩猩‘百善孝为先’，教它应该如何对待母亲，然后看小家伙长大了，能不能在它妈妈衰老时去喂养和扶助她？我估计做不到的，野外观察没有发现这种现象，看到的是相反的情况，也就是黑猩猩一旦长大，要自己哺育后代时，是不会真的去管老母亲的。（中略）父母亲对子女的慈爱极为天然，是顺物理时间之流而下，连动物也有这种爱，哺乳类、鸟类都有，所以慈爱不稀罕，但极其伟大动人。孝爱不同，它是逆物理时间之流而上，比慈爱难出现得多，因此到目前为止，我们发现只有人才有它。”张先生的录音讲稿带着口语式的亮色，肯定孝“只有人才有”。（第78—79页）

于云南西北部独龙江流域，现仍处于父系氏族公社的发展阶段。独龙族有一远近闻名的传统风尚，那就是家族中父子、祖孙、兄弟之间普遍和睦，相亲相爱，其平日的生活情况是："儿子们干农活，老人在家备饭。吃饭仍多在一起，烧饭做菜是在父母火塘处。也有的核心家庭自行开伙，但有佳肴美食，各小家庭之间必互送，更要孝敬父母。"于此可知，独龙族人民风淳朴，已经具有孝的观念。这是通过民族实例的考察说明父系氏族社会一般已经具备孝观念产生的前提条件，而事实上在许多民族中的确可以证明它的存在。①

为什么父系氏族社会之前没有产生孝的观念、孝道伦理呢？康学伟《先秦孝道研究》专门有一节予以解说，可为一家之言。个人认为，想要深入、细致、明确地作出研究与分析，有不少的难度，谨慎起见，这里暂付阙如。亦如本人迄今所理解的，学术研究，说一个事物"有"、"什么样"易，说一个事物"有"之前的"无"、"为什么"难，因为根源性的发展是后来人都未曾经历、见证、记录的，我们的追溯只能是"出力不讨好"的可能性接近而已。譬若《礼记·礼运》说：

> 大道之行也，天下为公，选贤与能，讲信修睦。故人不独亲其亲，不独子其子，使老有所终，壮有所用，幼有所长，矜、寡、孤、独、废、疾者皆有所养，男有分，女有归。货恶其弃于地也，不必藏于己；力恶其不出于身

---

① 详参康学伟《先秦孝道研究》第二章《论孝观念是父系氏族公社时代的产物》之《四、孝观念形成于父系氏族社会的民族学考察》，吉林人民出版社 2000 年 12 月第 1 版。

也，不必为己。是故谋闭而不兴，盗窃乱贼而不作，故外户而不闭，是谓大同。

这段话，是古人对上古黄金时代“理想国”的描述与向往，在近现代以来今人眼里，则成了口耳相传、原始社会状况保留的珍贵史料，在“天下为公”的情况下，人们“不独亲其亲，不独子其子”，抚养老人是氏族全体成员的事，子女与父母的亲子关系尚未明确、固定，也就没有特殊的责任与义务，这或许可以折射出，当时还没有产生孝的观念、孝道伦理。宋儒张载说：“各亲其亲，各子其子，亦不害于不独亲、不独子，止是各亲各子者恩差狭，至于顺达之后，则不独亲其亲，不独子其子。既曰不独亲亲、子子，则固先亲其亲、子其子矣。”① 这还是所谓“大同”胜于“小康”之传统观点，只不过张载认为“不独亲亲、子子，则固先亲其亲、子其子矣”，也就是说，“大同”盛世，人们和“小康”阶段一样都是“先亲其亲、子其子”，区别在于，“大同”盛世“不独亲亲、子子”，“不独”亦即“不光、不止、不单、不仅”的意思，它是儒家孟子所说的“老吾老，以及人之老；幼吾幼，以及人之幼”，而不能理解为“不存在独特的亲子关系”。摩尔根《古代社会》以易洛魁人为考察对象，在谈到“收养外人为本氏族成员的权利”时说：

---

① ［宋］卫湜《礼记集说》卷五十四《礼运》第九，转引自万里、刘范弟辑录点校《虞舜大典》(上)，岳麓书社 2009 年 7 月第 1 版，第 468 页。

> 收养外人不仅赐以氏族成员的权利，而且还赐以本部落的部籍。一个人如收养了一个俘虏，就把这个俘虏视为自己的兄弟或姊妹；如果一个母亲收养了一个外人，就把他或她视为自己的子女；从此以后，在一切方面都要按亲人来对待这个被收养的人，好比这个人生来就是自己的亲人一样。在高级野蛮社会，俘虏开始遭到被奴役的命运，但在处于低级野蛮社会初期的部落中是不知道有奴隶的。……俘虏被收养之后，往往被分派在家中代替本家在战争中死亡的人，以便弥补战死者在亲属关系中原有的缺位。①

---

① [美]路易斯·亨利·摩尔根著，杨东莼、马雍、马巨译：《古代社会》(上册)，第90页。摩尔根《古代社会》还总结道："人类的一切主要制度都是从早期所具有的少数思想胚胎进化而来的。这些制度在蒙昧阶段开始生长，经过野蛮阶段的发酵，进入文明阶段以后又继续向前发展。这些思想胚胎的进化受着一种自然逻辑的引导，而这种自然逻辑就是大脑本身的一个基本属性。这项原则在所有的经验状态下、在所有的时代中，都非常准确地发挥其作用，因而它的结果是划一的，是连贯的，并且其来龙去脉也有迹可寻。单凭这些结果就立刻会得出人类同源的确证。在各种制度、各项发明和发现当中所反映出来的人类心智史，可以认为是一个纯种的历史，这个纯种通过个体传流下来并依靠经验而得到发展。原始的思想胚胎对人类的心灵和人类的命运产生过最有力的影响，这些思想胚胎中，有的关系到政治，有的关系到家族，有的关系到语言，有的关系到宗教，有的关系到财产。它们在遥远的蒙昧阶段都曾有一个明确的起点，它们都有合乎逻辑的发展，但是它们不可能有最后的终结，因为它们仍然在向前发展，并且必须永远不断地向前发展。"（上册，第68—69页）这段话颇有人类同源同种同起点的味道，推诸早期蒙昧阶段或许如此，而野蛮阶段、文明阶段后则已不然，东西方文化更像是旗帜鲜明地分道扬镳，即此而论，似乎可以说是"共同的始发，不同的历程"，从孝文化的角度来看，下一节五帝时期，显然就已经朦胧地凸显"中国特色"了。

这类收养，是不是也可以印证所谓“不独亲其亲，不独子其子”呢？如此来说，“不独亲其亲，不独子其子”，并非大同世界式的仁爱、博爱，适足以表明人类的亲情伦理尚在模糊形成期，所以也就不存在所谓的亲疏、远近、孝文化云云。宋兆麟《中国风俗通史·原始社会卷》最后一段文字说道：“从俗到礼，是中国古代社会发展的一大飞跃，它奠定了中国古代文明的根基，拉开了文明时代的序幕。”① 我们也可以说，从“人面兽心”的原始人到“人面人心”的文明人，风俗慢慢升华沉淀为礼制、教化，人心人性渐渐开化觉悟，孝道孝文化等人情人伦即“人之所以为人”的因素，才算正式开启。

第二节　“尧舜之道，孝悌而已矣”：五帝时期的孝文化

明确了原始社会时期孝文化的“无”，我们再来看下五帝时期孝文化的“有”。

五帝时期，是所谓原始社会的重要组成部分。当我们在说原始社会时期孝文化的“无”时，是就人类社会最初状态而言，而当原始社会后期，比如我国的五帝时期，孝文化的“有”便发生了。所以，我想不妨单刀直入来回答两个问题，这两个问题搞清楚了，对五帝时期的孝文化，我们也就算有“发言权”了。

---

① 宋兆麟：《中国风俗通史·原始社会卷》，第 597 页。

第一个问题是，五帝时期的孝文化，有哪些文献记载的呈现？

第二个问题是，文献记载的五帝时期的孝文化，可信度如何，我们究竟应该如何来看待它、解读它？特别是舜帝个案，是我尤其想说清楚的。

先看第一个问题。五帝时期的孝文化，有哪些文献记载的呈现呢？我们综合学界前辈们的研究，可以得出以下几点结论。

第一，已有宗庙。《尚书·甘誓》“用命，赏于祖，弗用命，戮于社”，这是启灭有扈氏的战前誓命，为夏初已有宗庙的确证，但宗庙之产生还应当在此之前，起源于父系氏族公社时期。《国语·鲁语上》引展禽曰：

> 有虞氏禘黄帝而祖颛顼，郊尧而宗舜；夏后氏禘黄帝而祖颛顼，郊鲧而宗禹；商人禘舜而祖契，郊冥而宗汤；周人禘喾而郊稷，祖文王而宗武王。

“禘”是宗庙祭名，“有虞氏禘黄帝而祖颛顼”，看来尧舜之时已行此宗庙祭礼。《释名·释宫室》曰：“庙，貌也，先祖形貌所在也。”然则宗庙实为祖先崇拜的一种表现形式。金景芳在《中国古代思想的渊源》一文中，对父系氏族社会时期的宗庙问题有过专门论述，认为尧舜禹时代“作为团结血缘亲属关系的精神中心，已有宗庙”，其结论符合历史实际情况。“作为祖先崇拜的产物，宗庙的作用不会超出有血缘亲属关系的家族范围。而祭祖所表现的‘报本反始’，不忘其初的情感意向，正是孝观念产生的契机之一，而在孝观念产生以后，它又不断地启示和强化人们的这种意识。”①

第二，已有养老之礼。《礼记·王制》说：

> 凡养老，有虞氏以燕礼，夏后氏以飨礼，殷人以食礼。周人修而兼用之：五十养于乡，六十养于国，七十养于学，达于诸侯。

> 有虞氏养国老于上庠，养庶老于下庠；夏后氏养国老于东序，养庶老于西序；殷人养国老于右学，养庶老于左学；周人养国老于东胶，养庶老于虞庠。
>
> 有虞氏皇而祭，深衣而养老；夏后氏收而祭，燕衣而养老；殷人冔而祭，缟衣而养老；周人冕而祭，玄衣而养老。凡三王养老，皆引年。

以上三段，并见于《礼记·王制》，从形式上看，都是舜帝(有虞氏)时期、夏商周三代排比，表明养老之礼的一以贯之，其内容不必百分百确切，但均将养老之礼溯至舜帝，大约还是可以反映五帝时期孝文化萌发的情状。“燕(宴)、飨等礼都是以饮食为寄托。四个时代的尊老礼仪不同，恰好与四个时代价值观念的变化相应，都从虞舜时代说起。关于中国上古历史，较为一致的认识是国家形成于夏代，夏以前则以唐尧与虞

---

① 康学伟：《先秦孝道研究》，第40页。本书先秦孝文化史一章所论述，多参考康先生大作，特于此声明并敬致谢意。

舜相继，传说中再上溯至黄帝，谓之‘五帝时代’。尚齿与养老都只从‘有虞氏’说起，应当理解为更早时期只知尚齿而不知尚德。……同样，‘养老’之礼也可以由有虞氏上溯到五帝以至三皇时代，所以《礼记》总结历代风尚说：‘年(龄)之贵乎天下者久矣。’所以可以说，尚齿、尊老是伴着中华文化与生俱来的礼俗。”①《礼记·祭义》说：

> 昔者，有虞氏贵德而尚齿，夏后氏贵爵而尚齿，殷人贵富而尚齿，周人贵亲而尚齿。虞、夏、殷、周，天下之盛王也，未有遗年者。年之贵乎天下久矣，次乎事亲也。是故朝廷同爵则尚齿。七十杖于朝，君问则席，八十不俟朝，君问则就之，而弟达乎朝廷矣。行，肩而不并，不错则随，见老者则车、徒辟，斑白者不以其任行乎道路，而弟达乎道路矣。居乡以齿，而老穷不遗，强不犯弱，众不暴寡，而弟达乎州巷矣。古之道，五十不为甸徒，颁禽隆诸长者，而弟达乎狸狩矣。军旅什伍，同爵则尚齿，而弟达乎军旅矣。孝弟发诸朝廷，行乎道路，至乎州巷，放乎狸狩，修乎军旅，众以义死之，而弗敢犯也。

“从这段记载显然可以推论，在那四个时代以前，当别种价值标准尚未产生时，中华文化已形成惟一价值标准，就是

① 高成鸢：《中华尊老文化探究》，中国社会科学出版社 1999 年 8 月第 1 版，第 21 页。

‘尚齿’。”“尚齿不仅是一种意识和态度，而且成为群体规范，成为早期‘礼’的主要内容，而以‘养老’之礼为最高表现。‘养老’一词与今天有很大差异，它曾长期作为整套尊老礼制的正式名称。”① 无论是舜帝(有虞氏)的“贵德”，还是夏商周的“贵爵”、“贵富”、“贵亲”，毫无例外，都是“尚齿”。“未有遗年”，“次乎事亲”，这是颇为明显的尊老敬老爱老。犹如孔颖达所云：“次乎事亲，言贵年之次第，近于事亲之孝也。”(《礼记正义》)其下所说的“发诸朝廷，行乎道路，至乎州巷，放乎�狩，修乎军旅”，则是举其大要的具体表现而已。类似的内容，亦出现在《礼记·王制》中，与上面三段一样，“尚齿”，即崇尚年齿、尊老敬长，也是从“有虞氏”的五帝时期说起。② 其实，敬老养老本是原始社会的一种美德或

---

① 高成鸢：《中华尊老文化探究》，第20页。又，“中国文化早期有一种粗略的尚齿标准，特别值得注意：就是以十年为一个年龄段，按此标准区别尊卑”。《礼记·王制》说：“五十养于乡，六十养于国，七十养于学……八十拜君命……五十不从力征，六十不服戎，七十不与宾客之事，八十齐丧之事弗及也。”这从饮食照顾、养老机构的级别、老人社会权利等多方面都体现了十年一级的尊卑层次。《礼记》的《乡饮酒礼》、《祭礼》等多篇中也有类似记述。见高成鸢同书第23页。

② 关于“尚齿”与尊老之区别，高成鸢《中华尊老文化探究》有详尽阐释。如云：“古老的中华文化，在‘家长制度’产生以前，早已形成自己的特质，同时也有了尊老的观念形态。早期的尊老，称作‘尚齿’。‘尚齿’决不同于‘尊老’，而另有其特定的词义。‘尚’就是崇尚，与‘尊’大致同义。‘齿’就是年龄，所以龄字从齿。《广雅》说：‘齿，年也。’但汉代的《识文解字》中还没有出现龄字，齿部的四十多字无一与年龄有关。‘齿’用以表示年龄，则在先秦已属多见，例如《左传·文公元年》中，楚国某臣对君主说：‘君之齿未也。’意思是‘您的年龄还不太大’。‘齿’为什么用于年龄？有两个可能。一是从幼马每年长一颗牙的现象借喻而来。佚书《伯乐相马经》说：‘马相岁。上下齿二十四岁。’但人齿与马（转下页）

说风俗习惯。物质资料的再生产，使人们逐渐重视文化的代代传递，对具有丰富经验的前辈产生敬重与爱戴之情，而人类自身的再生产，又使人们从血缘上崇敬长者，产生报本反始的意向。所以，《礼记》中的敬老养老，是我国古代社会发展到一定程度后，社会习俗向礼仪制度的转变。从上引材料中可知，五帝时期的提倡尚齿养老，实已超出了原始社会自然习俗的范围，而成了一种礼仪形式和教化手段，具有新的深刻含义。这种养老之礼的目的何在？当然在于劝化人们敬养老人，以此协和家庭族群关系，使社会稳定发展。五帝时期，既已有了行养老之礼的事实，那么，孝观念的产生，自是没有问题的了。①

（接上页）不同，况且儒家极重视人兽之别，所以这种可能性较小。二是由于人群中固有按年龄排列的习尚，以牙齿的排列作譬喻。这可以间接论证。《左传·隐公十一年》说：'寡人……不敢与诸任齿。'意思是不敢跟姓任的各位贵族争序次。所以《辞源》解释'齿'的义项之一是'次列'，最为精确。”“然而《辞源》解释'尚齿'为'尊崇老年人'则显然不当。准确说，应当是'对年龄的尊崇'。'齿'既然决不等于老，则尊崇的对象常常不属于老年。如果说'尊崇老人'，则尊崇的主体只能是青年人。事实上在老人聚集的场合，年岁稍小的同样要尊崇稍大的，例如唐代白居易首倡'九老会'，在为此而作之诗的题目中自称'尚齿之会'，当时老诗人年已74岁，但在九老中却排位最下。这种场合的年龄差别甚至要细微到突破'年'的单位，而以月日计算。有一个生动有力的例证是宋代的'耆英会'，有两位退休老臣同为72岁，就因为生日大小，官小的反而位于官大的之上，司马光对此会的记述中说，原则是'尚齿不尚官'。”（第18—19页）论述颇为有理，今从之。

① 另外宜注意的是，《礼记·王制》司徒“养耆老以致孝”、“耆老皆朝于庠”，“庠”、“序”是当时的学校之名。为什么要选在这儿呢？元朝学者陈澔《礼记集说》在注《王制》时说：“行养老之礼必于学，以其为讲明孝悌礼义之所也。”之所以要在学校，是因为学校是“讲明孝悌礼（转下页）

宗庙祭祖，养老敬长，这是对于过去的亲人和现在的老人表达孝道的两种方式与体现，由此可见五帝时期孝文化的基本情况。而这一时期尤为突出的是，尧舜禹中的舜帝作为五帝时期孝文化的代表人物，影响后世至为深远，值得我们深入分析。所以，接下来第二个问题是，文献记载的五帝时期的孝文化可信度如何，我们究竟应该如何来看待它、解读它？记载是否有不实呢？怎样的态度才算是稳妥恰当呢？特别是舜帝的个案。若说第一个问题，文献记载呈现的还是言简意赅、点到为止的话，那么第二个问题，以舜帝的个案为典型性代表，可以说是栩栩如生、跃然纸上，不容我们模糊处理回避不谈。事实上，对舜帝个案之"独立思考"，早在先秦时期就已发生，而且不是发生在其他诸子百家，正是发生在祖述尧舜的儒家，发生在孟子和弟子们的对话中。这就让人感到饶

(接上页)义"的地方，而不只是知识性的学习而已，这可见古人教学、教育、教化的苦心孤诣，即便是养老之礼，也已体现出这一点。高成鸢《中华尊老文化探究》对此更有详尽分析："上古四代养老已有国老、庶老之分，给他们的不同待遇体现在养老之礼的场所有地位高低之分。古人重东轻西、重右轻左，与上、下同意。庠、序、学、胶都是学校在不同时代的名称"，"但庠、序等字本身都与尊老尚齿直接关联。据《说文解字》：'庠，礼官养老……殷曰庠，周曰序。'《孟子・滕文公》说'庠者，养也'，二字都从'羊'，为养老美食，后世尊老措施常常用'羊酒存问'。'序'字，《说文段注》说，《周礼》等书中'序字注多释为次第'，与'尚齿'排列次序意义相同。从'子产不毁乡校'的著名典故来看，乡学有近代'乡公所'的性质，是最早的乡人会聚之所。'养老'自古在学校举行，表明有全民教育的普及功能。至今受过教育者称为'有教养'。推想上古的乡人养老，还不可能有国老庶老之分，因为既然'夏后氏贵爵而尚齿'，就是虞代还未尊重官职，另外虞夏时代的学校恐怕也未分级别，所以说'有虞氏养国老于上庠……'中的上、下，当是出于与后世情况相比附。"(第113页)所论殊为翔实，可据信。

有兴致了。

第三节 文献材料中的舜帝：从最早的《尚书》“克谐以孝”四字，到后来史书的绘声绘色

史学、文献学，或说一切学术研究，最基础最根本的工作是材料梳理，也就是，总共有哪些可用的材料，它们是怎样的情况，然后，才是第二步的分析。徐旭生《中国古史的传说时代》在界定“何谓传说时代”时，从人类各民族的文字发明与发展的历史说起，指出：“文字的使用越广泛，所发现的传说的事迹就越丰富。最后才会有人把它们搜集，综合整理，记录。这件工作，在各民族里面，总是比较晚近的事情。这一段的史迹从前治历史的人并没有把它同此后的史迹分别看待。可是二者的差异相当地大，所以现在治历史的人把它分开，叫作传说时代以示区别。”① 这和顾颉刚“层累地造成的古史”理论有异曲同工之妙趣，尽管徐先生同顾先生还是有认识分歧。舜帝等五帝时期，显然属于徐先生所说的“传说时代”。在这五帝时期“传说时代”，乃至整个中国孝文化史上，舜帝的孝道完美形象，绝对是根深蒂固、无可撼动。我们实在有必要追根溯源，先来看下先秦文献到

① 徐旭生：《中国古史的传说时代》，广西师范大学出版社 2003 年 10 月第 1 版，第 22—23 页。

底是怎样记载舜帝孝道孝行的，鉴于秦火后先秦文献的复出、整理、近古，我们再顺带考察下两汉古书中相关的记载。① 有了这两类材料，我想，舜帝的孝道孝行，应该可以展开讨论了。

首先，我们按照先秦文献的顺序，来罗列舜帝孝道孝行的相关材料。

先秦文献中舜帝孝道孝行的相关材料

先秦文献	舜帝孝道孝行的相关材料
《尚书》	1.《尧典》：师锡帝曰："有鳏在下，曰虞舜。"帝曰："俞！予闻，如何?"岳曰："瞽子，父顽，母嚚，象傲；**克谐以孝**，烝烝乂，不格奸。" 2. *《舜典》："慎徽五典，五典克从。""帝曰：契，百姓不亲，五品不逊。汝作司徒，敬敷五教，在宽。""帝曰：夔！命汝典乐，教胄子。"

① 徐旭生说"不见于东汉以前人的著作的有关传说，即当决然抛弃以免眩惑"，我是很认同徐先生这一观点的。徐先生还把有关史料分等次，是他"个人首先提出的，姑且叫它作原始性的等次性"，"使用的时候是：如果没有特别可靠的理由，不能拿应作参考的资料非议第二三等的资料；更重要的是：如果没有特别可靠的理由，绝不能用第二三等的资料非议第一等的资料"。这一方法非常具有理论范式意义，在徐先生也是颇为自重的，所以他说："希望将来批评这本书的人特别注意方法问题：或纠正它的错误，或补足它的缺陷，或者觉得我们所提出来的方法还没有大错误，可是当我们使用它的时候，却远不能符合我们预定的计划，而严加指摘；如果这样，不惟我个人得了很大的益处，就是学术本身也将得到像样的推进。如果批评的人对方法问题注意不够，单就个别问题加以指正，那自然也有益处，不过它就比较有限。"这是徐先生"对批评此书的人所抱的一种殷切的希望"，我自认为，自己正是贯彻执行了徐先生的这一方法理论，所不同的是，我在对相关文献的分等上和徐先生并不完全一致。参见徐旭生《中国古史的传说时代》，第37—38、41页。

续表

先秦文献	舜帝孝道孝行的相关材料
	3. *《大禹谟》：三旬，苗民逆命。益赞于禹曰："惟德动天，无远弗届。满招损，谦受益，时乃天道。帝初于历山，往于田，日号泣于旻天，于父母，负罪引慝。祗载见瞽叟，夔夔斋栗，瞽亦允若。至诚感神，矧兹有苗。"禹拜昌言曰："俞！"班师振旅。帝乃诞敷文德，舞干羽于两阶，七旬，有苗格。
《慎子》	《知忠》：父有良子，而舜放瞽叟；桀有忠臣，而过盈天下。然则孝子不生慈父之家，而忠臣不生圣君之下。
《庄子》	*《盗跖》：尧不慈，舜不孝，禹偏枯，汤放其主，武王伐纣，文王拘羑里。此六子者，世之所高也。孰论之，皆以利惑其真而强反其情性，其行乃甚可羞也。……尧杀长子，舜流母弟，疏戚有伦乎？
《楚辞》	《天问》：舜闵在家，父何以鳏？尧不姚告，二女何亲？……舜服厥弟，终然为害。何肆犬豕，而厥身不危败？
《荀子》	《性恶》：尧问于舜曰："人情何如？"舜对曰："人情甚不美，又何问焉？妻子具而孝衰于亲，嗜欲得而信衰于友，爵禄盈而忠衰于君。人之情乎！人之情乎！甚不美，又何问焉？唯贤者为不然。"
《吕氏春秋》	1.《当务》：跖之徒问于跖曰："盗有道乎？"跖曰："奚啻其有道也！夫妄意关内，中藏，圣也；入先，勇也；出后，义也；知时，智也；分均，仁也。不通此五者而能成大盗者，天下无有。"备说非六王、五伯，以为尧有不慈之名，舜有不孝之行，禹有淫湎之意，汤武有放杀之事，五伯有暴乱之谋。世皆誉之，人皆讳之，惑也。故死而操金椎以葬，曰："下见六王、五伯，将敲其头矣！"辨若此，不如无辨。 2.《举难》：以全举人固难，物之情也。人伤尧以不慈之名，舜以卑父之号，禹以贪位之意，汤武以放弑之

续表

先秦文献	舜帝孝道孝行的相关材料
	谋，五伯以侵夺之事。由此观之，物岂可全哉？故君子责人则以人，自责则以义。责人以人则易足，易足则得人；自责以义则难为非，难为非则行饰；故任天地而有余。不肖者则不然，责人则以义，自责则以人。责人以义则难瞻，难瞻则失亲；自责以人则易为，易为则行苟；故天下之大而不容也，身取危、国取亡焉，此桀、纣、幽、厉之行也。尺之木必有节目，寸之玉必有瑕璓。先王知物之不可全也，故择物而贵取一也。
《韩非子》	《忠孝》：记曰："舜见瞽瞍，其容造焉。"孔子曰："当是时也，危哉，天下岌岌！有道者，父固不得而子，君固不得而臣也。"臣曰：孔子本未知孝悌忠顺之道也。……瞽瞍为舜父而舜放之，象为舜弟而杀之。放父杀弟，不可谓仁；妻帝二女而取天下，不可谓义；仁义无有，不可谓明。《诗》云："普天之下，莫非王土；率土之滨，莫非王臣。"信若《诗》之言也，是舜出则臣其君，入则臣其父，妾其母，妻其主女也。
《越绝书》	《吴内传第四》：尧有不慈之名。尧太子丹朱倨骄，怀禽兽之心，尧知不可用，退丹朱而以天下传舜。此之谓尧有不慈之名。舜有不孝之行。舜亲父假母，母常杀舜。舜去耕历山。三年大熟，身自外养，父母皆饥。舜父顽，母嚚，兄狂，弟敖。舜求为变心易志。舜为瞽瞍子也，瞽瞍欲杀舜，未尝可得。呼而使之，未尝不在侧。此舜有不孝之行。舜用其仇而王天下者，言舜父瞽瞍，用其后妻，常欲杀舜，舜不为失孝行，天下称之。尧闻其贤，遂以天下传之。此为王天下。仇者，舜后母也。
《列子》	*《杨朱》：父母之所不爱，弟妹之所不亲，行年三十不告而娶。
《尸子》	* 舜事亲养老，为天下法。

其次，我们按照两汉古书的顺序，来罗列下舜帝孝道孝行的相关材料。

两汉古书中舜帝孝道孝行的相关材料

两汉古书	舜帝孝道孝行的相关材料
韩婴《韩诗外传》	1. 卷四："往田号泣，未尽命也。"/传曰：舜弹五弦之琴，以歌《南风》，而天下治。 2. 卷八：曾子有过，曾皙引杖击之，仆地，有间，乃苏，起曰："先生得无病乎？"鲁人贤曾子，以告夫子。夫子告门人："参来，勿内也。"曾子自以为无罪，使人谢夫子，夫子曰："汝不闻昔者舜为人子乎？小棰则待，大杖则逃。索而使之，未尝不在侧；索而杀之，未尝可得。今汝委身以待暴怒，拱立不去，汝非王者之民邪？杀王者之民，其罪何如？" 3. 卷八：子贤不过舜，而瞽瞍拘；兄贤不过舜，而象放。
刘安《淮南子》	1.《氾论训》：古之制，婚礼不称主人，舜不告而娶，非礼也。 2.《氾论训》：尧有不慈之名，舜有卑父之谤，汤武有放弑之事，五伯有暴乱之谋。是故君子不责备于一人。 3.《诠言训》：舜弹五弦之琴，而歌《南风》之诗，以治天下。 4.《泰族训》：尧治天下，政教平，德润洽。在位七十载，乃求所属天下之统，令四岳扬侧陋。四岳举舜而荐之尧。尧乃妻以二女，以观其内；任以百官，以观其外。 5.《泰族训》：舜放弟，周公杀兄，犹之为仁也。/舜为天子，弹五弦之琴，歌《南风》之诗，而天下治。
司马迁《史记》	《五帝本纪》： 1. 尧曰："嗟！四岳：朕在位七十载，汝能庸命，践朕位？"岳应曰："鄙德忝帝位。"尧曰："悉举贵戚及疏远隐匿者。"众皆言于尧曰："有矜在民间，曰虞舜。"尧曰："然，朕闻之。其何如？"岳曰："盲者子。父顽，母嚚，弟傲，能和以孝，烝烝治，不至奸。"尧曰："吾其试哉。"于是尧妻之二女，观其德于二女。舜饬下二女于妫汭，如妇礼。

续表

两汉古书	舜帝孝道孝行的相关材料
	2. 舜父瞽叟盲，而舜母死，瞽叟更娶妻而生象，象傲。瞽叟爱后妻子，常欲杀舜，舜避逃；及有小过，则受罪。顺事父及后母与弟，日以笃谨，匪有解。 3. 舜父瞽叟顽，母嚚，弟象傲，皆欲杀舜。舜顺适不失子道，兄弟孝慈。欲杀，不可得；即求，尝在侧。 4. 舜年二十以孝闻。三十而帝尧问可用者，四岳咸荐虞舜，曰可。于是尧乃以二女妻舜以观其内，使九男与处以观其外。舜居妫汭，内行弥谨。尧二女不敢以贵骄事舜亲戚，甚有妇道。尧九男皆益笃。 5. 尧乃赐舜絺衣，与琴，为筑仓廪，予牛羊。瞽叟尚复欲杀之，使舜上涂廪，瞽叟从下纵火焚廪。舜乃以两笠自扞而下，去，得不死。后瞽叟又使舜穿井，舜穿井为匿空旁出。舜既入深，瞽叟与象共下土实井，舜从匿空出，去。瞽叟、象喜，以舜为已死。象曰："本谋者象。"象与其父母分，于是曰："舜妻尧二女，与琴，象取之。牛羊仓廪予父母。"象乃止舜宫居，鼓其琴。舜往见之。象鄂不怿，曰："我思舜正郁陶！"舜曰："然，尔其庶矣！"舜复事瞽叟爱弟弥谨。于是尧乃试舜五典百官，皆治。 6. 舜年二十以孝闻，年三十尧举之。……舜之践帝位，载天子旗，往朝父瞽叟，夔夔唯谨，如子道。封弟象为诸侯。 7. 尧善之，乃使舜慎和五典，五典能从。/舜曰："契，百姓不亲，五品不驯，汝为司徒，而敬敷五教，在宽。"
戴圣《礼记》	1.《乐记》：昔者，舜作五弦之琴，以歌《南风》，夔始制乐，以赏诸侯。 2.《中庸》：子曰：舜其大孝也与！德为圣人，尊为天子，富有四海之内，宗庙飨之，子孙保之。
戴德《大戴礼记》	《五帝德第六十二》：宰我曰："请问帝舜。"孔子曰："蟜牛之孙，瞽叟之子也，曰重华。好学孝友，闻于四海，陶家事亲，宽裕温良，敦敏而知时，畏天而爱民，恤远而亲亲。……契作司徒，教民孝友……舜之少也，恶悴劳苦，二十以孝闻乎天下，三十在位，嗣帝所，五十乃死，葬于苍梧之野。"

续表

两汉古书	舜帝孝道孝行的相关材料
刘向《说苑》	《建本》：曾子芸瓜而误斩其根，曾皙怒，援大杖击之，曾子仆地；有顷苏，蹶然而起，进曰："曩者参得罪于大人，大人用力教参，得无疾乎！"退屏鼓琴而歌，欲令曾皙听其歌声，令知其平也。孔子闻之，告门人曰："参来勿内也！"曾子自以无罪，使人谢孔子，孔子曰："汝闻瞽叟有子名曰舜，舜之事父也，索而使之，未尝不在侧，求而杀之，未尝可得；小棰则待，大棰则走，以逃暴怒也。今子委身以待暴怒，立体而不去，杀身以陷父，不义不孝，孰是大乎？汝非天子之民邪？杀天子之民罪奚如？"以曾子之材，又居孔子之门，有罪不自知处义，难乎！
刘向《新序》	《杂事第一》：昔者，舜自耕稼陶渔而躬孝友，父瞽叟顽，母嚚，及弟象傲，皆下愚不移。舜尽孝道，以供养瞽叟。瞽叟与象，为浚廪涂井之谋，欲以杀舜。舜孝益笃。出田则号泣，年五十，犹婴儿慕，可谓至孝矣。故耕于历山，历山之耕者让畔；陶于河滨，河滨之陶者器不苦窳；渔于雷泽，雷泽之渔者分均。及立为天子，天下化之，蛮夷率服。北发、渠搜，南抚、交址，莫不慕义，麟凤在郊。故孔子曰："孝弟之至，通于神明，光于四座。"舜之谓也。
刘向《列女传》	《母仪传》：有虞二妃者，帝尧之二女也。长娥皇，次女英。舜父顽母嚚。父号瞽瞍，弟曰象，敖游于嫚，舜能谐柔之，承事瞽瞍以孝。母憎舜而爱象，舜犹内治，靡有奸意。四岳荐之于尧，尧乃妻以二女以观厥内。二女承事舜于畎亩之中，不以天子之女故而骄盈怠嫚，犹谦谦恭俭，思尽妇道。瞽瞍与象谋杀舜。使涂廪，舜归告二女曰："父母使我涂廪，我其往。"二女曰："往哉！"舜既治廪，乃捐阶，瞽瞍焚廪，舜往飞出。象复与父母谋，使舜浚井。舜乃告二女，二女曰："俞，往哉！"舜往浚井，格其出入，从掩，舜潜出。时既不能杀舜，瞽瞍又使舜饮酒，醉将杀之，舜告二女，二女乃与舜药沐浴，遂往，舜终日饮酒不醉。

续表

两汉古书	舜帝孝道孝行的相关材料
	舜之女弟系怜之，与二嫂谐。父母欲杀舜，舜犹不怨，怒之不已。舜往于田号泣，日呼旻天，呼父母。惟害若兹，思慕不已。不怨其弟，笃厚不怠。既纳于百揆，宾于四门，选于林木，入于大麓，尧试之百方，每事常谋于二女。舜既嗣位，升为天子，娥皇为后，女英为妃。封象于有庳，事瞽瞍犹若焉。天下称二妃聪明贞仁。舜陟方，死于苍梧，号曰重华。二妃死于江湘之间，俗谓之湘君。君子曰："二妃德纯而行笃。诗云："不显惟德，百辟其型之。"此之谓也。颂曰：元始二妃，帝尧之女，嫔列有虞，承舜于下，以尊事卑，终能劳苦，瞽瞍和宁，卒享福祐。
扬雄《法言》	《孝至》：事父母自知不足者，其舜乎？
王充《论衡》	1.《幸偶》：虞舜圣人也，在世宜蒙全安之福。父顽母嚚、弟象傲狂，无过见憎，不恶而得罪，不幸甚矣！ 2.《吉验》：舜未逢尧，鳏在侧陋。瞽瞍与象，谋欲杀之：使之完廪，火燔其下；令之浚井，土掩其上。舜得下廪，不被火灾；穿井旁出，不触土害。尧闻征用。 3.《祸虚》：虞舜为父弟所害，几死再三；有遇唐尧，尧禅舜，立为帝。尝见害，未有非；立为帝，未有是。前时未到，后则命时至也。 4.《知实》：孔子曰："孝哉，闵子骞！人不间于其父母昆弟之言。"虞舜大圣，隐藏骨肉之过，宜愈子骞。瞽叟与象使舜治廪浚井，意欲杀舜。当见杀己之情，早谏豫止，既无如何，宜病不行，若病不为。何故使父与弟得成杀己之恶，使人闻非父弟，万世不灭？以虞舜不豫见，圣人不能先知。
蔡邕《琴操》	舜耕历山，思慕父母。见鸠与母，俱飞鸣，相哺食，益以感思。乃作歌曰："陟彼历山兮崔嵬，有鸟翔兮高飞，瞻彼鸠兮徘徊。河水洋洋兮青泠，深谷鸟鸣兮嘤嘤，设置张兮，思我父母力耕。日与月兮往如驰，父母远兮，吾将安归？"

续表

两汉古书	舜帝孝道孝行的相关材料
《孔丛子》	*《论〈书〉》：子张问曰："礼：丈夫三十而室。昔者舜三十征庸。而《书》云'有鳏在下曰虞舜'，何谓也？曩师闻诸夫子曰：'圣人在上，君子在位，则内无怨女，外无旷夫。'尧为天子而有鳏在下，何也？"孔子曰："夫男子二十而冠。冠而后娶，古今通义也。舜父顽母嚚，莫克图室家之端焉，故逮三十而谓之鳏也。《诗》云'娶妻如之何？必告父母'，父母在则宜图婚。若已殁，则己之娶必告其庙。会舜之鳏，乃父母之顽嚚也。虽尧为天子，其如舜何。"

实际上，采用这种纵向历史线索的文献排比法，考察舜帝其人其事，学界已有人做过，远的比如清儒崔述《唐虞考信录》、近代疑古学派顾颉刚《虞初小说回目考释》，就是娴熟地运用这一手法考索舜帝在古书古史中的形象流变，相当成功；近的比如当代学者陈泳超《尧舜传说研究》、张京华《湘妃考》、尤慎《春秋及其以前舜帝传说考》，也都是充分运用这一手法的最新成果。像尤慎的《春秋及其以前舜帝传说考》，便选取先秦人物时代比较明确的材料，依次排列出来，按照出处、年代、人物和帝舜传说要点四项，逐一列举出《国语》、《逸周书》、《左传》三书的 20 条材料；由此看出，"古代的舜帝传说，主要保存在三个方面：一是舜帝后裔所流传的姓氏宗谱；二是三代王室的祭祀和巫史学者的言谈记载；三是舜迹所至的当地民间故事和习俗"。在分析了这 20 条材料后，得出的看法是：

最早说到虞舜的人物是周穆王时的祭公谋父和左史

戎夫，时间要早于孔子400年。其后有周太史伯、周内史过，晋臼季、鲁展禽、鲁太史克、楚士亹、晋吕相、周太子晋、师旷、晋范宣子、齐晏婴、史赵、晋蔡墨、楚伍子胥等人，都是当时有德有识的真实人物。这就是说，至迟在西周早中期就已经有人谈到舜帝，而且其后谈说舜帝的人接连不断，一直到孔子、墨子以后。其中主要是周室朝廷中的人物和北方大国中的著名士大夫，但也有南方楚国人物。这些人都是忠贞仁德之人，决不可能是他们编造散布了舜帝传说，只能认为他们是博学多识，引经据典，借已有的舜帝传说来评议时事。通常情况下，听闻者也应了解这些舜帝传说，所以并不需要多加解释。因此，舜帝传说应当早于西周穆王时代就产生了。这些例证材料，古史辨派肯定都很熟悉，但他们一来疑古太过，不信其中有相当大的可靠性，二是急于翻案立论，只取所需，不取其他，因而耸人听闻地断定舜帝传说是儒墨所编造，有失偏颇。

其实，祭公谋父说到虞舜的时间仍不是最早的。从胡公满受封于陈的事实看，舜帝传说应该在周武王以前就存在了。……夏商之时，有虞氏曾经因失德而丧国，势力大为衰落。舜帝后裔大约在夏初之后不太顺利，封国或失或复，舜帝的传说恐怕受到影响，或兴或衰，详情暂不可知。总之，根据舜裔世系的详略来看，舜帝传说很明显兴盛于周武王时代，但这决不是舜帝传说的起源，此前还隐约可考。夏商时期的舜帝传说，可能有较大的起落，但不绝如缕，与舜帝后裔的势力盛衰成自然的正比关系。①

我很赞成这一研究手法和结论；只不过，在上述的考察中，如作者所说，仅涉及舜帝传说的三个方面，我们最为关心的舜帝孝道，这其中并无踪迹，其他学者的研究虽有涉及舜帝孝道，但缺乏集中、系统、深入地呈现，这给我们留下了充分探讨的空间和余地。

那么，我们也不妨借助这一研究手法，以及表格中所胪列的相关材料，来就舜帝孝道问题，呈现我们的收获。

我们能够看到：在最古老的《尚书·尧典》那里，一人一字地交代了舜帝的父母弟这一家庭背景后，只有“克谐以孝”的简单四字，点出了舜帝的孝道品性；《舜典》、《大禹谟》，因其古文《尚书》的迷案，我们姑且先不利用为第一手可以凭借的材料，留此备作参考②，那么，再接下来，我们能够看到的“次古老”材料，便是《孟子》了。《孟子》里面的舜帝，无

① 中国先秦史学会、中共运城市盐湖区委宣传部：《虞舜文化研究集》(上)，山西古籍出版社 2003 年 10 月第 1 版，第 412—413、415 页。

② 实际上，相关内容先秦典籍里都有，真伪与否，并不影响此处分析研究，其后《列子》、《尸子》、《孔丛子》三书，因是伪书，暂不作为第一手可以凭借的材料，均以 * 标注；而出土文献，或间有零星资料，若上博简《容成氏》“昔舜耕于鬲丘，陶于河滨，渔于雷泽，孝养父母，以善其亲”，因真伪聚讼，也暂且不用，且其内容为传世文献所有，了无新意，不影响舜帝孝道问题的探究。田旭东、王瑜《〈容成氏〉所见舜帝事迹考》一文也说：“我们对简文中有关舜的诸事迹做了一些较为粗浅的文献考证工作，可以看到《容成氏》的记载虽然在语言上有其自身特色，但在内容上并没有超出我们从传统文献中得到的古史知识的范畴。”〔《虞舜文化研究集》(上)，第 449 页〕

论是在孝道故事情节上，还是在伦理精神上，都已经百分百完美了，俨然是完美无瑕的圣人。鉴于其内容之丰富，我们不得不在下一节单独集中讨论，这里暂且略过。

再接着往下看的话，便轮到《慎子》了，慎子说“父有良子，而舜放瞽叟”，这在先秦古书中是第一次出现的说法，《孟子》只记载万章和孟子关于舜放弟象的内容，放父是没有的，不知慎子何所据。之后的《庄子》，《盗跖》篇说“尧不慈，舜不孝”，连带着把禹汤文武这六位古圣先王都鄙视了一番，然而，考虑到《盗跖》篇的可疑度、可信度，无论是此处内容，还是此篇作者，我们认为都不可信据，它和下面的《吕氏春秋》、《越绝书》所载，可以比照体味。然后是《楚辞·天问》。《楚辞·天问》里，屈原问道：“舜闵在家，父何以鳏？尧不姚告，二女何亲？……舜服厥弟，终然为害。何肆犬豕，而厥身不危败？”这里，舜、舜父、尧帝二女、舜弟，这几个主角都有，也并无什么特别具体的故事情节贡献。继续往下看，便是《荀子》了，也没有舜帝孝道的具体内容，只有一处，“尧问于舜曰：‘人情何如？’舜对曰：‘人情甚不美，又何问焉？妻子具而孝衰于亲。’”（《荀子·性恶》）和孝道话题有关，然而详其文辞，亦诸子论说假借之类，非尧舜当时之实。

接下来的《吕氏春秋》，继续有毁谤、否定舜帝的说法，不过，仔细研读后，我们会发现，那只不过是“不屑一顾”的胡搅蛮缠。《当务》篇说“尧有不慈之名，舜有不孝之行”，《举难》篇说“人伤尧以不慈之名，舜以卑父之号”，前者出自盗跖之口，他强词夺理地叫嚣“盗亦有道”，所以《吕氏春秋》谓其“辨若此不如无辨”，纯粹是颠倒是非、肆意妄说；后者是后人对尧舜等古圣王的吹毛求疵，见风就是雨，攻其一点不及其余，所以《吕氏春秋》说“以全举人固难”，“物岂可全哉”？显然也是不认同这些奇谈怪论的。我们由此可知，在《吕氏春秋》那里，虽然也没有舜帝孝道的具体内容，但舜帝的孝道形象是确然无疑的。

再往下，到了《韩非子》这儿，就不得不分辨几句了。《韩非子·忠孝》篇说：“记曰：舜见瞽瞍，其容造焉。孔子曰：当是时也，危哉，天下岌岌！”这应当是综合了《孟子》里面咸丘蒙和孟子问答的材料（详下节），内容大同小异，韩非子却由此大加发挥，谓“孔子本未知教悌忠顺之道也”，兜售其法家的那一套学说；然而，在《孟子》那里，当咸丘蒙问及上述内容时，孟子是决然否定的：“孟子曰：否！此非君子之言，齐东野人之语也。”（《孟子·万章上》）辨析了“舜南面而立，尧帅诸侯北面而朝之，瞽瞍亦北面而朝之”所谓的“盛德之士，君不得而臣，父不得而子”，而韩非子则对此避而不谈。《忠孝》篇又云“瞽瞍为舜父而舜放之，象为舜弟而杀之”，这又在《慎子》、《吕氏春秋》的基础上进一步为“放父”、“杀弟”了，如学者所指出的，《韩非子》提到舜帝的地方很多，绝大部分都是对传统形象的肯定，唯独《忠孝》篇，近乎全面否定舜帝，这应是他为了自己立说便宜，随意牵就古人事，这在先秦诸子里如《庄子》等是常见的手法，不可以听信凭据。

不好确定的是《越绝书》。关于《越绝书》，其时代作者迄今未能有明确定论，有学者认为它在司马迁《史记》之前，谨慎起见，我们姑且附之于先秦文献末尾，其所载“尧有不慈之名”、“舜有不孝之行”和《庄子·盗跖》、《吕氏春秋》以及

《韩非子》里的味道接近；[①] 实际上，《越绝书》里舜帝孝道的内容，和司马迁《史记·五帝本纪》记载基本一致，[②] 无论其前其后，对我们研究分析影响都不大。

至此，先秦舜帝孝道材料的爬梳条理就告一段落了。我们有必要在这里先作一个小结。

依据上述考察，可以得出这样一个脉络路径：

首先，最早是在《尚书·尧典》里有关于舜帝孝道的记载，但内容只有四个字"克谐以孝"；其次，便是《孟子》，舜帝孝道形象一下子就"完美封神"了；再次，《楚辞·天问》、《荀子》可以忽略，而《吕氏春秋》开始出现对舜帝孝道

---

① 顾颉刚《虞初小说回目考释》："中国古籍中大量说舜是孝的，但偏有人说他是不孝的。《庄子·盗跖篇》云：'尧不慈，舜不孝，禹偏枯。'这是断定舜不孝的一个证据，可是此处并没有提出他是怎样地不孝。《吕氏春秋》也说'舜有不孝之行'（见《仲冬纪·当务篇》），同样没有说出他不孝之行究竟是什么来。等到高诱注《吕氏春秋》时，便解释道：'《诗》云："娶妻如之何？必告父母。"尧妻舜，舜遂不告而娶。故曰"有不孝之行"也。'原来高诱在这里所谓的'不孝之行'，是由《孟子·离娄上》'舜之不告而娶'傅会出来的，但是孟子并没有把'不告而娶'定为舜不孝的罪状，高诱的话未免太牵强了。还是《越绝书》的作者聪明些，它在《吴内传》里把舜的有不孝之行解释得较为合理，其言曰：'舜亲父假母，母常欲杀舜，舜去耕历山三年，大熟，身自外养，父母皆饥。舜父顽，母嚚，兄狂，弟傲，舜求为变心易志。舜为瞽瞍子也，瞽瞍欲杀舜，未尝可得；呼而使之，未尝不在侧，此舜有不孝之行。'"看顾先生的意思，他也是以《越绝书》为《吕氏春秋》之后的了。参见《顾颉刚全集》（1），中华书局 2010 年 12 月第 1 版，第 351—352 页。

② 多了"兄狂"，这也是先秦两汉典籍里所仅见的，至《列子》，又多了"父母之所不爱，弟妹之所不亲"的妹，《汉书·古今人表》则首次实名曰敤手，皆可疑。清儒程大中《四书逸笺》论"舜弟妻兄妹"条附列《列子》等书后亦云："事或出于附会。"见万里、刘范弟辑录点校《虞舜大典》（上），第 607 页。

的“不友好”言辞，不过，从《吕氏春秋》的立场来看，对这种“口舌之快”并不以为然，可以说，舜帝孝道的形象是不受影响的，包括其后《韩非子》的“全面否定”，不足为虑。

这样看来，其实问题已经“豁然开朗”。在先秦舜帝孝道形象流变发展过程中，孟子起到了至为关键的作用！可以这么说：舜帝孝道的完美形象，就是出自孟子之口之手。

那么，孟子之口之手中舜帝孝道的完美形象，是真实的么？到底有几分可信度呢？我们究竟应该怎样来看待呢？

在回答这一问题之前，我们还有必要把两汉古书里的舜帝孝道材料暂作一补充说明。

同样地，按照时代顺序，我们先来看《韩诗外传》。“子贤不过舜，而瞽瞍拘；兄贤不过舜，而象放”，这条是古旧情况。“往田号泣”，《孟子》即有之。“五弦之琴，以歌《南风》”事，为首次见载，但并无具体内容，之后《淮南子》、《礼记·乐记》等皆有此说，然郑玄谓“南风，长养之风，以言父母之长养己。其辞未闻”，说明《南风》之事之辞均不可确考。后来《孔子家语》则增有两句具体歌词“南风之薰兮，可以解吾民之愠兮；南风之时兮，可以阜吾民之财兮”，太可疑，此处聊备附录，不作深究。至于曾子之过的故事，为先秦两汉典籍首次出现，其中，孔子所说的“小棰则待笞，大杖则逃。索而使之，未尝不在侧；索而杀之，未尝可得”，其后司马迁《史记·五帝本纪》语句格式全同，这便有两种可能：一是都来源于先秦文献，皆采信之，二是《韩诗外传》“道听途说”，遂为“首发”。这两种可能都有，虽然现在传世的先秦文献中支持第一种可能的材料并不可见。基于此，第二种可能性更大些。

其次看《淮南子》。《淮南子》里的“舜不告而娶”、“尧有不慈之名，舜有卑父之谤”、“四岳举舜而荐之尧。尧乃妻以二女”、“放弟”，包括“歌《南风》之诗”，都见于其前的《尚书》、《孟子》、《吕氏春秋》、《韩诗外传》，无甚可道。

到了司马迁《史记·五帝本纪》，舜帝孝道的形象可以说迎来了第二次“完美塑造”。在我们上面排列出的7条材料中，第一条的“父顽，母嚚，弟傲，能和以孝”和“妻之二女，观其德于二女”，当是来自《尚书·尧典》，第四条同此，但是这两条多了“如妇礼”、“尧二女不敢以贵骄事舜亲戚，甚有妇道”的“后续剧情”。第二条、第三条，信息量就大了些，出现了一些前此文献所没有的内容，如母是继母、弟是同父异母弟，① 以及父母弟“常欲杀舜”、“皆欲杀舜”，而舜帝“避逃”、“受罪”、“欲杀，不可得；即求，尝在侧”，这样一种“顺事父及后母与弟”的完美形象。第五条、第六条，目前看都来源于《孟子》，只不过具体情节和语句更详细。第七条的“五典”、“五教”，并未明言其具体内容，但自古

---

① 清崔述《唐虞考信录》“辨舜、象异母之说”曰：“《史记》云：‘舜母死，瞽瞍更娶妻而生象；爱后妻子，常欲杀舜。’余按《史记》此文采之《书》及《孟子》，而《书》、《孟子》皆未言为后母，则《史记》但因其失爱故亿之耳。郑武姜恶庄公而欲立共叔段，隋文帝以独孤后之言立广而废勇，岂必皆异母哉？汉刘表前妻生子琦、琮，后妻蔡氏之侄，琮妻也，遂爱琮而谮琦，而世俗相传，谓琦与琮异母，亦以其爱故亿之也。吾恶知舜之于象不亦如琦之于琮乎？经既无文，阙之不失为慎。”转引自万里、刘范弟辑录点校《虞舜大典》(上)，第359页。

以来就被理解诠释为《左传·文公十八年》所说的“举八元，使布五教于四方，父义、母慈、兄友、弟共、子孝”，姑且备此。所以，我们说司马迁《史记·五帝本纪》是舜帝孝道形象的第二次“完美塑造”，应是符合实际情况的。第二条、第三条、第五条、第六条，足以充分说明这点。张京华指出：

> 《史记》记载虞舜、湘妃事迹，取材最广，纪事最详。如“于是尧妻之二女，观其德于二女。舜饬下二女于妫汭”，取于《尚书》；“涂廪”、“穿井”取于《孟子》；“欲杀不可得，即求尝在侧”取于《越绝书》；“以二女妻舜以观其内，使九男与处以观其外”取于《淮南子》、《吕氏春秋》；“崩于苍梧之野，葬于江南九疑，是为零陵”取于《山海经》。①

除了《越绝书》和司马迁《史记》的前后关系不定以及《吕氏春秋》那里未检得外，我是赞同张先生上述意见的，“取材最广，纪事最详”，这和我们熟悉的司马迁《史记》整齐诸子百家之言的印象是符合的，在舜帝孝道形象的塑造上，我认为也是符合的。徐旭生《中国古史的传说时代》曾经说：“我国近二十余年史学界中所公信一点观念：我国有记录历史开始时候也同其他民族的历史相类，这就是说，它是复杂的、合成的，非

---

① 张京华：《湘妃考》，湖南人民出版社 2011 年 3 月第 1 版，第 8—9 页。

单一的”，“史学界多数承认的一点观念：专篇讲古代历史的文章，如《尧典》三篇之类，为受过系统化的史料——此后我把它叫作综合史料；见于先秦古书中的零星记载为还未经过系统化的史料——后一种的真实性比前一种的高。”① 徐先生所说“复杂的、合成的，非单一的”，主要是就中国古史的传说时代整体而言，具体到舜帝个案上，我感觉多少也是有这种情况的，至于“系统化的史料”、“综合史料”，司马迁《史记》里的舜帝孝道形象绝对算得上是，因此它的真实性比先秦古书文献要低，在这儿当也是可以成立的。

司马迁《史记》之后，可以说，就不再有什么值得我们重视的材料内容了，无非是大同小异。仅啰嗦两句：一是，《中庸》“子曰：舜其大孝也与！德为圣人，尊为天子，富有四海之内，宗庙飨之，子孙保之”。《大戴礼记》孔子说舜帝“好学孝友，闻于四海，陶家事亲，宽裕温良，敦敏而知时，畏天而爱民，恤远而亲亲。……契作司徒，教民孝友……舜之少也，恶悴劳苦，二十以孝闻乎天下”，这是我们能够看到的孔子第二次称颂舜帝孝道（且把大小戴《记》视为一体二书），可信度如何，值得琢磨。② 二是，刘向的《说苑》、《新序》和《列女传》，都有舜帝孝道材料的记载，而《列女传》最为夸张，首次

① 徐旭生：《中国古史的传说时代》，第3页。徐先生强调：“历史工作人员必须把未经系统化的材料和经过系统化的综合材料分别开，并且重视前者，小心处理后者。”详尽论述可参是书第34—36页。

② 第一次是在《孟子·告子下》：“孔子曰：舜其至孝矣！五十而慕。”然《论语》等其他典籍均未见孔子称颂舜帝孝道之辞，而《中庸》与《孟子》又一般被视为思孟学派统系，那么，这一说法是源于子思子乎？

增入瞽瞍饮酒醉杀舜帝的故事。① 我认为，这在司马迁《史记》之后，对于舜帝孝道形象的发展演变又起到了“添油加醋”的作用。

重新回到刚才那个问题：孟子之口之手中舜帝孝道的完美形象，是真实的么？到底有几分可信度呢？我们究竟应该怎样来看待呢？

第四节　自圆其说：《孟子》中关于舜帝孝道的师生问答

在先秦孝文化史中，关于舜帝孝道，最不能绕过且必须认真考察对待的，非《孟子》莫属。和中国历史文化的许多现象一般都可以或多或少追溯到孔子那里不同，舜帝孝道却似乎和孔子无关，而“横空出世”于孟子之口之手。②

首先，我们也还是将《孟子》里舜帝的孝道材料，胪列如下。

---

① 陈泳超论及这桩饮酒故事时，引闻一多《楚辞校补·天问》改字训诂考释意见，认为此处舜之所以独饮酒不醉，是采纳二妃之议，预先浴于狗屎之故，推理依据为今民间巫术以秽恶禳灾犹多行之，陈先生认为“到目前为止，似尚未有比闻氏更为合理的解释”（《尧舜传说研究》，南京师范大学出版社 2000 年 8 月第 1 版，第 219 页）。我对闻先生和陈先生的看法不以为然，这一情节目前最早见于《列女传》，真实性本就可疑，以此可疑情节、语焉不详之词，据民间巫术推论上古史事，是以舜帝其人其事为真实矣，这个风险可太大了，况且，又怎知不是古书流传脱讹之故呢？

② “就《孟子》而言，提到《尧典》1 次，提到黄帝 0 次，尧帝 58 次，舜帝 97 次。”见王田葵《中国伦理的轴心突破——历史语境中的舜文化》，湖南人民出版社 2011 年 3 月第 1 版，第 3 页。

《孟子》中关于舜帝孝道孝行的材料

《离娄上》	1. 孟子曰："不孝有三，无后为大。舜不告而娶，为无后也。君子以为犹告也。" 2. 孟子曰："天下大悦而将归己，视天下悦而归己，犹草芥也，惟舜为然。不得乎亲，不可以为人；不顺乎亲，不可以为子。舜尽事亲之道而瞽瞍厎豫，瞽瞍厎豫而天下化，瞽瞍厎豫而天下之为父子者定，此之谓大孝。"
《万章上》孟子、万章问答的第一回合：劳而不怨 vs 五十而慕	万章问曰："舜往于田，号泣于旻天，何为其号泣也？" 孟子曰："怨慕也。" 万章曰："'父母爱之，喜而不忘。父母恶之，劳而不怨。'然则舜怨乎？" 曰："长息问于公明高曰：'舜往于田，则吾既得闻命矣。号泣于旻天，于父母，则吾不知也。'公明高曰：'是非尔所知也。'夫公明高以孝子之心为不若是恝。我竭力耕田，共为子职而已矣。父母之不我爱，于我何哉？帝使其子九男二女，百官牛羊仓廪备，以事舜于畎亩之中，天下之士多就之者，帝将胥天下而迁之焉。为不顺于父母，如穷人无所归。天下之士悦之，人之所欲也，而不足以解忧；好色，人之所欲，妻帝之二女，而不足以解忧；富，人之所欲，富有天下，而不足以解忧；贵，人之所欲，贵为天子，而不足以解忧。人悦之、好色、富贵，无足以解忧者，惟顺于父母可以解忧。人少则慕父母，知好色则慕少艾，有妻子则慕妻子，仕则慕君，不得于君则热中。大孝终身慕父母。五十而慕者，予于大舜见之矣。"
《万章上》孟子、万章问答的第二回合：不告而娶 vs 不告而妻	万章问曰："《诗》云：'娶妻如之何？必告父母。'信斯言也，宜莫如舜。舜之不告而娶，何也？" 孟子曰："告则不得娶。男女居室，人之大伦也。如告，则废人之大伦，以怼父母，是以不告也。" 万章曰："舜之不告而娶，则吾既得闻命矣。帝之妻舜而不告，何也？" 曰："帝亦知告焉则不得妻也。"

续表

《万章上》孟子、万章问答的第三回合：真知 vs 伪喜	万章曰："父母使舜完廪，捐阶，瞽瞍焚廪。使浚井，出，从而掩之。象曰：'谟盖都君咸我绩，牛羊，父母；仓廪，父母；干戈，朕；琴，朕；弤，朕；二嫂，使治朕栖。'象往入舜宫，舜在床琴。象曰：'郁陶思君尔。'忸怩。舜曰：'唯兹臣庶，汝其于予治。'不识舜不知象之将杀己与？" 曰："奚而不知也？象忧亦忧，象喜亦喜。" 曰："然则舜伪喜者与？" 曰："否。昔者有馈生鱼于郑子产，子产使校人畜之池。校人烹之，反命曰：'始舍之，圉圉焉；少则洋洋焉；攸然而逝。'子产曰：'得其所哉！得其所哉！'校人出，曰：'孰谓子产智？予既烹而食之，曰：得其所哉，得其所哉。'故君子可欺以其方，难罔以非其道。彼以爱兄之道来，故诚信而喜之，奚伪焉？"
《万章上》孟子、万章问答的第四回合：封之 or 放之？	万章问曰："象日以杀舜为事。立为天子则放之，何也？" 孟子曰："封之也，或曰放焉。" 万章曰："舜流共工于幽州，放驩兜于崇山，杀三苗于三危，殛鲧于羽山，四罪而天下咸服，诛不仁也。象至不仁，封之有庳。有庳之人奚罪焉？仁人固如是乎？在他人则诛之，在弟则封之？" 曰："仁人之于弟也，不藏怒焉，不宿怨焉，亲爱之而已矣。亲之，欲其贵也；爱之，欲其富也。封之有庳，富贵之也。身为天子，弟为匹夫，可谓亲爱之乎？" "敢问或曰放者，何谓也？" 曰："象不得有为于其国，天子使吏治其国而纳其贡税焉，故谓之放。岂得暴彼民哉？虽然，欲常常而见之，故源源而来，'不及贡，以政接于有庳'。此之谓也。"
《万章上》孟子、咸丘蒙的问答：君不得而臣 vs 父不得而子	咸丘蒙问曰："语云：盛德之士，君不得而臣，父不得而子。舜南面而立，尧帅诸侯北面而朝之，瞽瞍亦北面而朝之。舜见瞽瞍，其容有蹙。孔子曰：'于斯时也，天下殆哉，岌岌乎！'不识此语诚然乎哉？" 孟子曰："否！此非君子之言，齐东野人之语也。尧老而舜摄也。《尧典》曰：'二十有八载，放勋乃徂落，

续表

	百姓如丧考妣。三年，四海遏密八音。’孔子曰：‘天无二日，民无二王。’舜既为天子矣，又帅天下诸侯以为尧三年丧，是二天子矣。”咸丘蒙曰：“舜之不臣尧，则吾既得闻命矣。《诗》云：‘普天之下，莫非王土。率土之滨，莫非王臣。’而舜既为天子矣，敢问瞽瞍之非臣，如何？” 曰：“是诗也，非是之谓也。劳于王事而不得养父母也。曰：‘此莫非王事，我独贤劳也。’故说诗者不以文害辞，不以辞害志。以意逆志，是为得之，如以辞而已矣，《云汉》之诗曰：‘周余黎民，靡有孑遗。’信斯言也，是周无遗民也。孝子之至，莫大乎尊亲；尊亲之至，莫大乎以天下养。为天子父，尊之至也；以天下养，养之至也。《诗》曰：‘永言孝思，孝思惟则。’此之谓也。《书》曰：‘祗载见瞽瞍，夔夔斋栗，瞽瞍亦允若。’是为父不得而子也。”
《告子下》	公孙丑问曰：“高子曰：‘《小弁》，小人之诗也。’” 孟子曰：“何以言之？” 曰：“怨。” 曰：“固哉，高叟之为诗也！有人于此，越人关弓而射之，则己谈笑而道之，无他，疏之也；其兄关弓而射之，则己垂涕泣而道之，无他，戚之也。《小弁》之怨，亲亲也，亲亲，仁也。固矣夫，高叟之为诗也！” 曰：“《凯风》何以不怨？” 曰：“《凯风》，亲之过小者也；《小弁》，亲之过大者也。亲之过大而不怨，是愈疏也；亲之过小而怨，是不可矶也。愈疏，不孝也；不可矶，亦不孝也。孔子曰：‘舜其至孝矣！五十而慕。’”
《尽心上》孟子、桃应的问答：瞽瞍杀人 vs 舜帝救父	桃应问曰：“舜为天子，皋陶为士，瞽瞍杀人，则如之何？” 孟子曰：“执之而已矣。” “然则舜不禁与？” 曰：“夫舜恶得而禁之？夫有所受之也。” “然则舜如之何？” 曰：“舜视弃天下犹弃敝蹝也。窃负而逃，遵海滨而处，终身欣然，乐而忘天下。”

从上面材料可以看出，《孟子》中舜帝的孝道材料猛然增加详尽了许多，尤其是这些故事情节，是我们目前所能看到的传世文献里面记载最早、影响最大的，诚如顾颉刚所道，“说舜孝的以《孟子》为最多也最具体”；① 且师生就此相关问题也进行了“实话实说”的交流，貌似孟子的回答都“天衣无缝”、圆满无缺。但实际上，从历史事实和人伦道理两个方面，后世对此都有截然不同的两种意见。

正方赞成者，延续孟子的“天衣无缝”、圆满无缺，而曲尽精微的阐释，更是“出于孟而胜于孟”。这派多为程朱理学路数，清人阎若璩、俞正燮、宋翔凤、毛奇龄等也认为可信。

反方怀疑者，则从不同角度对孟子师生的相关内容提出问难。我认为，他们的意见更值得我们尊重并思考。较早的有唐刘知几《史通》(内篇《鉴识》、外篇《暗惑》)、宋苏轼、明杨慎，清人崔述、刘逢禄、陈澧、梁玉绳、洪良品等也持此观点。

下面，我们仅就《孟子》中关于舜帝孝道孝行的材料呈现出来的6个师生问答，略作辨析。鄙意以为，重要的不是在具体事实的繁琐考证上，乃是在如何看待解读这些材料上。两千年来聚讼纷纭，皆是纠缠在具体事实上，徒见其陷入其中不能自拔，今天我们借助人类文明的最新认知，于此当可以有抽身而出的从容与评判。

《孟子》中关于舜帝孝道孝行的材料呈现出来的6个师生问答，万章便独自占了4个，见得出万章的好学深思，颇具亚

① 顾颉刚：《顾颉刚全集》(1)，第352页。

里士多德“吾爱吾师，吾更爱真理”精神。我们先来看孟子和万章的这4个师生问答，再看孟子和咸丘蒙、桃应的那两个回合。

1.《万章上》孟子、万章问答的第一回合：劳而不怨 vs 五十而慕

孟子、万章问答的第一回合，大致乃万章问孟子“舜往于田，号泣于旻天”是因为什么，孟子回答说“怨慕也”。万章说为人子女“劳而不怨”，不应该怨恨父母，那么舜帝是怨恨他的父母么？孟子说了一大通，最后的落脚点是“大孝终身慕父母”，舜帝“五十而慕”，这个所谓的“怨慕”，不是怨恨父母，而是对父母的自怨自艾、爱慕思慕。

对于这孟子、万章问答的第一回合，我们可以这样梳理：

第一，万章所说的舜帝“往于田，号泣于旻天”，这是先秦文献中首次所见，崔述曰：“经但言舜之父母顽嚚，未言不顺于父母也。《孟子》中引古语始有‘号泣旻天’之事。”① 这便有两种可能：第一种可能是，万章所说的舜帝“往于田，号泣于旻天”，是渊源有自的古书，是真实可信的；② 第二种可能是，万章所说的舜帝“往于田，号泣于旻天”，是孟子所谓的“此非君子之言，齐东野人之语也”，是道听途说不可信的。然而，孟子并未就此指出“此非君子之言，齐东野人之

---

① ［清］崔述《唐虞考信录》卷一，转引自万里、刘范弟辑录点校《虞舜大典》(上)，第359页。

② 只是这内容后来亡佚了，如最早给《孟子》作注的汉赵岐在《万章上》开卷所曰：“孟子时，《尚书》凡百二十篇，逸《书》有《舜典》之叙，亡失其文。孟子诸所言舜事，皆《尧典》及逸《书》所载。”

语也”，而是直接回答了舜帝“往于田，号泣于旻天”的原因，似可理解为，孟子也知道(并相信)万章所说的舜帝“往于田，号泣于旻天”这一内容，因此，便不假思索地直接回答了。据下文，孟子说：“长息问于公明高曰：‘舜往于田，则吾既得闻命矣。号泣于旻天，于父母，则吾不知也。’”赵岐注：“长息，公明高弟子；公明高，曾子弟子。”那么，舜帝“往于田，号泣于旻天”，看上去是曾子以来就有的说法。上述这两种可能性哪一种可能性大呢？我个人更倾向于第二种可能性，即舜帝“往于田，号泣于旻天”，是孟子所谓的“此非君子之言，齐东野人之语也”，是道听途说不可信的，尽管孟子看上去也是相信的。事实上，无论孟子有无明确就此指出“此非君子之言，齐东野人之语也”，都不影响我们这一判断的推论，因为孟子的“此非君子之言，齐东野人之语也”意见，也只是他个人一家之言。他说不是，未必不是，他说是，未必是，他说是不是、信不信，不能作为真假判断依据，只能是重要的参考。崔述说他“非敢与《孟子》有异，要期无悖于经而已”，① 在我们今日，自可“大胆地假设怀疑，小心地求证推论”，一起来推进相关研究。

第二，舜帝“往于田，号泣于旻天”，我们不太好判定真假，接下来再看孟子所说的“怨慕”，同样的，舜帝“往于田，号泣于旻天”的事实真假，对我们分析孟子的“怨慕”说亦无实际影响，因为无论舜帝“往于田，号泣于旻天”的

---

① ［清］崔述《唐虞考信录》卷一，转引自万里、刘范弟辑录点校《虞舜大典》(上)，第360页。

事实真假，如何阐释它，这本身就是一个主观性很强、客观性很弱的问题，所谓见仁见智的情理推论。孟子认为，舜帝"往于田，号泣于旻天"，是"怨慕"，不是怨恨父母(《告子下》答问公孙丑时所说的"亲之过大而不怨，是愈疏也；亲之过小而怨，是不可矶也"，彼处的"怨"，则似为"悲怨"、"怪怨")，而是对父母的自怨自艾、爱慕思慕，换言之，舜帝全无一丝一毫对父母的怨恨，有的全是对自己的自怨自艾、对父母的爱慕思慕，这一论断，便涉嫌对舜帝孝道形象的理想化美化，开启了后世如宋儒那般的"精心"、"精微"，实则是想象过于事实。如宋卫湜《礼记集说》卷一百二十七《中庸》处引建安游酢曰："《孟子》言舜之怨慕，非深知舜之心，不能及此。据舜惟患不顺于父母，所谓其尽孝也，《凯风》之诗曰'母氏圣善，我无令人'，孝子之事亲如此，此孔子所以取之也。孔子曰君子之道四，丘未能一焉。若乃自以为能，则失之矣。"① 朱熹《四书章句集注》谓："怨慕，怨己之不得其亲而思慕也。……于我何哉，自责不知己有何罪耳，非怨父母也。杨氏曰：'非孟子深知舜之心，不能为此言。盖舜惟恐不顺于父母，未尝自以为孝也；若自以为孝，则非孝矣。'……孟子真知舜之心哉！……言常人之情，因物有迁，惟圣人为能不失其本心也。……非圣人之尽性，其孰能之？"② 这都是一厢情愿

① ［宋］卫湜《礼记集说》卷一百二十七，转引自万里、刘范弟辑录点校《虞舜大典》(上)，第495页。

② 宋张九成更是孟子这一"怨慕"说的顶礼膜拜者："至于事亲，则自孩提以至老死，无他法也，其心一于婴儿而无变者，此事亲之法也。夫婴儿之心，一于爱父母而已，安知其他哉？方父母之弗见也，号泣悲苦，万物无可解其忧者。……舜之心，其事父母常如婴儿，则其为父（转下页）

地替古圣贤们“精致美颜”，树立塑造古圣贤们一言一行一思一动全无丝毫过失的完美形象。如此，已有把人当神的意味，不可不亟辨。①

2.《万章上》孟子、万章问答的第二回合：不告而娶 vs 不告而妻

孟子、万章问答的第二回合，是万章问孟子舜帝为什么“不告而娶”、尧帝为什么“不告而妻”，孟子回答说“告则不得娶(妻)”。

(接上页)母不喜，号泣于天，若婴儿之慕者，此盖天理当如是也。故大孝终身慕父母，所谓终身者，非终父母之身，终其身也。父母既死，其心常悲，一见其遗书，一执其杯圈，则泫然流涕，痛苦有不自胜者。此正婴儿之心也。老莱七十而慕为五彩之衣，为婴儿匍匐于父母前，此心为如何哉？欲识舜之为舜，当于婴儿之慕而求之，则公明高之说，孟子之对，万章长息之问，大舜之心，于此而决矣。夫舜之号泣于天，孟子止以一慕字断之，以解天下后世纷纷之疑，非其高见远识超出乎众人之上，能如是乎？”见张九成《孟子传》卷十七，转引自万里、刘范弟辑录点校《虞舜大典》(上)，第556页。

① 张祥龙说万章“然则舜怨乎”、“这是非常有辩难力和思想激发力的问题”，我很赞同，他说：“注意，这怨慕不同于怨恨，是出于爱或慕的怨。还有，这关键处一定有对于规则、哪怕是儒礼规则的突破。什么‘劳而不怨’？舜出于至情，就是要又劳又怨！他不能不怨，因为他实在是爱恋向往(慕)父母，没有父母的接受，他觉得活得没大意思。”张先生对“这怨慕不同于怨恨，是出于爱或慕的怨”之辨析，是对的，但他又说“又劳又怨”、“不能不怨”，感觉又把这怨慕当怨恨了，否则的话，也不存在“什么‘劳而不怨’”的差别了，因此，我认为他这里对孟子怨慕说的诠释，不如宋儒得真得意，尽管他也是和宋儒一样维护孟子怨慕说，尽管我并不同意孟子以及宋儒的得真得意；且“这关键处一定有对于规则、哪怕是儒礼规则的突破”，舜帝是何时代？彼时焉有“儒礼规则”？无有的话，又何所突破？见《〈尚书·尧典〉解说：以时、孝为源的正治》，第91—92页。

对于这孟子、万章问答的第二回合，我们可以这样梳理：

第一，和孟子、万章问答的第一回合中舜帝“往于田，号泣于旻天”一样，“舜（尧）之不告而娶（妻）”也是先秦文献中首次所见。《孟子·离娄上》亦有“孟子曰：不孝有三，无后为大。舜不告而娶，为无后也。君子以为犹告也”。和此处相应，可见“舜（尧）之不告而娶（妻）”，为孟子、万章均无疑义之事。崔述曰：“经记嫔虞事绝未见有不告之意。《孟子》之言或有所本。……大抵战国时多好谈上古事，而传闻往往过其实。”① 就此进行了质疑辩难。我对此条的历史真实性，意见同上，不赘。实际上，孟子这里的回答虽说显得“机智”，也似乎符合儒家学说中礼与权、变与不变的准则，但即此而论的话，亦不能说一点破绽没有，因为我们还可以问：舜固然可以不告而娶，如果他“告而娶”，是不是更无可挑剔呢？既“娶妻如之何？必告父母”，做到了“必告父母”的孝道伦理，又“告而娶”，不“废人之大伦”，岂不是两全其美？所以，孟子关于舜不告而娶的解释，无论历史事实真假，我认为都不能算是令人满意的正解。

第二，和孟子、万章问答的第一回合中舜帝“往于田，号泣于旻天”一样，孟子对舜帝孝道形象的理想化美化开启，在后世宋儒那里延续了极尽“精心”、“精微”的“精致美颜”。如《二程粹言》卷下：“或问：舜不告而娶，为无后也，而于拂父母之心，孰重？子曰：非直不告也，告而不可，然后

① ［清］崔述《唐虞考信录》卷一，转引自万里、刘范弟辑录点校《虞舜大典》（上），第360页。

尧使之娶耳。尧以君命命瞽瞍，舜虽不告，尧固告之矣。在瞽瞍不敢违，而在舜为可娶也。君臣父子夫妇之道，于是乎皆得。曰：然则象将杀舜而尧不治焉，何也？子曰：象之欲杀舜无可见之迹，发人隐慝而治之，非尧也。”① 张九成《孟子传》更云：“倘舜以娶妇为请，瞽瞍必不使之娶矣。不使之娶，则过在父母，舜不告而娶，则好论人过而不原其心者，必以过舜矣。善则归亲，过则归己，此正舜之心也，岂忍自全其名而置父母于不义之地哉！……然而舜为有过乎？曰：有过，不告而娶，是其过也，岂可辩说哉？过在一己而全父母之令名，此舜所以为舜也。故自君子观则见其为无过，自常人论之，舜岂能逃不告之罪乎？此亦圣人之不幸也。于不幸中有造化之用，以过归己而全人道之大伦，正嗣续之大事，不遗父母以恶名，舜亦可谓善处矣。此圣人所以为人伦之至。”“帝之妻舜而不告，是与舜同心也。夫相率以违背父母，岂尧、舜之心哉？以俗人观之，则见其为不告而娶；以天理而观，此尧、舜为天下人伦之大，不敢洁身以求合也。”② 即便点出舜帝“有过”，最后论

---

① ［宋］杨时《二程粹言》卷下，转引自万里、刘范弟辑录点校《虞舜大典》(下)，第 1056 页。

② ［宋］张九成《孟子传》卷十七，转引自万里、刘范弟辑录点校《虞舜大典》(上)，第 551—552、557 页。张祥龙《〈尚书·尧典〉解说：以时、孝为源的正治》对于尧嫁二女是这样说的：“尧选舜，不是因为舜有可明见的普世化的能力，或为公众服务的业绩，如共工和鲧所取得的，而只是亲亲关系上的表现，也就是舜在反慈情境中的孝亲之心和孝亲能力，而且测试舜首先是通过夫妇关系而非政治才能。”“只是要测试舜的能力，尧也就没有必要把自己的两个女儿嫁给舜了。我觉得嫁女儿有一些玄机，以某种亲亲进入另一种亲亲。”“尧之所以要测试舜，就是感到这个孝太深邃可怕了，里面隐藏了很多东西”，尧“知道舜孝过程中慈的当场缺失 （转下页）

证的落脚点依然是“于不幸中有造化之用，以过归己而全人道之大伦，正嗣续之大事，不遗父母以恶名，舜亦可谓善处矣。此圣人所以为人伦之至”，“过”得恰到好处，“过”得完美无瑕。如此论证，不亦“过”乎？

3.《万章上》孟子、万章问答的第三回合：真知 vs 伪喜

孟子、万章问答的第三回合，是万章问孟子舜知不知道“象之将杀己”，孟子回答说“奚而不知也？象忧亦忧，象喜亦喜”。万章又问“然则舜伪喜者与”？这一质问，还是很有力的。孟子回答说“否”，“彼以爱兄之道来，故诚信而喜之，奚伪焉？”个人觉得，孟子的这一答复，也不能令人满意。后来朱熹说“舜遭人伦之变，而不失天理之常也”（《孟子集注》），亦是在孟子解释基础上为之引申，同样失之过度发挥。

对于孟子、万章问答的第三回合，我们可以这样梳理：

和孟子、万章问答的前两个回合一样，此处的内容也是《孟子》“首发”、“首见”，而后来司马迁《史记·五帝本纪》更是进一步精细化描述故事情节，其历史真实性尤为古今学

（接上页）的尖锐含义，即：舜要么是傻憨者，要么是极能伪装者，要么是极难得地进入了孝意识的最原发维度的大孝者”，尧把自己的两个女儿下嫁给这位民间的鳏夫，是“一种特别内在、有效和自然的方式”，“这个测试很温柔，但又很切中要害”，尧为了测试舜，用的是“美人计”，“这里的美人计是正面的，起码是中性的”，“为什么要嫁给舜两个女儿，不是只嫁一个？是否担心一个天真少女或少妇可能被迷惑？这里面也有玄机，如果一个可以被迷惑，那么嫁两个获得真相的可能就会呈几何级数增长。事关天下苍生和民族的气运，尧也是豁出去了。这是可能的解释”。（第93—97、107—108、117页）很抱歉，我对张先生上述这些“可能的解释”，不能表示一点同意。

者质疑。① 有疑尧帝“弗能禁”者，如宋刘敞《公是弟子记》卷三：“或问：百姓不亲，五品不逊，不祥莫大焉。瞽叟以杀

① 如宋邵博《闻见后录》曰：“瞽瞍欲杀舜，刃之可也，何其完廪、浚井之使乎？……是皆委巷之说，而孟子之听不聪也。”〔邵博《闻见后录》卷十二，转引自万里、刘范弟辑录点校《虞舜大典》(下)，第1049页〕清邵泰衢曰：“涂廪之时两笠从何而办？穿井之时井实从何匿空？似皆未喻者也。”〔邵泰衢《史记疑问》卷上，转引自万里、刘范弟辑录点校《虞舜大典》(上)，第639页〕二人看似问得简单低级，实则是一般人的正常思维。而迷信者如宋张九成《孟子传》乃云：“至于象与父母同为焚廪掩井之计，及牛羊仓廪干戈琴弤二嫂之说，以傲济顽嚚，不如是不满其意也。凶德参会，而舜生乎其间，可谓不幸矣。孟子乃有天将降大任之说，且曰必先苦其心志，劳其筋骨，饿其体肤，空乏其身，行拂乱其所为，所以动心忍性，增益其所不能，可谓善观天意矣。理不如是，何以见舜之为大圣乎？……余于烧廪掩井辄推天意，以勉吾徒之不得志者，此亦圣贤之心也。若夫舜逃厄难而鼓琴不辍，乃见圣人之处忧患，如此其沛然也。至于象有思君之言，舜有分治之命，又泰然如平时兄弟家庭之间，雍穆无间，此又见舜之心矣。而万章不识此意，乃以为伪喜。呜呼，圣人岂有伪哉？有一毫之伪，乃鬼蜮耳，非天理也。夫弟之于兄，天理相爱，其所以迷罔，至于谋杀者，乃凶傲所致也。方凶傲之起，则见忿怒而不见天理，及事成谋济，凶傲既息，天理自生，安知其无悔心乎？悔心乃天理当然也。象以谓舜死矣，既入舜宫，舜突然在前，友于之爱不暇，计较忽然四起，此乃真情也，舜安得不以真情际之乎？且夫渔者有捕心，海鸥为之不下；鼓琴有杀心，蔡邕至于旋归。况舜大圣人，岂不知象之处心乎？其欲焚廪也，则有不可得而焚；其欲掩井也，则有不可得而掩。则以其杀心已著，不得而不避也。……及夫凶傲之气已济，爱兄之心已生，则就其生处以善言导之，此又圣人造化之术也。夫焚廪掩井，凶傲之气也；郁陶思君，天理当然也。舜于其凶傲时，则急避之；于其郁陶时，则乐予之其处，忧患人情亦可谓巧妙矣。孟子善言此意，乃曰彼以爱兄之道来，故诚信而喜之。非深知舜之心者，不能形容如此也。”〔张九成《孟子传》卷十七，转引自万里、刘范弟辑录点校《虞舜大典》(上)，第557页〕舜帝的一言一行一举一动，就像电脑格式化一样，随时可以进退不维谷、左右不为难，分分秒秒都在那不偏不倚“天理”上，“忧患人情亦可谓巧妙矣”，只能说，像张九成这般细致入微地“代言”舜帝、孟子，“亦可谓巧矣”。真德秀《四书集编·孟子 （转下页）

舜为事，象从而谋之，帝曾弗能禁乎？刘子曰：禁则诛，诛则伤孝子之心。闻屈子以伸父矣，未闻屈父以伸子也。《诗》云：孝子不匮，永锡尔类。"① 这是信其事而疑其人，刘敞则替尧帝辩解。有疑万章所说于历史事实错乱者，如宋儒胡宏云："苏黄门曰：'世未有不能承其父母而能治天下者'，斯言信矣。象日以杀舜为事，固非在妻二女之后，此万章之失也。"② 这是信其事而疑其言，认为是万章述说有误耳，罗泌《路史》同此。有整体否定者，较早如唐刘知几、陆龟蒙，③

（接上页）集编》："昔罗豫章论此曰：只为天下无不是的父母。陈了翁闻而善之曰：惟如此而后天下之为父子者定，彼臣弑君子弑父者，常始见其有不是处耳。呜呼！罪己而不非其亲者，仁人孝子之心也；怨亲而不反诸己者，乱臣贼子之志也。后之事难事之亲者，其必以舜为法。"〔真德秀《四书集编·孟子集编》卷七，转引自万里、刘范弟辑录点校《虞舜大典》（上），第578页〕发展至此，"天下无不是的父母"、"罪己而不非其亲"，不能对父母"见其有不是处"，已经极端化到无理可讲的地步。《二程粹言》卷下："子曰：象忧喜舜亦忧喜，天理人情之至也。……舜同象之忧喜，孟子不以为伪，即是宜精思以得之而何易言也。"〔[宋]杨时《二程粹言》卷下，转引自万里、刘范弟辑录点校《虞舜大典》（下），第1057页〕朱熹《四书章句集注》因谓："万章所言，其有无不可知，然舜之心，则孟子有以知之矣，他亦不足辨也。程子曰：'象忧亦忧，象喜亦喜，人情天理，于是为至。'""万章所言，其有无不可知，然舜之心，则孟子有以知之矣，他亦不足辨也"，"有无不可知"居然也能话锋一转"有以知"，这样的话，确实就"他亦不足辨也"，且此打住。

① [宋]刘敞《公是弟子记》卷三，转引自万里、刘范弟辑录点校《虞舜大典》（上），第1036页。

② [宋]胡宏《皇王大纪》卷四五，转引自万里、刘范弟辑录点校《虞舜大典》（上），第671页。

③ 刘知几《史通·内篇·鉴识》说司马迁所撰《五帝本纪》"称虞舜见厄，遂匿空而出"，"其言之鄙"，并于《史通·外篇·暗惑》详为之辨："《史记》本纪曰：瞽叟使舜穿井，为匿空旁出。瞽叟与象共下土实井。瞽叟、象喜，以舜为己死。象乃止舜宫。难曰：夫杳冥不测，变化（转下页）

《孟子注疏》亦谓“大抵学者不可执此以为深然也，当以意喻，默然有自判之论可也”，司马光《史剡》也力辨之，清人梁玉绳《史记志疑》：“焚廪掩井之事，有无不可知，疑战国人妄造。此万章随俗之误，孟子未及辩，而史公相承不察耳。宋司马光《史剡》、《程子遗书》、洪迈《容斋三笔》及《古史》、《大纪》、《路史·发挥》、《通鉴》前编俱纠其谬，独太原阎氏若璩撰《古文尚书疏证》与《四书释地又续》，力主《孟子》、《史记》，以为万章断非传闻，马迁断非无据，实由瞽象顽傲，舜既娶之后，犹欲杀之，而分其室，甚且以父母使舜完廪七十九字，为古《舜典》之文，岂非妄排众论，好逞胸臆者乎。”崔述更是连发五问，而后指出：

盖舜之家事见于经者，“父顽，母嚚，象傲”而已，因其顽嚚而傲也，遂相传有不使娶之说，相传有欲杀舜之

(接上页)无恒，兵革所不能伤，网罗所不能制，若左慈易质为羊，刘根窜形入壁是也。时无可移，祸有必至，虽大圣所不能免，若姬伯拘于羑里，孔父厄于陈蔡是也。然俗之愚者，皆谓彼幻化，是为圣人。岂知圣人智周万物，才兼百行，若斯而已，与夫方内之士，有何异哉！如《史记》云重华入于井中，匿空而去，此则其意以舜是左慈、刘根之类，非姬伯、孔父之徒。苟识事如斯，难以语夫圣道矣。且案太史公云：黄帝、尧、舜轶事，时时见于他说。余择其言尤雅者，著为本纪书首。若如向之所述，岂可谓之雅邪?”陆龟蒙则曰：“先儒曰瞽瞍憎舜，使涂廪浚井，酖于觞酒，欲从而杀之。舜谋于二女，二女教之以鸟工、龙工、药浴、注豕，而后免矣。夫势之重，壮夫不能不畏，位之尊，圣人不得不敬。况舜婿于天子，顽嚚嫚戾者，独不畏之，又从而杀之。且尧之妻二女、帅九子，观舜之德，舜反受教于女子，其术怪且如是，是不教人以孝道，教人以术免也。固尧使勖之，非观德也，何足以天下付?”见[宋]佚名《历代名贤确论》卷二“舜涂廪浚井”条，转引自万里、刘范弟辑录点校《虞舜大典》(上)，第876页。

> 事。谚曰“尺水丈波”，公明贾曰“以告者过也”，天下事之递述而递甚其词者往往如是，君实之辨是也。程子、苏氏亦皆以此事为乌有。故今列之存疑。但君实、子由皆讥孟子之言之失，程子亦有“以意逆志”之说，而按此文乃万章之语，孟子但云“象喜亦喜”，明圣人于弟子之无藏怒耳，非必谓万章所言历历皆实事。况《孟子》七篇乃门人所记，亦未必无遗漏润色，恐不当遂以是疑孟子也。①

崔述所说的“天下事之递述而递甚其词者往往如是”，实际上就是我们日常生活中的“三人成虎”、添油加醋、道听途说、以讹传讹，所谓“不信谣，不传谣”则往往是“既信谣，又传谣”，到了近代，顾颉刚便提炼出了“层累地造成的古史”说理论。② 但崔述这里又紧接着给孟子打个圆场，说那些

---

① ［清］崔述《唐虞考信录》卷一，转引自万里、刘范弟辑录点校《虞舜大典》(上)，第361页。

② 顾先生《虞初小说回目考释》，亦对《孟子》中焚廪、掩井这两件谋杀之事，表示怀疑态度，认为“这段故事真是突煞兀人”。详参《顾颉刚全集》(1)，第364页。袁珂认为：“按照当时的风俗习惯，弟兄死了，各人都可以占有对方的老婆，在这样一种社会习气的诱惑和鼓舞之下，阴险恶毒的象，就总想设下一个什么圈套把哥哥害死，来名正言顺地达到自己的心愿。”“这种风俗习惯，很多民族的幼年时期都有，如《史记·匈奴列传》称匈奴‘弟兄死，皆取其妻妻之’，即其例也。在几次暗害舜的阴谋中，象实是主谋其事的人，这种风习，可能对阴险恶毒的象有所鼓舞，故象于事成后他无所取，惟取二嫂及琴弓等玩物而已。”(《中国神话传说》，世界图书出版公司2012年2月第1版，第186—189页)江林昌也说“牛羊、粮食归父母，兵器、礼器、女人归自己。这完全是早期文明社会私有制的特征。这种现象与夏商周早期文明时期已基本一样了”。这是以《孟子》（转下页）

话乃是万章所说，孟子的意思不是说万章所说的都是事实，况且《孟子》一书是门人弟子记录整理，保不齐会有门人弟子的遗漏润色，因此不当因为这而怀疑孟子，对司马光、苏轼含蓄地点名批评了下。司马迁《史记》有《孟荀列传》，孟子、荀子相提并论，孟子并未见得比荀子占上风，且被晚辈荀子鄙视，其后唐韩愈《原道》乃大张旗鼓重新推举孟子为儒家道统嫡传，及至两宋，《孟子》一书终于正式由子入经，孟子也就正式跻身于孔孟之道的“四书道统”，当司马光、苏轼之时，毕竟此事尚未完成，还可有所质疑，而朱熹亲手“制造”了这一道统后，历经元明，到了清，勇敢勇猛勇气如崔述，已不敢质疑，遑论其他？

4.《万章上》孟子、万章问答的第四回合：封之 or 放之

孟子、万章问答的第四回合，是万章问“象日以杀舜为事”，为什么舜帝立为天子后流放他？孟子回答说是分封弟象，有的人说是流放；万章又问“仁人固如是乎？在他人则诛之，在弟则封之”？孟子回答说：“仁人之于弟也，不藏怒焉，不宿怨焉，亲爱之而已矣。亲之，欲其贵也；爱之，欲其

（接上页）此处为史实，倘若以我们意见，于斯未敢信据的话，那这一推论也还可商，因为假设此处为后世“添油加醋”的“信谣传谣”，那它自然是反映后世“文明社会私有制的特征”，折射后世人们当时的时代意念，好比所谓五帝三代“大同”、“小康”之黄金“理想国”想象，一个是“历史真实发生的‘当时是’”，一个是“后人心目中认知的‘当时是’”，这是两回事。江文《商族先公的起源发展与相关史事》便说“《尚书》、《史记》的记载虽掺杂有一些后代人的社会意识，如‘司徒’、‘五教’之类。但总体内容当有历史依据”，即是此意，只不过“社会意识”和“历史依据”到底孰多孰少，那就是“公说公有理婆说婆有理”的见仁见智了。参见江林昌著《考古发现与文史新证》，中华书局 2011 年 2 月第 1 版，第 93、170 页。

富也。封之有庳，富贵之也。身为天子，弟为匹夫，可谓亲爱之乎？”万章问有的人说是流放是什么意思呢？孟子回答说：“象不得有为于其国，天子使吏治其国而纳其贡税焉，故谓之放。岂得暴彼民哉？”

对于孟子、万章问答的第四回合，我们可以这样梳理：

此处的内容，还是《孟子》“首发”、“首见”。宋邵博《闻见后录》说：“曰舜之于象封之，非放也，象不得有为于其国，使吏治其国而纳其贡税焉，皆孔子所不言。”① 历史事实层面，是说不清的了，我们仅就逻辑思维层面，对孟子这一回合的答问，也尽可有不敢苟同之处。首先，无论是“封”还是“放”，即“封”而言，万章所问“仁人固如是乎？在他人则诛之，在弟则封之？”便很有力，而孟子却并未回答这一“在他人”、“在弟”的区别对待问题，只是说：“仁人之于弟也，不藏怒焉，不宿怨焉，亲爱之而已矣。亲之，欲其贵也；爱之，欲其富也。封之有庳，富贵之也。身为天子，弟为匹夫，可谓亲爱之乎？”并不回答万章所问，不过是说所谓“仁人之于弟也”如何。“打破砂锅问到底”的万章没再继续追问下去。② 万章又问有的人说是流放是什么意思呢？孟子回答说，所谓的

---

① ［宋］邵博《闻见后录》卷二十六，转引自万里、刘范弟辑录点校《虞舜大典》（下），第1051页。

② 陈泳超也说：“孟子这一封弟的说法，其解释并未完全针对万章的诘问，有转移焦点之嫌，其中也暴露出儒家亲亲与尚贤、守法思想的矛盾。”惟是否“暴露出儒家亲亲与尚贤、守法思想的矛盾”，还可讨论，因为如果儒家思想“亲亲为大”，亲亲胜过尚贤、守法的话，那就无所谓矛盾了，而是价值观立场问题了，属于另一层面的是非对错了。参见陈先生《尧舜传说研究》，第119页。

“放”不是那种刑罪的流放，是把他“放在”封国，一切政事由舜帝派遣的官吏管理，这样子不“暴彼民”，似乎便兼顾两全了“在他人”、“在弟”的矛盾，实际上仍不过是“在他人”、“在弟”这一问题的“五十步”、“百步”耳。顾颉刚道：“钱玄同先生曾说象是一个拿干脩的人，这很恰当，亏得孟子的善于调停异说呵！”① 语虽戏笑，却也是实话。我们若以为孟子所讲的“仁人之于弟也”是古时通常的情况，似乎也不是，因为万章所问“仁人固如是乎？在他人则诛之，在弟则封之？”显然并非是不言自明的通识，故此万章才有这“颇为不服”的“疑忿”。且孟子所说的舜帝封弟于有庳，“欲常常而见之，故源源而来”，是为了兄弟之情可以“假公济私”经常接见弟象，也因有庳一地的历史地理问题（太远），为后世学者所质疑（如清儒顾炎武、阎若璩等），兹不赘。

然而，尽管自万章当时“亲炙”便有疑问，后世学者也陆续质疑，仍丝毫不能影响到崇信派们的“我信故我在”：

> 余读此一章，乃见圣人处事如此，此盖天理造化之妙也。……舜，天理也，天理中造化真如乾坤之运六子，沧海之转百川，既不失亲爱之恩，可使遂其富贵，又不使凶傲及民，而可以行吾惠泽，可谓巧妙矣，其造化如何哉！……亲爱润泽之道也，既不失国家之纲纪，又不废手

---

① 顾颉刚：《顾颉刚全集》（1），第390页。

足之亲爱，造化之妙乃至于此乎！夫《春秋》书郑伯克段于鄢，此不知舜亲爱之义也；书齐侯使其弟年来聘，又书齐无知弑其君诸儿，此不知舜使吏治其国之义也。《春秋》之心，舜之心也，使郑伯知舜之心，决不至杀其弟；使齐侯知舜之心，决不至弟之子弑其伯父。后世效舜封有庳而失之者，如景帝之待梁孝王是也。使其黄屋称制，以为亲爱手足也，卒有刺杀大臣之恶，使其得舜之心讵至此乎？又有效舜使吏治贡赋而失之者，如齐置典签以专国事，至有藕一段，浆一杯，皆待命于典签而后得，使皆愁窘无聊，如在囹圄，使其得舜之心，讵至此乎？此皆不知天理，自以私意为之，爱之则至于太过，制之则至于刻深，惟天理中行事，事合宜封之，而使朝臣主其政制之，而使之常常而来，见恩义兼行，公私两济。古人所谓深而通，茂而有间，连而不相及，动而不相害。又曰万物并育而不相害，道并行而不相悖。余尝思其说而不得，今熟味此章，深见舜之用心，乃知古人之说，盖指此用处为言也。其至矣哉。①

在张九成这儿，独有舜帝和孔子（“《春秋》之心，舜之心也”）是“圣人”、“天理造化之妙”，像春秋时期的郑伯、齐侯自不足道，至于汉景帝厚待梁孝王，那也是“后世效舜封有庳而失之者”，未“得舜之心”，“不知天理，自以私意为

① ［宋］张九成《孟子传》卷十七，转引自万里、刘范弟辑录点校《虞舜大典》（上），第558页。

之，爱之则至于太过”，没做到“恩义兼行，公私两济”。朱熹《四书章句集注》也为之释道：“有似于放，故或者以为放也。盖象至不仁，处之如此，则既不失吾亲爱之心，而彼亦不得虐有庳之民也。(中略)吴氏曰：‘言圣人不以公义废私恩，亦不以私恩害公义。舜之于象，仁之至，义之尽也。’”这都是在弥缝万章所问的“仁人固如是乎？在他人则诛之，在弟则封之”。

5.《万章上》孟子、咸丘蒙的问答：君不得而臣 vs 父不得而子

咸丘蒙问孟子：“语云：盛德之士，君不得而臣，父不得而子。舜南面而立，尧帅诸侯北面而朝之，瞽瞍亦北面而朝之。”“不识此语诚然乎哉？”孟子回答说：“否！此非君子之言，齐东野人之语也。”孟子否定了咸丘蒙所说的“语云：盛德之士，君不得而臣”这一说法，以及所传说的“舜南面而立，尧帅诸侯北面而朝之，瞽瞍亦北面而朝之”，认为“此非君子之言，齐东野人之语也”，是道听途说的“信谣传谣”，并引《尚书》等内容论证之。

6.《尽心上》孟子、桃应的问答：瞽瞍杀人 vs 舜帝救父

桃应问孟子：“舜为天子，皋陶为士，瞽瞍杀人，则如之何？”孟子回答说：“执之而已矣。”桃应说：“然则舜不禁与？”孟子说舜帝怎么可以禁止呢？皋陶这是秉公执法，桃应说“然则舜如之何”？孟子便“洒脱”地给出了一个“舜视弃天下犹弃敝蹝也。窃负而逃，遵海滨而处，终身欣然，乐而忘天下”的所谓“救父妙招”。

这最后一个回合，应该说历史事实和价值观念这两个层面都不复杂。然而，并不复杂的这两个层面，却依然在后世引起学者们的议论纷纷，同样地，崇信派和质疑派针锋相对。

崇信派如朱熹《四书章句集注》：

> 桃应，孟子弟子也。其意以为舜虽爱父，而不可以私害公；皋陶虽执法，而不可以刑天子之父。故设此问，以观圣贤用心之所极，非以为真有此事也。……孟子尝言舜视天下犹草芥，而惟顺于父母可以解忧，与此意互相发。此章言为士者，但知有法，而不知天子父之为尊；为子者，但知有父，而不知天下之为大。盖其所以为心者，莫非天理之极，人伦之至。学者察此而有得焉，则不待较计论量，而天下无难处之事矣。

朱熹之意，这只是一个假设的问题而已，并非真有其事；这是对的，但他却又在这“设问”虚拟之事上，“精微”发挥，认为“学者察此而有得焉，则不待较计论量，而天下无难处之事矣”，意思是心知其意即可，不必在这事上“较计论量”，由此“而天下无难处之事矣”，则又滑入和稀泥的窠臼之中。张栻亦云：“以帝舜之德，至于瞽瞍亦允若，则岂复有至于杀人之事哉？桃应特设是问，以观圣人处事之变何如耳。孟子因其问而告之以所宜处者，于御变之权可谓尽之矣。”和朱子意见一致，随后便“天理”、“此心”的“云雾缭绕”起来，“然则善发明舜之心者，其惟孟子乎！”“微孟子，孰能推之?”谓后世“不知天命之大”、“未之思”。①

质疑派如司马光《疑孟》曰：“是特委巷之言也，殆非孟子之言也。”② 力辨瞽瞍杀人事之不可信，显然是把桃应之问当成真实发生的历史事实了，这是不对的，因而，其所辨亦辨所不当辨。吕本中《紫微杂说》：“《孟子》桃应问一章，王介甫、刘原父皆不以为然。……范淳夫以此章为非孟子语也，程正叔以为此语有误谬处。荥阳公常言介甫、原父皆以孟子答之为非，曷不曰是舜为天子，瞽瞍杀人，皋陶亦不得执。此二公之论也，予闻之师友，曰：是不然。圣贤立教，务成其善而已，言不委曲则理不明。”③ 吕本中是申孟派的，从其所述可见，王安石、刘敞、范祖禹、程颐等人也都对《孟子》桃应问此章有疑，这表明质疑派一方人员也不少，势力也不弱。在这一回合，实际上并不存在什么历史事实层面的分歧，所有的，乃是此虚无假设之事上，对舜帝、孟子“圣贤之心”的阐释发挥而已。这已远离舜帝孝道本身，不是舜帝可以负责的，后世聚讼，不必展开。

总之，如宋儒张九成所云，孟子称舜，“专以孝为言”，

---

① ［宋］张栻著，杨世文点校：《张栻集》（二）《南轩先生孟子说卷第七》，中华书局 2015 年 11 月第 1 版，第 611—612 页。明杨廷枢继续此套路，“天理人情”云云，“盖圣贤辨义之精微如此”。见［清］方苞《钦定四书文·启祯四书文》卷九，转引自万里、刘范弟辑录点校《虞舜大典》（上），第 598 页。

② ［宋］邵博《闻见后录》卷十一，转引自万里、刘范弟辑录点校《虞舜大典》（下），第 1049 页。

③ ［宋］吕本中《紫微杂说》，转引自万里、刘范弟辑录点校《虞舜大典》（下），第 1057 页。

异于《尚书》、孔子、子思：

> 孟子之观舜乃在事亲处，其所以浚哲文明，五典克从，与夫烈风雷雨弗迷，所以巍巍，所以无为恭己，所以为大智者，皆自事亲而发见也。孟子当时所入，其自事亲入乎？观夫指虆梩掩之以为诚，指事亲为仁智为礼乐之实，指徐行之弟为尧、舜之道，指孝弟之义为王道，其论舜也，反覆以事亲为言，岂非自事亲而入，深见舜当日所以用心之微乎！夫登泰山者知险阻，泛沧溟者识波澜，傥非身履其中，目击其事，其言安得如此之切乎！以此论舜，则孟子所存，抑可知矣。
>
> 平生所汲汲者，以为舜自匹夫为法于天下，而我堕于流俗为无所闻知之人，惟其操不如舜之心，早夜孜孜求其所以为舜者，乃得于事亲之间，昌言号于天下曰：不得乎亲不可以为人，不顺乎亲不可以为子。舜尽事亲之道，而瞽瞍厎豫，瞽瞍厎豫而天下化，瞽瞍厎豫而天下之为父子者定，是孟子之学所以造圣王之阃域者，自事亲之道而入也。其所以得事亲之道者，以其学出于曾子。曾子之论孝曰：夫孝置之则植乎天地，溥之则横乎四海，推而放诸东海而准，推而放诸南海而准，推而放诸西海而准，推而放诸北海而准。惟曾子自事亲而入，故孟子亦自事亲而入；惟孟子自事亲而入，所以见舜之用心；惟见舜之用心，所以拳拳以舜为说而不已也。……至为之说曰：舜为法于天下，可传于后世，我犹未免于乡人也，是则可忧也。其平

居所存，概可知矣。①

张九成对孟子的“舜帝情结”指示，是不错的，特别指出孟子的“舜帝情结”异于《尚书》、孔子、子思处，在于“专以孝为言”，尤其阐发舜帝的孝道精神。我们对此意见也是表示赞同的；只不过，我们必须重申：孟子的“舜帝情结”，其情可感、精神可嘉，但是他赋予舜帝本人以及舜帝孝道的诸多“附加值”，我们是要保持警惕和怀疑的。周甲辰认为舜帝的孝悌品性具有自律性、单向性、根本性三个方面的特征，② 然而这究竟是历史真实的舜帝孝道还是孟子及其之后儒者的“附加值”孝道，却值得辨析，我是倾向于后者的。金人王若虚曰：“张九成谈圣人之道，如豪估市场，铺张夸大，惟恐其不售也。天下自有公是公非，言破即足，何必呶呶如是哉？《论》、《孟》解非无好处，至其穿凿迂曲，不近人情，亦不胜其弊矣。”③ 王若虚和张九成恰可为宋、金时怀疑派、崇信派之代表人物，他对张九成的批评，我是赞成的。④ 陈泳超说：

---

① ［宋］张九成：《孟子传》卷十七，转引自万里、刘范弟辑录点校《虞舜大典》（上），第552—553、555页。

② 周甲辰：《舜帝传说与传统道德的深层建构》，湖南人民出版社2011年3月第1版，第66—67页。

③ ［金］王若虚著，马振君点校：《王若虚集》（上），中华书局2017年10月第1版，第368页。

④ 尽管其《尚书义粹》一书亦不免为宋儒程朱理学主流支配，大同小异，但毕竟他还有这“负能量”的不服精神，在他那时代，终是卓绝了。

> 孟子的许多主张，尤其是对尧舜故事的阐发，常常十分牵强，有些不近人情。其实，舜真能做到孟子所说的怀揣孝悌之心，以德报恶，毫无怨言吗？……孟子再怎么曲为之说，若说舜的心中毫无怨气，恐怕也非平实近情之论。
>
> 《孟子》宣扬舜面对家庭迫害的委曲求全，就没有陷父于不义之嫌吗？他难道就不能略略“争”一下或“怨”一下？或对弟象的虚情假意揭露一下？迂腐的孝道观加上极端的孝行录，从一开始便成为舜的家庭故事的主导，《史记》的采择，更使之权威化、固定化，使得这一传说，在相当长的历史过程中，虽然颇有变化，但始终跳不出这一框框。这一现象是很耐人寻味的。①

这个问题确实“耐人寻味”！如果舜帝孝道这一点上，孟子和孔子及其前的古人古史有差别，那么他其他的学说思想和孔子有没有类似的差别、游离呢？荀子亦然，到底谁更接近孔子儒家的正统呢？（还是不必不可能接近？）这一追问，实际上可以扩大到所有的文化史现象，对此深入辨析，必将对程朱理学“孔孟道统”的简单划一线条造成否定式解构。在我刚参加工作，决意今生致力于中国孝文化研究，早期曾于读书收集资料之余，也就舜帝孝道写过一篇论文，那时的我还是“崇信派”成分居多；而今，历经“十年磨一剑”的《中国孝文化史》书稿爬梳沉淀，无论是阅读知识层面，还是思想意识

① 陈泳超：《尧舜传说研究》，第214—215、217页。

层面，今日之我，已然不是昨日之我，转而“怀疑派”居多。因此郑重声明，先前发表的那篇论文自是成为往事陈迹，我对舜帝孝道的最新认知看法必以此书为准；当然，变的只是我对舜帝孝道研究的意见，不变的依然是我对舜帝孝道的崇敬。这也是我一直秉持的理念，所以，我还愿意把那篇论文中的一段话，录存于此，它仍是我现在的心声：

> 舜帝孝道向来为古之学者所推崇，并作为孝道教化素材，位居《二十四孝》之首。近些年来，在对中国孝文化、伦理学等的研究中，有学者对舜帝孝道发出不同的看法，值得注意。到底如何看待舜帝孝道的有与无、真与假、好与坏，学术界恐怕一时还难以达成意见上的统一，但舜帝孝道涉及到中国孝文化的起源问题，自中国孝文化历史的通体演变、整体考察来说，对此似不能不予以适当关注。刚认为，舜帝孝道应是具有相当可信性的，如果我们不拘泥死板地将其过度理想化，其中所折射出的先秦孝文化(包括儒家孝道伦理学说的建立)因子，还是颇具启示意义的。舜帝孝道固然难如儒家所论的至圣至善，但它必然反映了舜帝确实以孝著称这一事实，因为我们可以反问：古人为何不把这孝道的美名放在黄帝、尧、禹身上呢？即便是口耳相传，也自然是有原型依据的。就目前来说，完全否定舜帝孝道包括西周以前孝道伦理的发生存在，条件尚不成熟，完全否定舜帝孝道诚不如姑且信之。换个角度想想，实则舜帝孝道之真假亦无太大的实质性意义，关键在于，数千年来舜

帝孝道的符号化教化意义乃是真真切切已然发生过的，这却是不争的事实。我们固然期待舜帝孝道研究的与时俱进、愈来愈清晰，但在此明确的结果出来之前(可能永远也出不来了)，不妨仍虔诚地将其置于二十四孝之首，继续发挥其端正人心、敦勉孝道的教化作用，这对我们却也无害。①

本章到这里，便就要结束了。结尾之际，我们来作个小结。舜帝个案的考察，至此算是基本上清楚明白了，不过，在我们给舜帝个案的考察画上满意句号之前，再“余音绕梁”、“余味无穷”一下。

《韩非子·显学》中，有一段经典的话，总是被引用来说明先秦学术文化史之歧异纷争：

> 孔、墨之后，儒分为八，墨离为三，取舍相反不同，而皆自谓真孔、墨，孔、墨不可复生，将谁使定后世之学乎？孔子、墨子俱道尧、舜，而取舍不同，皆自谓真尧、舜，尧、舜不复生，将谁使定儒、墨之诚乎？殷、周七百余岁，虞、夏二千余岁，而不能定儒、墨之真；今乃欲审尧、舜之道于三千岁之前，意者其不可必乎！无参验而必之者，愚也；弗能必而据之者，诬也。故明据先王，必定尧、舜者，非愚则诬也。愚诬之学，

① 详参拙稿《关于舜帝孝道研究的一点感想》，《孝感学院学报》2009年第1期。

杂反之行，明主弗受也。

实际上，韩非子这段话，尽可以扩展到历史的任何一个研究上，虽然历史研究的首要任务是“求真实”，但也只是相对而言的真实而已。发生过的历史真实，只存在于它发生的时刻，历史记录和研究不过是对发生过的历史真实最大程度努力的复原罢了。在舜帝孝道问题上，本章所呈现出来的古书记载和古人意见，恐怕就难逃“非愚则诬”之讥。本书本人亦然。朱鸿林《帝舜何以能成大孝》一文指出：

舜的孝行《尚书》和《孟子》都有记载，从历史的时序性着眼，两书所载出现不协的情况甚为明显，只有《史记·五帝本纪》所载比较完整顺畅，那是司马迁串联前此典籍所载对事情发展合理化后所致。

要讨论舜的孝道问题并不容易。典籍所载不管是否属实，舜之所为就是舜之所为，他对自己行为的感受是第一身的，其中况味只有他自己知。和舜的行为直接关联者，是他的父母以及弟弟，他们各自乃至集体对舜行为的感受也是第一身的。舜当时的人，如向帝尧推荐舜的四岳以及帝尧自己，他们对舜行为的感受是第二身的。后代听了帝舜孝道故事的人，包括我们在内，是第三身的。我们对这故事的感受，受了时空的影响，和孟子等前人的未必相同。要之，我们的感受和认知最终透露的是我们对这故事乃至对后人对这故事的观感的意见，是我们对事情——更准确地说，只是记载下来的事情——的诠释，而且主要还是我们源于自己的思维模式以及思想、价值作用的诠释。①

思想主旨上和韩非子的论述是一致的，却比韩非子说得更细致些，这也是我之所以不惮忌犯孟子以降直至当代崇信派们的心理之所在。当然，崇信派们大抵对此又不以为然、鄙夷不屑。韩非子的那段表述，其实早已经揭示出，我们对古史尤其是文明之初的探讨，终究怕是"出力不讨好"、"心有余而力不足"，不可能获得最终的确切的认知。这种思想态度，到了清人崔述《唐虞考信录》那里，阐发得更为详明：

唐、虞之事，较诸三代尤多难考。战国处士纵横之言，伪《书》、伪传揣度附会之说，其事之失实固不待言矣，即传记之文亦有未可概论者。孔子之作《春秋》也，隐、桓、庄、闵之世多缺文，襄、昭、定、哀之世多备载，无他，远近之势然也。况自唐、虞下逮春秋千数百年，传闻异辞乃事之常，以春秋之世而谈唐、虞，犹以两汉之世而说丰、镐也，苟非圣人，安能保无一二之误采者。是故唐、虞之事惟《尧典》诸篇为得其实，《雅》、《颂》所述次之，至《春秋传》则得失参半矣，岂非以远故哉！虽以《论语》、《孟子》之纯粹，而其称唐、虞事亦间有一二未安者，何者？以其为后人所追记(如"尧命舜"

① 陈支平、陈世哲主编：《舜帝与孝道的历史传承及当代意义》，厦门大学出版社 2019 年 2 月第 1 版，第 41—42 页。

> 之类)，或门弟子所言(如“舜完廪”之类)，而不皆孔、孟所自言而自书之者也。(虽孟子所自言，亦有记者之误，观于“禹注淮、泗入江”可见)。①

作为开近代顾颉刚疑古派思潮之先河的先驱者，崔述在中国古代社会尾声的时代，能有这样的伟见卓识，真是令我等后来者赞叹不已！这不仅仅需要勇气胆量，更需要学力素养，他指出的“远近之势然也”、“以远故”，是多么朴实简单而又为中国古代社会人们所梦想不到、说道不出的道理啊！时至今日，倘若我们还对舜帝孝道等古圣贤人事抱有“完美无瑕”的“微言大义”，则起崔述于地下，其亦当枉然无语矣。遗憾的是，崔述也只能在他那个时代做到个人之力所能及最大程度的努力，像他给出的“苟非圣人，安能保无一二之误采者”，“不皆孔、孟所自言而自书之者也”，又落入古人难以突破的窠臼中。这是我们不可以求全责备于崔述的，也是崔述的肩膀上需要有人站上去接过接力棒完成这一使命任务的。顾颉刚等近代先贤无疑正是完成这一使命任务的志同道合者。

张京华说：

> 在顾颉刚早年读书笔记《景西杂记》中，有《舜故事与戏剧规格》一条，记于1921年9—10月，说道：“舜在孔

① [清]崔述《唐虞考信录》卷一，转引自万里、刘范弟辑录点校《虞舜大典》(上)，第350—351页。

子时，只是一个无为而治的君王，《论语》上，问孝的很多，孔子从没有提起过舜。到孟子时便成了一个孝子了，说他五十而慕，说瞽瞍焚廪、捐阶，说他不告而娶，更商量瞽瞍犯了罪他要怎么办，真成了唯一的子道模范人物了。想其缘故，或战国时《尧典》已流行了，大家因‘父顽，母嚚、象傲、克谐以孝’一语，化出这许多话来。”

这一段排比《论语》、《尧典》、《孟子》的话，与《与钱玄同先生论古史书说》所说“如舜，在孔子时只是一个‘无为而治’的圣君，到《尧典》就成了一个‘齐家而后国治’的圣人，到孟子时就成了一个孝子的模范了”，大体相同，可为后者的母本。①

张先生对顾先生是不以为然的。晚辈与张先生不同，颇愿与顾先生为同道。我们可以看到，顾先生在《虞初小说回目考释》中，抽丝剥茧，条分缕析，对关于舜帝的古书古人事，进行了细致的考辨论证。他指出：

舜的故事，是我国古代最大的一件故事，从东周、秦、汉直到晋、唐，不知有多少万人在讲说和传播，也不知经过多少次的发展和变化，才成为一个广大的体系；其中时地的参差，毁誉的杂异，人情的变化，区域的广远，都令人目眩心乱，捉摸不定。

这个故事实在是很好的人情小说的汇合，也是许多

---

① 张京华：《湘妃考》，第41—42页。

> 神话、故事掺入的历史，即使有几处地方已经不合乎现代潮流，但把它埋没在古书堆里终究对于中国文化是一个损失。我是不能从事于文学创作的，但我很高兴研究神话、传说的来源和它的演变。郑樵在《通志·乐略》中说道："虞舜之父，杞梁之妻，于经传所言者不过数十言耳，彼(指稗官)则演成万千言。"①

顾先生由此而得出的"层累地造成的古史"指示，实在是为近代以来的古史研究开启了一扇豁然开朗的大门！尽管疑古学派也和这世间万事万物一样，并不完美(不完美才是真理)，出现了偏颇，但我们必须承认，他们在近代西学东渐的历史大背景下，不辱使命地完成了这一古今中外交替之际的学术转型、思想转换，我们只可以在此基础上继续阔步前进，却绝不能够再在此基础上故步自封，乃至抱残守缺、负隅顽抗、执迷不悟、复古倒退！在此意义上，我特别注意到陈泳超在舜帝传说专题上的推陈出新，他也是深受疑古学派影响并获益良多，其《尧舜传说研究》一书，被誉为"尧舜研究最具创新意义和最全面系统的学术论著"。在开卷伊始的《前言》中，陈先生直抒己见：

> 中华民族文明的开端，通行的观点是始于黄帝到尧舜的五帝时期。相对而言，尧舜之前还存有强烈的神话意味，而尧舜时代，则被描画成一个人伦和顺、政治清明的

---

① 顾颉刚：《顾颉刚全集》(1)，第346页。

黄金时代，因而也被认为是以制度完备为标志的中华文明社会的起点。崔述《唐虞考信录》就说："然则尧舜者，道统之祖，治法之祖，而亦即文章之祖也。"这种描画集中体现于《尚书·尧典》与《史记·五帝本纪》之中。但这未必是上古文明的真相，它很大程度上可视为由晚周秦汉间人努力拼凑、编造的成果，这一点，经过以"古史辨"派为首的学者们的倾力探索，至今已为人共知。不过，这并无损于尧舜传说的研究价值，因为学术研究并不认为研究对象必须具有现实的真实性，就尧舜传说而言，也显然不必将还原上古史作为唯一目的，甚至能否还原，本身还是一个需要证明的假设。简单地说，尧舜传说之所以、又如何被推上如此崇高的地位，就足以构成一个饶有意趣的学术话题，更何况在尧舜传说的总体之中，有意趣的话题还远不止这一个呢。

尧舜传说由于发展并成熟于先秦两汉时期，所以其演变过程中充满着异说与诘难，它的几乎每一项传说单元都或明或晦地闪烁着某种学说背景，理念色彩是它长期拂拭不去的特征。……

尧舜传说真正进入现代学术视野，还得从二十世纪初期前后的疑古思潮开始，而壮观于以《古史辨》为核心的大批古史论著之中。它们大多以现代文化思潮为背景，对古史传说进行了刨根问底的探讨，其最大贡献在于冲破了包括神圣经学在内的一切传统藩篱，将尧舜事迹从上古史实中解脱出来，一定程度上恢复了它的传说面目。其中，顾颉刚功绩尤著，他的《五德终始说下的

> 政治与历史》等著作以及“层累地造成的古史观”等论点，在攘臂打破二千多年来因循自闭的古史观念的同时，也为上古史及神话传说的研究，开辟了一片新的学术原野。①

我对陈先生的上述论断是全部赞成的，包括他对五帝时期的总体定位、尧舜传说演变过程中异说与诘难的理念色彩②，以及顾颉刚及古史辨派疑古思潮的功绩贡献，相信读者从本章的研究中也可以感受到这些。由于陈先生本人的学科专业和研究重心是在民间文学“传说”层面，所以他虽然“也有纯历史的研究”，“也有破译神话传说的尝试”，“但是根本上无意于重塑上古史，同时认为破译神话传说只能是某项材料积聚至一定时机后的自然流露，大多数话题是无须或无可破译的。因此，本研究乃从文献记载开始，对更古的‘真相’没有特别的兴趣，而研究的下限延伸至今，这显然不当归入上古史或神话研究的行列，所以本书以‘传说’为一以贯之的主导

---

① 陈泳超:《尧舜传说研究》，第1—2页。

② 陈先生还说:“无论怎样反对法古，后世立说者总还是喜欢抬尧舜以申己说，而且尊古贱今之思想也从未根除过，对于上古完善世界的企慕，也一直悬引着人们。这一方面与儒家思想逐渐占据主流有关，像有清湛理智的司马迁，《五帝本纪》不仍将尧舜之世写成黄金时代吗？另一方面，则与一种广泛的民族心理有关，《淮南子·修务训》说得很清楚：世俗之人，多尊古而贱今，故为道者必托之于神农、黄帝而后能入说。乱世暗主，高远其所从来，因而贵之。为学者蔽于论而尊其所闻，相与危坐而称之，正领而诵之。此见是非之分不明。”可见尧舜传说演变过程中除了异说与诘难的理念色彩外，还有“广泛的民族心理”这一人性特点，二者都参与构成了舜帝孝道形象古往今来的塑造。参见陈先生《尧舜传说研究》，第60页。

概念指称尧舜事迹”。① 这是本人本书和陈先生所区别的地方。即我虽然也谈不上“重塑上古史”，但我毕竟致力于历史学、文献学的“真相”探求，尽管“真相”实际上永无可能获知，然而把不利于我们探求“真相”的纷纭聚讼梳理出来，亦不能说绝无贡献。当然，我还特别敬佩陈先生下面的这段话：“学术研究并不认为研究对象必须具有现实的真实性，就尧舜传说而言，也显然不必将还原上古史作为唯一目的，甚至能否还原，本身还是一个需要证明的假设。简单地说，尧舜传说之所以、又如何被推上如此崇高的地位，就足以构成一个饶有意趣的学术问题，更何况在尧舜传说的总体之中，有意趣的话题还远不止这一个呢。”这段话极具启示意义。反观本章的研究，这点上的有意识探索尚未作出，倘若把时限下拉到先秦以后的整个古代社会，我倒认为，这真是一个不错的“饶有意趣的学术问题”。②

---

① 陈泳超：《尧舜传说研究》，第4—5页。

② 这里，还想提一下张祥龙先生。张先生的《〈尚书·尧典〉解说：以时、孝为源的正治》，购得后拜读一过，深为赞佩，然而在拜读两过、三过后（说明我是真心认真拜读了好几遍），不禁萌生许多疑义，具体就不展开了，只能说，我感觉张先生借助其现象学等西方哲学手法，对舜帝孝道（包括中国文化）的解说“凿之过深”，比宋儒有过之而无不及。历史事实层面，张先生说“舜似乎是很小时候就失去生母，其父与继母将他带大。说他小时失去生母，是因他三十岁被推荐并娶尧女为妻，其弟象这时已经会为其父设谋害舜（《史记·五帝本纪》、《孟子·万章上》），要霸占哥哥的妻子，说明两兄弟岁数相差不很大”。这里有两点：第一，继母、生母问题，我在前面已经梳理过，司马迁《史记·五帝本纪》首见继母说，真实性要打折扣的，所以小时失去生母，未必成立；第二，张先生因舜帝三十娶妻尧女，弟象此时设谋杀害他，推断两兄弟岁数相差不很大，这一点也不可通，无论舜帝小时失去生母否，弟象都可以比他小10岁上下，20岁左右的弟象想要霸占哥哥的妻子，有何不可能？价值认知层面，张先 （转下页）

段彬、胡阿祥《德孝教化、古史考据与九嶷、鸣条舜帝陵

(接上页)生说:“舜这个人就有这本事，他父亲一要杀他，他总能逃掉；但真需要他时，又总出现在父亲的左右。所以舜实现了孝本身含有的时间意识，在最逆反的情境中以最富于时机化的方式实现之。”“要知道，舜是从什么样的惊涛骇浪中过来的？舜在家中面对要谋害他的父母和弟弟，他既要‘逃避’危险，又要‘顺事父及后母与弟’(《史记·五帝本纪》)，真是时时活在冰与火、死与生的夹缝之中。他在如此险恶局面下被赤诚孝爱所激发出的那种时机化的实现能力，太超乎我们的想象了。”张先生认为“《尧典》极其深刻、美妙地展示了这样一个家、时源头，这是读此篇的一个重心所在”，“《尧典》太重要了，很多谈中国古代史的人都会涉及，可他们那种解释方式，我基本上不赞成。他们的学问做得好，我完全欣赏，非常敬佩，但(比如)一讲《尧典》，就说是表现了原始社会向奴隶社会的过渡，我觉得没有触及要害。所以我才要说，一开始先面对文本，以丰富的方式来读它、琢磨它。你最后也可能成为一位马克思主义的历史学者，或者非马克思主义学者，但无论如何，要先做一个出色的学者，靠自己直面古人、独立思考来攀登上去，不要人云亦云。”他说“给大家布了几个点，如果有值得你参考的地方就可以了，你自己去读原典的时候，可以从容体会。没有这几个点，可能就读不出一些内在的东西。有了它们，你可能读出更多的意思，最后的结果可能和我的判断完全不一样，甚至是可以用来批判我的，这样才好，最怕的是那种肤浅的反古和疑古”。(注引见其书第41—42、81、87—89、98—99页，它如82—83页说“儒家的孝起点所包含的独特超越性之所在”，115—116页说“舜孝不是普通的孝”，《孟子》的《万章》、《尽心》等篇反复讨论舜的亲子关系“做了很多情景设想，激发儒家的原初想象力”等等，我都不敢苟同)张先生曾经在其论作中引过《孝感学院学报》2009年第1期所载拙稿《关于舜帝孝道研究的一点感想》观点，予以赞赏，友人曲师大宋立林兄微信拍照见示时，甚感荣幸，但我还是要在此表达自己对张先生的一点异议，绝不敢是“做一个出色的学者”、“批判”，而“独立思考来攀登上去，不要人云亦云”，庶几近之，不识张先生呵呵一笑谅恕否？张先生说“要探究包含人类学、认知科学、哲学、宗教、神话等等的很多方面的资料和思考角度”，“不是只依据儒家的原则来说这话，那是不行的。我要来说服大家，说服读者，必须有更广、更深和更锐利的依据”。愚劣如刚，尚未感到，具体，期待来日与先生相识后面谈请教。(按：上述行文成于2021年，而2022年酷夏8月校对书稿提交出版社时，张先生已于上半年去世，所言“期待来日与先生相识后面谈请教”，永不可得矣。今仍存此原貌，以志纪念。)

之争论》一文，发现这么一条有意思的信息：

> 在官方意识形态中，作为上古帝王典范的帝舜具有举贤让能、克明峻德、除凶立刑等许多值得颂扬与效法的功绩，克尽孝道只是其中的一方面。现存古代皇帝祭舜帝陵文共计五十八篇，其中唐代一篇、明代十二篇、清代四十五篇，祭文中明确提到孝道的仅清高宗时的三篇，且这三次祭典皆与皇太后、皇后晋封徽号有关。在帝王祭文中，最为强调的是舜帝“继天立极”之德以及当朝对尧舜以来道统的承继。
>
> 朝廷对上古帝王的祭祀属礼制性活动，仅是彰显当朝正统的象征仪式。但地方人士宣扬圣贤偶像、主持祭祀活动时，则更加注重对当地民众教化的实效性。具体到河东地区，最明显的做法便是对舜帝诸多德行中与民众生活最为密切的孝行进行突出强调。
>
> 舜帝在民间作为孝子形象的偏重建构，大致始于元代，形成于元代的“二十四孝”，首例便是舜帝的“孝感动天”。而同样是自元代始，包括舜帝陵庙在内的河东诸多舜帝遗迹，开始显示出对孝文化的竭力宣扬。①

这条信息值得我们注意且品味。我赞同段彬、胡阿祥文中的意见：“作为上古传说时代的帝王，与其殚精竭虑地在有限

① 陈支平、陈世哲主编：《舜帝与孝道的历史传承及当代意义》，第76—77页。

的文献中纠缠于舜帝本身的史实，不如对后世如何继承、制造舜帝记忆的过程进行思考。基于历代祭祀、考证舜帝留下的大批资料来看，这一领域尚有广阔的研究空间。”① 这和上述陈泳超的启示也是相通的。

总之，如李学勤所强调的：“还是王国维先生说得好：‘上古之事，传说与事实混而不分。史实之中固不免有所缘饰，与传说无异，而传说之中亦往往有史实为之素地，二者不易区别，此世界各国之所同也。’（《古史新证》，第1页）古史传说是古史不可缺少的一部分，不能像后代史料那样直接引据，也不应因混有神话而全盘抹杀。”② 对于舜帝，“传说之中的古代圣君大舜，是出了名的孝悌楷模，于是，春秋战国之际诸子的论著中，尤其是在儒、墨两家的论说中，舜的孝悌之举便被渲染到了极致，甚至有的做法很悖常理，但儒家的师长则解释说，常人做不到而舜能为之，乃圣人之所以圣。其实，过犹不及，我们今天需要继承的是舜文化的精华，对被儒家夸大其词的不适部分，自须剔除。”③ 简单来说，晚清近代以前，是把古圣贤当神，抱持的是“今不如昔”、“每况愈下”的退化历史观；近代以后，是把古圣贤当人，信奉的是“人纵圣贤，也能有过”的进化历史观。这就是我对舜帝孝道考察研究之后，得出来的“自圆其说”的结论。是耶非耶，敬请大雅君子有以教我。

---

① 陈支平、陈世哲主编：《舜帝与孝道的历史传承及当代意义》，第82页。

② 李学勤：《舜庙遗址与尧舜传说》，见王田葵《中国伦理的轴心突破——历史语境中的舜文化》代序，湖南人民出版社2011年3月第1版。

③ 中国先秦史学会、中共运城市盐湖区委宣传部：《虞舜文化研究集》（下），第475页。

第二章　夏商周三代："生事爱敬，死事哀戚"的孝文化图像

所谓三代时期，是夏代以后产生了国家与王朝、文字与文明的信史时期，也就是我们通常所说的夏、商、周三代。这一时期，是先秦中国文化定型、发展的关键时期，孝文化的情况也是如此，特别是在西周。

夏商两代，尤其是"有无之间"的夏，因文献记载过于简略、迄今为止考古学上的发现也相对贫乏的局限，我们对其孝文化整体情况所知是不够清晰的。孔子就曾说过："我欲观夏道，是故之杞，而不足征也……我欲观殷道，是故之宋，而不足征也。"（《礼记・礼运》）"夏礼吾能言之，杞不足征也；殷礼吾能言之，宋不足征也。文献不足故也，足，则吾能征之矣。"（《论语・八佾第三》）孔子之时已如此，我们今天更无法窥其全豹了。不过，既然孝道产生于五帝时期，夏人存在孝道的观念与伦理当是没有问题的，夏后氏养老之礼的材料等都可以证明这一点。夏王朝的奠基人大禹即被孔子称道曰："禹，吾无间然矣！菲饮食而致孝乎鬼神，恶衣服而致美乎黻冕，卑宫室而尽力乎沟洫。禹，吾无间然矣！"（《论语・泰伯第八》）

在孔子眼里，子承父业、光宗耀祖、“致孝乎鬼神”的大禹其孝道孝行是可称颂的。《吕氏春秋·先己》载：“夏后伯启曰：‘……吾地不浅，吾民不寡，战而不胜，是吾德薄而教不善也。’于是乎处不重席，食不贰味，琴瑟不张，钟鼓不修，子女不饬，亲亲长长，尊贤使能，期年而有扈氏服。”“亲亲长长”可见孝道元素。至于殷商，可供我们探讨的就稍多了，下文会将其与两周联系起来一并考察，这里只先交待三点：

一、《尚书·周书·无逸》说：“其在高宗时，旧劳于外，爰暨小人。作其即位，乃或亮阴，三年不言。其惟不言，言乃雍，不敢荒宁。”高宗即商王武丁，这里的“亮阴”，历代一直有不同解释，较通行的是指倚庐守制，也就是说其父小乙没后，武丁即位，为之守丧三年。最权威的是《论语·宪问第十四》中孔子的解释：“子张曰：《书》云：‘高宗谅阴，三年不言。’何谓也？子曰：‘何必高宗？古之人皆然。君薨，百官总己以听于冢宰三年。’”《礼记·檀弓下》亦载：“子张问曰：‘《书》云：“高宗三年不言，言乃欢。”有诸？’仲尼曰：‘胡为其不然也？古者天子崩，王世子听于冢宰三年。’”《礼记·丧服四制》：“《书》曰：‘高宗谅闇，三年不言’，善之也。王者莫不行此礼，何以独善之也？曰：高宗者武丁，武丁者，殷之贤王也。继世即位，而慈良于丧。当此之时，殷衰而复兴，礼废而复起，故善之。善之，故载之《书》中而高之，故谓之高宗。三年之丧，君不言，《书》云：‘高宗谅闇，三年不言’，此之谓也。然而曰‘言不文’者，谓臣下也。”诠释得似乎过度。《礼记·杂记下》说“三年之丧，言而不语，对而不问”，《礼记·丧大记》“父母之丧，居倚庐，不涂，寝苫枕块，非丧事不言”，这或许也就是“高宗谅阴，三年不言”丧礼制度的遗留。

二、还是和高宗武丁有关。《庄子·外物》说：“人亲莫不欲其子之孝，而孝未必爱，故孝己忧而曾参悲。”《荀子·大略》说：“虞舜、孝己孝而亲不爱，比干、子胥忠而君不用，仲尼、颜渊知而穷于世。”《战国策·秦策》说：“孝己爱其亲，天下欲以为子；子胥忠其君，天下欲以为臣。”《战国策·燕策》：“孝如曾参、孝己。”《吕氏春秋·必己》：“亲莫不欲其子之孝，而孝未必爱，故孝己疑，曾子悲。”类似的记载很多，这里的孝己乃武丁之子，传说他孝于父母，武丁误听其后母之言，孝己被放逐而死。甲骨卜辞中有“兄己”，王国维以为就是孝己，并据卜辞认为孝己祀典与其弟、后来继承高宗武丁之位的祖庚同等，但因其未立，故不见于《世本》及《史记》。这样看来，传说中的孝己是确有其人，而以孝称其名，似乎正为表彰他的孝行。

三、据《吕氏春秋·孝行览》记载：“《商书》曰：刑三百，罪莫重于不孝。”汉代高诱注说：“商汤所制法也。”以此，似乎至殷商时，孝文化也有充分发展，法令上的反面规定可为一旁证。后来《尚书·康诰》所说父子兄弟“不孝不友”的“文王作罚，刑兹无赦”，《尚书·牧誓》所载武王伐纣数落声讨的“昏弃厥肆祀，弗答；昏弃厥遗王父母弟，不迪”，[①] 都是西周

---

① 《新序·杂事二》：“武王胜殷，得二虏而问焉，曰：‘而国有妖乎？’一虏答曰：‘吾国有妖，昼见星而雨血，此吾国之妖也。’一虏答曰：‘此则妖也，虽然，非其大者也。吾国之妖其大者，子不听父，弟不听兄，君令不行，此妖之大者也。’”“子不听父，弟不听兄”，可为商纣之时不孝现象之一证。

时期这不孝之罪的延续，表明不孝之罪在商周两代都是不可宽恕的重罪。

下面我们重点来看一下西周（顺带连及殷商和东周）。孔子说："周监于二代，郁郁乎文哉！吾从周。"（《论语·八佾第三》）"周监于二代"，正说明周人是将吸收前两代经验作为一条基本原则来贯彻的。孝道大兴于西周，文献证据充分，符合历史实际，这是没有任何疑问的。它并非周人的灵机一动或心血来潮，在很大程度上也是"监于二代"的结果。夏商二代孝道观念的历史积淀，为西周孝道盛行奠定了坚实基础。如果把孝道的发展作为纵向的历史来观察，那么，它的第一次异化，只能是在西周。换句话说，西周以前，孝更多的为自然和自发的孝意识、孝观念、孝伦理，较为朴素，西周及其以后，孝越来越偏向于社会化和礼制化的孝道、孝治，孝文化的系统性、整体性开始全面架构。

第一节　日常生活

古人是如何在日常生活中照顾父母的呢？通过古文献上的相关记载，约略可以知道大概情况。

比如《礼记·曲礼》，这是非常重要的一篇材料，清人孙希旦云："此篇所记，多礼文之细微曲折，而上篇尤致详于言语、饮食、洒扫、应对、进退之法，盖将使学者谨乎其外，以致养乎其内；循乎其末，以渐及乎其本。故朱子谓为小学之支与流裔。”① “致详于言语、饮食、洒扫、应对、进退之法”,实际上就是小孩子、为人子女者在日常生活中照顾父母时的言行举止。《礼记·曲礼上》:

凡为人子之礼:冬温而夏清,昏定而晨省,在丑夷不争。夫为人子者,三赐不及车马。故州闾乡党称其孝也,兄弟亲戚称其慈也,僚友称其弟也,执友称其仁也,交游称其信也。见父之执,不谓之进不敢进,不谓之退不敢退,不问不敢对。此孝子之行也。夫为人子者:出必告,反必面,所游必有常,所习必有业。恒言不称老。年长以倍则父事之,十年以长则兄事之,五年以长则肩随之。群居五人,则长者必异席。为人子者,居不主奥,坐不中席,行不中道,立不中门,食飨不为概,祭祀不为尸。听于无声,视于无形。不登高,不临深,不苟訾,不苟笑。孝子不服暗,不登危,惧辱亲也。父母存,不许友以死,不有私财。为人子者,父母存,冠衣不纯素。孤子当室,冠衣不纯采。

这一段涉及很多方面,“冬温而夏清,昏定而晨省”是一天早晚、一年冷热的嘘寒问暖,“在丑夷不争”是防止“忘身及亲”、不孝,“不登高,不临深”、“不服暗,不登危,惧辱亲也。父母存,不许友以死”亦然(《礼记·坊记》子云:“父母在,不敢有其身,不敢私其财。”郑注:“身及财皆当统于父

① [清]孙希旦撰,沈啸寰、王星贤点校:《礼记集解》(上),中华书局1989年2月第1版,第1页。

母也。”），所以《礼记·檀弓上》“死而不吊者三：畏、厌、溺”，郑玄注曰：“谓轻身忘孝也。”“三赐不及车马”，郑注谓：“三赐，三命也。凡仕者，一命而受爵，再命而受衣服，三命而受车马。车马，而身所以尊者备矣。卿、大夫、士之子不受，不敢以成尊比逾于父。”这是父子尊卑的缘故；“出必告，反必面，所游必有常，所习必有业”（《礼记·玉藻》为：“父命呼，唯而不诺，手执业则投之，食在口则吐之，走而不趋。亲老，出不易方，复不过时。亲癠，色容不盛，此孝子之疏节也。”），和“冬温而夏凊，昏定而晨省”合起来，正是《弟子规》第一部分“入则孝”的原始出处：“冬则温，夏则凊，晨则省，昏则定。出必告，反必面，居有常，业无变。”其他像“恒言不称老”，① 是语言措辞上的注意，“冠衣不纯素”、“冠衣不纯采”是衣服穿着上的讲究，“见父之执”、“年长”、“群居”是对长辈尊老上的礼节，甚至还包括“凡为长者粪之礼，必加帚于箕上，以袂拘而退；其尘不及长者，以箕自乡而扱之”，连打扫污秽的细节都讲到了。另如“从长者”、“从先生”、“侍坐于先生”、“侍坐于长者”、“侍食于长者”、“侍饮于长者”等等，规定得很多且详细。

又如“父母有疾”：“父母有疾，冠者不栉，行不翔，言不惰，琴瑟不御，食肉不至变味，饮酒不至变貌，笑不至矧，怒不至詈。疾止复故。”父母生病的时候，为人子女者的言行举止、喜怒哀乐，也要与时俱变，不能像平常那样，“疾止复

① 《礼记·坊记》：“子云：‘父母在，不称老，言孝不言慈，闺门之内，戏而不叹。君子以此坊民，民犹薄于孝而厚于慈。’”

故"表明，只有当父母的病好了之后，才能恢复到平常状态。并且，"君有疾饮药，臣先尝之；亲有疾饮药，子先尝之。医不三世，不服其药。"（《礼记·曲礼下》）这就是《弟子规》"亲有疾，药先尝"的出处。"药先尝"是出于安全考虑。孙希旦《礼记集解》说得很明白："愚谓医者之用药也，其效可以愈病，其误足以杀人，故君父饮药，臣子必尝度其可否而进之。医不三世，则于其业或未必精，故不服其药。臣子于君父之身，无所不致其谨，而于疾则尤所宜慎者也。"① 简单说，古时中药方的配比、熬制、疗效有很大的不确定性，这种情况下，服药成了生死半半的冒险，因此由臣子先尝，让臣子"排雷"。如此，忠孝则忠孝矣，然而，倘若"其误足以杀人"，那么，因此殒命的臣子就不足惜么？显然，这里凸显出了君尊臣卑、父尊子卑的权利不平等。刘向《新序》载："许悼公疾疟，饮药毒而死，太子止自责不尝药，不立其位，与其弟纬。专哭泣，啜餰粥，嗌不容粒，痛己之不尝药，未逾年而死，故《春秋》义之。"许悼公太子许止的"自责不尝药"、"痛己之不尝药"，"不立其位"（即让位于弟），"嗌不容粒"（即吃不下饭），最终"未逾年而死"，就是"亲有疾，药先尝"的一个悲剧故事！从"《春秋》义之"的评价来看，这也是当时人共同的理念。

比较来看，《礼记·内则》更有很详尽的子女侍奉父母的细节，像"鸡初鸣"，便开始穿衣、叠被、洗漱、梳发、冠帽，配备父母常用之物："以适父母舅姑之所，及所，下气怡

---

① ［清］孙希旦撰，沈啸寰、王星贤点校：《礼记集解》（上），第148页。

声，问衣燠寒，疾痛苛痒，而敬抑搔之。出入，则或先或后，而敬扶持之。进盥，少者奉盘，长者奉水，请沃盥，盥卒授巾。问所欲而敬进之，柔色以温之”，“父母舅姑必尝之而后退”；“昧爽而朝，问何食饮矣。若已食则退，若未食则佐长者视具”，“昧爽而朝，慈以旨甘，日出而退，各从其事。日入而夕，慈以旨甘”。其中不厌其烦地叙述饮食烹饪内容，另外还要帮助父母擦洗、缝补衣帽，洗脸洗脚。我们只需注意其中的礼制孝道精神，即可于先秦时期亲子关系有感同身受的体会。像“凡父母在，子虽老不坐”，“妇事舅姑，如事父母”，“在父母舅姑之所，有命之，应唯敬对。进退周旋慎齐，升降出入揖游，不敢哕噫、嚏咳、欠伸、跛倚、睇视，不敢唾洟；寒不敢袭，痒不敢搔；不有敬事，不敢袒裼，不涉不撅，亵衣衾不见里”，处处是“不敢”的唯唯诺诺，“八年，出入门户及即席饮食，必后长者，始教之让”，这是“始教以逊让于长者，所以因其良知良能，而启之以孝弟之端也”。[①] 而下面这一段，可说的信息就更多了：

> 子妇孝者、敬者，父母舅姑之命，勿逆勿怠。若饮食之，虽不耆，必尝而待；加之衣服，虽不欲，必服而待；加之事，人待之，己虽弗欲，姑与之，而姑使之，而后复之。子妇有勤劳之事，虽甚爱之，姑纵之，而宁数休之。子妇未孝未敬，勿庸疾怨，姑教之；若不可教，而后怒之；不可怒，子放妇出，而不表礼焉。父母有过，下气怡

① ［清］孙希旦撰，沈啸寰、王星贤点校：《礼记集解》(中)，第769页。

色，柔声以谏。谏若不入，起敬起孝，说则复谏；不说，与其得罪于乡党州闾，宁孰谏。父母怒、不说，而挞之流血，不敢疾怨，起敬起孝。父母有婢子，若庶子、庶孙，甚爱之，虽父母没，没身敬之不衰。子有二妾，父母爱一人焉，子爱一人焉，由衣服饮食，由执事，毋敢视父母所爱，虽父母没不衰。子甚宜其妻，父母不说，出；子不宜其妻，父母曰：“是善事我。”子行夫妇之礼焉，没身不衰。父母虽没，将为善，思贻父母令名，必果；将为不善，思贻父母羞辱，必不果。舅没则姑老，冢妇所祭祀、宾客，每事必请于姑，介妇请于冢妇。舅姑使冢妇，毋怠，不友无礼于介妇。舅姑若使介妇，毋敢敌耦于冢妇，不敢并行，不敢并命，不敢并坐。凡妇，不命适私室，不敢退。妇将有事，大小必请于舅姑。子妇无私货，无私畜，无私器，不敢私假，不敢私与。妇或赐之饮食、衣服、布帛、佩帨、茝兰，则受而献诸舅姑，舅姑受之则喜，如新受赐，若反赐之则辞，不得命，如更受赐，藏以待乏。妇若有私亲兄弟，将与之，则必复请其故赐，而后与之。嫡子庶子，祗事宗子宗妇，虽贵富，不敢以贵富入宗子之家，虽众车徒，舍于外，以寡约入。子弟犹归器，衣服裘衾车马，则必献其上，而后敢服用其次也；若非所献，则不敢以入于宗子之门，不敢以贵富加于父兄宗族。若富，则具二牲，献其贤者于宗子，夫妇皆斋而宗敬焉，终事而后敢私祭。

首先是“子妇孝者、敬者，父母舅姑之命，勿逆勿怠”，饮食、衣服、事情诸方面，均以父母舅姑之命是从。“子妇无私货，无私畜，无私器，不敢私假，不敢私与”，儿子媳妇是“无私”的亦即不得有私，借东西(“假”)、给东西(“与”)自己都说了不算，都得请示父母。“父母有婢子，若庶子、庶孙，甚爱之，虽父母没，没身敬之不衰”，连父母钟爱的婢妾，也要在父母生前身后都保持对其敬爱。其次是劝谏父母的问题，“父母有过，下气怡色，柔声以谏。谏若不入，起敬起孝，说则复谏；不说，与其得罪于乡党州闾，宁孰谏。父母怒、不说，而挞之流血，不敢疾怨，起敬起孝”。再次是媳妇卑微的女性地位，均以父母舅姑之命是从，“凡妇，不命适私室，不敢退。妇将有事，大小必请于舅姑”，媳妇要随时听从召唤，公婆不让退下“不敢退”。“子有二妾，父母爱一人焉，子爱一人焉，由衣服饮食，由执事，毋敢视父母所爱，虽父母没不衰。子甚宜其妻，父母不说，出；子不宜其妻，父母曰：‘是善事我。’子行夫妇之礼焉，没身不衰”。儿子有两个爱妾，父母喜爱其中一个，那儿子喜爱的另一个“衣服饮食”吃的喝的穿的都不敢和父母喜爱的那一个“相提并论”。并且，儿子喜爱妻子，父母不悦，那也得休弃(“出”妻)；儿子不喜爱妻子，父母说“照顾我挺好的”，那也得厮守一辈子![1] 所以后世《孔雀东南飞》刘兰芝、焦仲卿那样的悲剧，实

---

① 孙希旦《礼记集解》(中)：“愚谓妇以事舅姑也，能事舅姑则妇，不能事舅姑则不妇，而其他事之得失有不必计矣。此以上三节，言为人子者当以父母之爱恶为爱恶，虽婢妾庶孽之微贱而有所不敢忽，虽妻妾之亲私而有所不敢专，至于父母没而不衰焉，则又事死如事生之孝也。”(第738页)说得再明白不过了。

在是司空见惯的。《战国策·楚四》："魏王遗楚王美人，楚王说之。夫人郑袖知王之说新人也，甚爱新人，衣服玩好，择其所喜而为之；宫室卧具，择其所善而为之。爱之甚于王。王曰：'妇人所以事夫者，色也；而妒者，其情也。今郑袖知寡人之说新人也，其爱之甚于寡人，此孝子所以事亲，忠臣之所以事君也。'"阴险善变、心狠手辣的郑袖，为了整死魏王所献美人，故意装出"甚爱新人"、"爱之甚于王"的表现，糊涂蛋楚怀王说"郑袖知寡人之说新人也，其爱之甚于寡人，此孝子所以事亲，忠臣之所以事君也"，虽是胡话，却也可见"孝子所以事亲"上唯父母所爱而爱的教训。最后，"舅没则姑老，冢妇所祭祀、宾客，每事必请于姑，介妇请于冢妇"，表明长子媳妇("冢妇")尊于庶子媳妇("介妇")，"不敢并行，不敢并命，不敢并坐"，这和嫡长子、庶子的地位是对应的，而"嫡子庶子，祗事宗子宗妇，虽贵富，不敢以贵富入宗子之家"，"不敢以贵富加于父兄宗族"，也是这种尊卑等级的体现，不过是家族宗族范围了。上述这些，显然在今天都已经不适用了，我们只学习借鉴其照顾父母的精神态度即可。只有一点，我认为是古今通行的，那就是："父母虽没，将为善，思贻父母令名，必果；将为不善，思贻父母羞辱，必不果。"这和《孝经·开宗明义章》孔子说的"立身行道，扬名于后世，以显父母，孝之终也"，曾子说的"大孝尊亲，其次弗辱"，是完全一致的，可谓颠扑不灭的孝道真理！

第二节　尊老养老

关于此处要详细论述的养老问题，我们有必要追根溯源地先来把中华文明史初的尊老文化梳理下，由此对于西周养老礼制的认知也便迎刃而解了。高成鸢《中华尊老文化探究》一书中，在第一章《“尊老”（尚齿）：中华文化的精神本原》论述道：

> 中国文字从象形阶段一脉相传，字形中蕴含着丰富的文化人类学信息。让我们对“老”字作一番考察。……关于字形的构成，许慎说：“从人毛匕”，据考证，其中“人”是古书传抄中错加的，所以“老”字就是上“毛”下“匕”，“匕”字，“变也”，意思是变化，“毛”是胡须头发。合起来说，“老”就是须发变白。然而近代甲骨文出土以后，文字学家经过对比发现，《说文解字》中有些字没有追溯到象形文字的本义。在甲骨文中，“老”字的图像是一个人拄着拐杖。甲骨文专家于省吾先生综合了诸家的解释，得出结论说：“‘老’者，像依杖形。《说文》言须发变白，非是。”从外形看，“依杖”从远处就能分辨，比“毛变”更明显。按年龄说，则须发变白比拄杖更为提早。解字的不同，反映了老年标准的进步，也反映了社会观念中尊老意识的形成。
>
> 按照毛发的变化分辨老年，后来确实普遍流行。较迟出现的一些字、词，也是据此标准。例如“耄”字，《尚书·大禹谟》记载，舜帝要让位给大禹，说自己“耄期倦

于勤”，即年老力衰，不能担负政事；汉代的另一部字书《释名》解释“耄”字说：“头发白，耄耄然”；“耄耄然”又解释为“昏乱”，这又涉及精神。老年人有个代称“斑白”，也来于毛发的变化。例如《礼记·王制》说“斑白不提携”，就是说不要让老年人提带重物。“斑白”还有个同义词“二毛”，就是毛发半黑半白。例如《左传·僖公二十二年》谈到战争中要讲道义，说“君子……不禽(擒)二毛”，就是照顾老年人。这都是中国尊老风尚的明显表现。①

高先生还从“老年”的界限、老年时期不同年龄段的专门雅称(艾、耆、耄、耋、期颐、眉寿、冻梨、鲐背、鲵齿②)论证中国文化的尊老特性，是很有说服力的。

---

① 高成鸢:《中华尊老文化探究》，第10—11页。此处所论，主要依据高先生是书，特此致谢!

② “冻梨:《方言》说‘东齐曰眉，燕代之北曰梨。’《释名》说‘或曰冻梨皮有斑点’，被认为长寿征兆。鲐背：郝懿行《尔雅义疏》解释说‘鲐鱼背有黑文(纹)，老人背亦发斑似此鱼。’鲵齿：据说鲵鱼的牙齿落而更生，借指老人寿征。张衡《南都赋》歌颂盛世说：‘鲵齿、眉寿、鲐背之叟……喟然相与而歌。’这些古怪名称不禁发人深思。它们都是根据高龄老人的外形变化，这本身表明对老人的关怀无微不至，所以是中国尊老文化的鲜明反映。异质文化中，往往对老人的死活都较少关心，谁去注意他们背上的花纹像什么鱼?”“又有一套专称用于最困苦的百姓，这就是《礼记·王制》所谓的‘老而无子谪谓之独，老而无妻者谓之矜(鳏)，老而无夫者谓之寡。’这三句之前还有‘少而无父者谓之孤’，今天把无子女的老人叫做‘孤老户’，倒也符合尊老传统。鳏、寡等概念和名词，各民族文化中当然都有，然而在中国古代，这些概念的首要内涵是‘老’。尽管后来在中国语文中它们也失去‘老’的前提，但这一词源学现象，如同众多的老年雅称一样，揭示我们深入探索中国文化的‘老根’。”参见高成鸢《中华尊老文化探究》，第13、17页。

上古先秦尊老礼俗或者说风尚，我们已经在五帝时期的养老部分揭示了它的发生，① 降至两周，尊老养老已然从礼俗上升、强化为礼制。《礼记·曲礼上》：

> 人生十年曰幼，学；二十曰弱，冠；三十曰壮，有室；四十曰强，而仕；五十曰艾，服官政；六十曰耆，指使；七十曰老，而传；八十九十曰耄；七年曰悼。悼与耄，虽有罪，不加刑焉。百年曰期，颐。

这是古人对人生不同阶段的描述，其中“悼与耄，虽有罪，不加刑焉”，郑玄注曰“爱幼而尊老”，孔颖达疏云：“幼无识虑，则可怜爱，老已耄而可尊敬，虽有罪，而同不加其刑辟也。《周礼·司刺》有三赦，一曰幼弱，二曰老耄，三曰惷愚。郑注云：‘若今时律令，未满八岁，八十以上，非手杀人，他皆不坐。’故司刺有三赦，皆放免不坐也。”可见，早在中国文明之初，就已经有了法律上的“爱幼而尊老”，和我们今天的法律精神有相通之处。后面又说“大夫七十而致事，若不得谢，则必赐之几杖，行役以妇人，适四方，乘安车”，郑注：“几杖、妇人、安车，所以养其身体也。”孔疏：“安车，

① 高成鸢《中华尊老文化探究》指出：“中国的尊老风尚，最早可以追溯到肉食的渔猎时代。《礼记·祭义》中留下一句话：‘古之道，五十不为甸徒，颁禽隆诸长者。’50岁以上就不参加打猎，但在分配猎获的禽兽时，却要在份额上给以特别照顾。推想这里所谓‘古’，当已是农业社会的早期，仍以渔猎所获作为食物的部分补充，因为更早的纯靠渔猎为生时代，老人因体力的劣势，是注定不受重视的，分配禽兽照顾老者，表明中国农业社会的尊老观念已形成。”（第105页）

小车也，亦老人所宜然。此养老之具，在国及出，皆得用之。今言行役妇人，四方安车，则相互也，从语便，故离言之耳。""谋于长者，必操几杖以从之。长者问，不辞让而对，非礼也"，孔疏："杖可以策身，几可以扶己，俱是养尊者之物，故于谋议之时持就也。"这都是具体事物上的尊老养老了。(包括《礼记·月令》："是月也，养衰老，授几杖，行糜粥饮食。"郑玄注曰："助老气也。")

由现存材料看，早在周文王祖父古公亶父、父亲季历时，周人的孝道观即有表现，《史记·吴太伯世家》和《韩诗外传》卷十都记载"大王亶甫有子曰太伯、仲雍、季历，历有子曰昌。太伯知大王贤昌而欲季为后也，太伯去之吴。……季遂立而养文王，文王果受命而王"。秉承父亲的志向，是古代孝道中的一项重要内容，太伯和仲雍察知父亲的志向，离家去吴，把王位让给幼弟季历，既顾全了兴盛周邦的大局，又尽到了孝道，所以成了历代颂扬的贤人。此即孔子曰："太伯独见，王季独知。伯见父志，季知父心。故大王、太伯、王季，可谓见始知终而能承志矣。"(《韩诗外传》卷十)《论语·泰伯第八》孔子说："泰伯，其可谓至德也已矣！三以天下让，民无得而称焉。"季历本人也由衷地敬爱自己的兄长，并由此增加了他的荣光和福禄，终于广有四方，大大地发展了周王朝。也就是说，在周文王父亲季历、伯父太伯、叔父仲雍身上，都有可圈可点的孝道品性。

不过，相比较之下，周文王仍可谓西周第一个著名的大孝子。《国语》卷十《晋语四》晋胥臣说：

> 臣闻昔者大任娠文王不变，少溲于豕牢而得文王，不加疾焉。文王在母不忧，在傅弗勤，处师弗烦，事王不怒，孝友二虢，而惠慈二蔡，刑于大姒，比于诸弟。《诗》云："刑于寡妻，至于兄弟，以御于家邦。"于是乎用四方之贤良。

这是说，周文王在母亲肚子里就已经有"孝顺"母亲的灵异，出生、长大的过程中，更是处处体现孝道品性。《礼记·文王世子》说：

> 文王之为世子，朝于王季日三。鸡初鸣而衣服，至于寝门外，问内竖之御者曰："今日安否？何如？"内竖曰："安。"文王乃喜。及日中又至，亦如之，及莫又至，亦如之。其有不安节，则内竖以告文王，文王色忧，行不能正履。王季复膳，然后亦复初。食上，必在视寒暖之节，食下，问所膳，命膳宰曰："末有原。"应曰："诺。"然后退。武王帅而行之，不敢有加焉。文王有疾，武王不脱冠带而养。文王一饭，亦一饭，文王再饭，亦再饭，旬有二日乃间。

这里记载的文王对其父王季日三请安等悉心侍奉，不必视作完全的写实，但参证以古文献中对文王孝行的记载，大体上还是可信的。而其秉承先君遗志、奠定西周灭商基础的开国事功，与其推己及人、老吾老以及人之老的"善养老"，在后来的儒家看来，是更大的孝。《孟子·尽心上》说：

> 伯夷辟纣，居北海之滨，闻文王作，兴曰："盍归乎

来？吾闻西伯善养老者。"太公辟纣，居东海之滨，闻文王作，兴曰："盍归乎来？吾闻西伯善养老者。"天下有善养老，则仁人以为己归矣。五亩之宅，树墙下以桑，匹妇蚕之，则老者足以衣帛矣。五母鸡，二母彘，无失其时，老者足以无失肉矣。百亩之田，匹夫耕之，八口之家足以无饥矣。所谓西伯善养老者，制其田里，教之树畜，导其妻子，使养其老。五十非帛不暖，七十非肉不饱，不暖不饱，谓之冻馁。文王之民，无冻馁之老者，此之谓也。①

此盛赞文王善养老、以孝化民，"导其妻子，使养其老"，国因以治。

文王的身教言传亦影响了后人，② 周初武王、周公等也都

---

① 不过《史记·伯夷列传》记载：伯夷、叔齐闻西伯昌善养老，"盍往归焉。及至，西伯卒，武王载木主，号为文王，东伐纣。伯夷、叔齐叩马而谏曰：'父死不葬，爰及干戈，可谓孝乎？以臣弑君，可谓仁乎？'左右欲兵之。太公曰：'此义人也。'扶而去之。武王已平殷乱，天下宗周，而伯夷、叔齐耻之，义不食周粟，隐于首阳山，采薇而食之。及饿且死，作歌，其辞曰：'登彼西山兮，采其薇矣。以暴易暴兮，不知其非矣。神农、虞、夏忽焉没兮，我安适归矣？于嗟徂兮，命之衰矣！'遂饿死于首阳山。"由此看，对于儒家所称颂的周武王，伯夷、叔齐是不认同的。

② 《战国策·魏二》："魏惠王死，葬有日矣。天大雨雪，至于牛目，坏城郭，且为栈道而葬。群臣多谏太子者，曰：'雪甚如此而丧行，民必甚病之。官费又恐不给，请弛期更日。'太子曰：'为人子，而以民劳与官费用之故而不行先王之丧，不义也。子勿复言。'群臣皆不敢言，而以告犀首。犀首曰：'吾未有以言之也，是其唯惠公乎！请告惠公。'惠公曰：'诺。'驾而见太子，曰：'葬有日矣。'太子曰：'然。'惠公曰：'昔王季历葬于楚山之尾，欒水啮其墓，见棺之前和。文王曰："嘻！先君必欲一见群臣百姓也夫，故使欒水见之。"于是出而为之张于朝，百姓皆见之，三日而后更葬。此文王之义也。今葬有日矣，而雪甚，及牛目，难以行，（转下页）

是奉行孝道的楷模。上述材料即可见武王同样孝敬文王，文王害病，武王便日夜不脱冠带侍候在侧，饮食胃口也因文王病情好坏而变化。《逸周书·宝典解》，武王召见周公，言及“九德”：“一孝，子畏哉，乃不乱谋；二悌，悌乃知序，序乃伦，伦不腾上，上乃不崩；三慈惠，兹知长幼，知长幼，乐养老。”前三德即是孝悌养老。而《逸周书·官人解》周公在回答周成王“六征”时也说：“其少者，观其恭敬好学而能悌”，“父子之间，观其孝慈；兄弟之间，观其和友”。周公还深刻地指出：“人多隐其情，饰其伪，以攻其名。有隐于仁贤者，有隐于智理者，有隐于文艺者，有隐于廉勇者，有隐于忠孝者，有隐于交友者，如此不可不察也。”“自事其亲，而好以告人，饰其见物，不诚于内，发名以事亲，自以名私其身，如此隐于忠孝者也。”这揭示的是沽名钓誉、“隐于忠孝者”的名不副实之辈。《中庸》：“子曰：武王周公，其达孝矣乎！夫孝者，善继人之志，善述人之事者也。”孔子对于“善继人之志，善述人之事”，秉承文王遗愿灭商的武王、周公，无疑是极为推崇的。① 在《诗经》中，

（接上页）太子为及日之故，得毋嫌于欲亟葬乎？愿太子更日。先王必欲少留而扶社稷、安黔首也，故使雪甚。因弛期而更为日，此文王之义也。若此而弗为，意者羞法文王乎？’太子曰：‘甚善。敬弛期，更择日。’惠子非徒行其说也，又令魏太子未葬其先王而因又说文王之义。说文王之义以示天下，岂小功也哉！”惠施所说未必是历史事实，然而“说文王之义以示天下”，同样阐发的是周文王葬亲孝道。

① 《吕氏春秋·行论》：“昔者，纣为无道，杀梅伯而醢之，杀鬼侯而脯之，以礼诸侯于庙。文王流涕而咨之。纣恐其畔，欲杀文王而灭周。文王曰：‘父虽无道，子敢不事父乎？君虽不惠，臣敢不事君乎？孰王而可畔也？’纣乃赦之。天下闻之，以文王为畏上而哀下也。《诗》曰：‘惟此文王，小心翼翼。昭事上帝，聿怀多福。’”据此文王恭敬地侍奉商纣王，并非有灭商志愿。

也不乏此类褒美之词：

> 永言孝思，孝思维则。(《诗经·大雅·下武》)
>
> 威仪孔时，君子有孝子。孝子不匮，永锡尔类。(《诗经·大雅·既醉》)

《下武》歌颂武王，《既醉》则赞颂王公贵族们，说他们对祖先尽孝道，为全体周人树立了榜样，模范永垂，周人的统率治理定会长久。这样褒扬孝行的诗篇很多，都极力讴歌孝子，赞美孝行，无可置疑地表明了孝道在周人道德观念中所占的极其重要的地位。

周代的养老礼制，可以从很多方面考察，这里仅就以下两点进行提示，一是养老场所，二是养老对象。①

先看养老场所。《礼记》的《王制》、《内则》两篇记载了上古四代养老的场所，这一点我们前面已经论及，高成鸢《中华尊老文化探究》更就此精微辨析，令人豁然开朗：

> "凡养老"那段文献中又说：五十养于乡，六十养于

---

① 高成鸢《中华尊老文化探究》指出："中国的'礼'，半是群体自发的行为规范，半是'圣人'制定的治理规章。圣人可以指雏形国家传说中的代表，例如黄帝，也可以指完备国家的政治人物，例如周公。先秦时期的礼，可以分为礼俗与礼制。礼制更应当有较详明的文字记载。但由于上古年代久远，文献散佚，留下的记载只有一些片段。就尊老礼制而言，有关记载更加简略零乱，见于《周礼》、《礼记》等典籍中，先秦经典毁于秦代的焚书，汉代重新转述时又掺入一些当代儒生的解说和理念，这使后人难以复原出上古尊老礼制的全貌。然而其基本轮廓还是可知、可信的。"(第111页)。这里主要参考高先生书中成果，兼及其他学者研究成果。

国，七十养于学，达于诸侯。八十拜君命，一坐再至……九十者使人受。五十、六十养于乡、国，就是在乡基层和诸侯国当局受到一定的礼遇。年满七十岁才开始“养于学”，“学”的地位似乎低于国，因而难以理解，实则不然。因为学校才是正规养老的举行场所，五六十尚未达到礼制规定的“七十曰老”的标准，没有资格成为养老对象。八九十岁的，因体衰不必到学校去，可以在家接受国君使者的赐食之养，答谢的跪拜之礼，也予以简免。

还有一段，与上段看似重复，实则有“养”与“杖”的区别，古注含混过去，更加引人玩味：五十杖于家，六十杖于乡，七十杖于国，八十杖于朝，九十者天子欲有问焉，则就其室，以珍从。五十“养”于乡，却只“杖”于家；六十养于国，却杖于乡，可见“杖”的尊奉程度要高于“养”。“杖”用作动词，似乎显示一种特权。它的内涵是什么？深入的探究说明，“杖”是“王权”的简称。①

《礼记·月令》中有“(仲秋之月)是月也，养衰老，授几杖，行糜粥饮食”。这段话也见于先秦古籍《吕氏春秋》，汉代高诱注释该书说：“今之八月，比户赐高年鸠杖、粉粢是也。”这是先秦养老礼制在汉时的延续。

其次来看养老对象。周代“有一种重要的养老礼制，的确是针对高贵人物的，甚至高贵到只有两名代表，被称为三

① 高成鸢：《中华尊老文化探究》，第113—114页。

老、五更，他们直接接受天子本人的顶礼膜拜。有关记载在《礼记》中散见于多篇。在《祭义》、《乐记》中，这种礼仪称为'天子食三老五更于大学'"。① 在《文王世子》篇中，类似礼仪又称为"天子视学"。大意说：天子来到大学，命执事们先祭祀先师先圣，然后行养老礼。天子先向前代耆宿的灵位行释奠之礼，然后检视三老五更及群老的席位和肴馔酒醴，乃奏乐迎请诸老入席，天子正式行孝养之礼。然后请诸老宣讲父子君臣长幼之道。最后天子命令在场的各级贵族及文武百官，回到各自的封国后照样举行养老礼。《文王世子》篇还提到养老有"乞言"、"合语"的仪节，就是天子请老者发表训示，诸老者共同讨论孝悌伦理。《内则》说："凡养老，五帝宪，三王有乞言。"意思是上古五帝时代的养老旨在效法老者的德行，到了三王时代，开始有"乞言"的仪节。由此也可以看出这种高规格的养老之礼由来久远。《祭义》篇在类似记述后，有一句话可以视为天子"食三老五更于大学"之礼的总结："是故乡里有齿而老穷不遗，强不犯弱，众不犯寡，此由大学来者也。"大学的教育内容，主要是尊老尚齿。所以"当入学而太子齿"，在学校中太子要跟诸生一样按年齿排列，不得特殊。身份与年龄的关系，哪个是主要标准，视场合而定。《祭义》接着论及这方面的礼制原则：

> 天子巡狩，诸侯待于竟，天子先见百年者。八十九十者，东行，西行者弗敢过；西行，东行者弗敢过。欲言政

① 高成鸢：《中华尊老文化探究》，第118页。

者，君就之可也。壹命齿于乡里，再命齿于族，三命不齿。族有七十者弗敢先。七十者，不有大故不入朝；若有大故而入，君必与之揖让，而后及爵者。

当天子在外地接见时，一国诸侯的地位排在百岁老人之后。八九十岁的老人走在道路东侧时，走在西侧者也不敢超过他，从上下文来看，这包括天子在内。有事商量，天子要凑近老人。在乡里，低级官员(一命)完全服从于年齿顺序；中级官员(二命)在家族中也要服从年齿(当然在同辈中)，高级官员(三命)才允许排在同龄族人前面，但如果族人中有七十老者，他的官架子还得放下。朝廷上应完全以官爵论尊卑，然而年齿的标准有时仍起决定作用，就是《祭义》中所说的原则："朝廷同爵则尚齿"，同级官员，年长者为尊。不过这个原则离开朝廷就会失效。典型就是唐代的"九老会"，退休小官位于大官之上，二人同岁，小官的生日大些。所以说，在中华文化的"尚齿"原则下，永远不可能有两个人地位完全平等的情况。这是从上古尊老礼制中传下来的规矩。

三老五更毕竟只是老者之老、取其象征性意义而已，如郑注所曰："三老、五更各一人也，皆年老更事致仕者也。天子以父兄养之，示天下之孝悌也。"(《礼记·文王世子》)这显然不可能是官方养老的主力军，那么，周代养老礼制的主体对象是谁呢？是贵族中的老人或者说官员中的老人，其中即有"国老"、"庶老"之区别。高成鸢《中华尊老文化探究》一书阐释得至为明白：

尊老礼制的对象，特别称为“国老”和“庶老”。“国老”当然是贵族，但“庶老”指的也并非一般百姓中的老人。这里的“老”字本身就别有解释。《汉语大字典》中的“老”字16个义项中的第二义项，就是“古时对某些臣僚的尊称”；可以指天子的“上公”、诸侯的“上卿”等最高级的官员，例如《礼记·王制》说“属于天子之老二人”，郑玄注说“老，谓上公”；也可以“作大夫之总名”，见孔颖达《左传·昭公十三年》“天子之老”疏语。下至大夫的“家”臣也可以称老，所以“老”是古代官吏的通称，这就像“爵”与“尊”以酒杯代表地位又代表年龄一样。所以在古代养老礼制中，“庶老”一词应当像《王制》古疏那样解释为“士之老者”，就是有官职的退休老人。

还要指出，“老”在礼制中就年龄而言特指七十以上者，因为《曲礼》说:“七十曰老，而传。”“传”就是把职务，包括家长和官职，传给别人，对于官员，这特称为“致仕”，或称“致事”，例如《曲礼》说:“大夫七十而致事。”注释说:“致其所掌握之事于君，而告老。”所以“国老”和“庶老”都指七十以上的离休官员，而有贵族和非贵族之别。①

《礼记·郊特牲》说“春飨孤子，秋食耆老”，孙希旦谓:

① 高成鸢:《中华尊老文化探究》，第112页。

“耆老，死王事者之父祖也。孤子，死王事者之子也。”① 则“孤子”也好，“耆老”也罢，亦都是“死王事者”之子、之老，都是为国家死事者的子、老，因其突出贡献，自然要受到国家抚恤照顾，而并非一般普通民众的孤子、老人。养老礼制涉及对老者家人的优惠、优待，自然是为了更好地确保养老礼制的贯彻实行，如《礼记·王制》云：“凡三王养老皆引年。八十者，一子不从政；九十者，其家不从政。”高成鸢认为“这是普及于平民的养老制度”，“这是面向一切平民的”。② 我认为所谓平民从政做官，那都是春秋战国及其以后的事，此处应当还是就等级制度上层的贵族们而言。《左传·成公十八年》二月乙酉朔晋悼公即位于朝，“逮鳏寡”，意谓施惠及于鳏夫寡妇，这一后世常见抚恤政策的对象，我想，在先秦，都恐怕还是中上层人士，而非底层民众。

---

① ［清］孙希旦撰，沈啸寰、王星贤点校：《礼记集解》，第672页。据《周礼·地官·司门》：“以其财养死政之老与其孤”，郑注：“死政之老，死国事者之父母也”，此即为国事而捐躯者的父母。《国语·吴语》载越王勾践与吴国决一死战前，“王乃命有司大徇于军，曰：‘有父母耆老而无昆弟者，以告。’王亲命之曰：‘我有大事，子有父母耆老，而子为我死，子之父母将转于沟壑，子为我礼已重矣。子归，殁而父母之世。后若有事，吾与子图之。’明日徇于军，曰：‘有兄弟四五人皆在此者，以告。’王亲命之曰：‘我有大事，子有昆弟四五人皆在此，事若不捷，则是尽也。择子之所欲归者一人。’明日徇于军，曰：‘有眩瞀之疾者，以告。’王亲命之曰：‘我有大事，子有眩瞀之疾，其归若已。后若有事，吾与子图之。’明日徇于军，曰：‘筋力不足以胜甲兵，志行不足以听命者归，莫告。’”这其中，“有眩瞀之疾者”，当属年老岁数大者，“有父母耆老而无昆弟者”、“有兄弟四五人皆在此者”，令一人归养父母，便是出于孝道养老的考虑。

② 高成鸢：《中华尊老文化探究》，第115页。

总之，敬老养老到尧舜时代已成了一种礼仪形式，用以教化人民，夏、商两代亦皆行养老之礼，西周则对古老的养老礼仪加以改造，纳入了礼乐文化的范畴。作为周代礼乐文化的一个重要组成部分，养老礼对调节人际关系、维护社会公德、安定政治秩序都起着极大的作用，此即《墨子》、《孟子》所称的"圣王孝治天下"：

> 昔者三代圣王禹、汤、文、武，方为政乎天下之时，曰："必务举孝子而劝之事亲，尊贤良之人而教之为善。"是故出政施教，赏善罚暴。且以为若此，则天下之乱也，将属可得而治也；社稷之危也，将属可得而定也。（《墨子·非命下》）

"举孝子而劝之事亲，尊贤良之人而教之为善"，目的很明确，就是要发现并表彰孝子，用来敦劝子女照顾父母；就是要选拔并任用贤良，用来敦劝人们言行向善。孝子是亲情孝道的体现者，所以可以用来感召人心，使子女都努力去做孝子，从而照顾好父母，安顿好家庭；贤良是德才正道的体现者，所以可以用来规范人伦，使人们加强自我修养，建设好社会。这个道理其实很简单，也不难操作，关键在于治理者的举措而已。如今有道德模范、劳动模范、英雄人物、先进工作者事迹报告会，一旦树立了这样的典型，并且当他的言行确实与其名声相符，真实而真正地为人们所认识之后，往往会产生难以估量的潜移默化的感染作用。这种作用一旦真切地打动人心，其效果虽然难以用标准的方法演示出来，但绝对是深刻的、持久的，而且会无形地提升那些曾经被他感动过的人的素质。所以，为了治理好天下，为了德治天下，对于三代中禹、汤、文、武采取的尊老、敬老、爱老等措施，墨子和孟子都给予了极高的评价。在后来的历史中，我们会发现，国家对老弱群体的照顾，一直都是古代执政者极为重视的一个方面。通过国家的行为，借助官方的提倡、推行，这种尊老敬老、爱老养老的孝道美德，对中国孝文化的形成、发展发挥着极为重要的影响。

第三节　丧葬祭祀

一、丧葬

丁鼎《〈仪礼·丧服〉考论》指出：

作为人类文化传统中最具有民族性、地域性，同时也最具有稳定性和传承性的一部分，丧葬礼俗是世界各民族、各国家普遍存在的一种文化现象，虽然它在不同的民族、不同的地域和不同的历史时期有着千差万别、丰富多彩的表现形式。它往往是特定社会关系、社会组织和特定社会观念的最集中、最生动的反映。《荀子·礼论》云：“礼者，谨于治生死者也。”准此可知，“治生死”的丧葬礼俗是中国古代礼制的主要内容之一。《礼记·昏义》曰：“夫礼始于冠，本于昏，重于丧祭，尊于朝聘，和于射乡，此礼之大体也。"由此可见丧葬礼俗在中国古代礼制中所处的重要地位。①

不过，"丧葬"这两个字并不是一开始就合在一起的，而是经过了一段漫长时间的演变过程。

人类社会初期并不掩葬死者，当人类社会发展到一定水平并产生了与之相应的一些观念意识之后，才开始出现埋葬。"葬"字，在殷商甲骨文中的写作形式，为掩埋死者尸体的象形字。《周易·系辞下》说："古之葬者，厚衣之以薪，葬之中野，不封不树，丧期无数。后世圣人，易之以棺椁。"一开始既不封土堆成坟墓，也不种植树木以为标志，后来才改换成棺椁。《礼记·檀弓上》："有虞氏瓦棺，夏后氏堲周，殷人棺椁，周人墙置翣。"郑注："始不用薪也。有虞氏上陶。"这是讲棺椁的出现与发展。《礼记·檀弓上》："国子高曰：葬也者，藏也；藏也者，欲人之弗得见也。是故衣足以饰身，棺周于衣，椁周于棺，土周于椁。"东汉许慎在《说文解字》中释道："葬，藏也。从死（即尸），在茻（即草莽）中。一其中，所以荐（垫）之。《易》曰：'古之葬者，厚衣之以薪。'"这是说葬也就是藏的意思，茻是众草，用杂草、树枝把尸体埋藏起来，并引用《易》文来证明。这正是原始社会早期人们丧葬处理的真实写照。此后，"葬"字出现的一些异体，如隋《杨德墓志》作"塟"，汉《衡方碑》、《康熙字典》亦有两种写法，其

① 丁鼎：《〈仪礼·丧服〉考论》，社会科学文献出版社2003年7月第1版，第1页。

下皆作土，都是受了土葬之俗兴起的影响。①

大约到了秦汉之后，“丧”、“葬”两字才开始合称，其最基本的含义就是指人死后的尸体处理及其有关的礼仪习俗。从程序上看，它可以划分为殡葬礼仪、埋葬礼仪和祭祀服丧礼仪三部分。就丧葬的社会作用或意义而言，它主要体现为联系与强化血缘和亲族关系、重视与推崇敬爱先人的孝道观念、强调丧葬的社会教化与文化积淀。

丧葬与孝道孝文化以及人类所有思想、精神、制度层面的发明创造一样，也是随着人类自身灵性进化、蒙昧开明、觉悟彰显而逐步产生并形成约定俗成的体系后充分发展起来的。人类学和考古学的资料亦证明：丧葬礼俗绝不是人类一诞生就有的，而是到了一定阶段才开始出现。最先为弃尸于外的做法，乃是人类早期处理同类尸体最基本的方式，后来又从无意识地处理和埋葬死者到有意识地安葬死者，而后形成丧俗。

尤其值得我们注意的是，原始社会的丧葬习俗，有割

① 据徐吉军《中国丧葬史》(武汉大学出版社 2012 年 6 月第 1 版，第 29—30 页)，土葬是原始社会最流行的一种埋葬方法。从考古资料来看，中国最早的土葬事例发现于北京周口店龙骨山山顶洞内，距今已有 1.8 万余年的历史。到新石器时期，土葬已广为流行。开始时，尸体可能直接埋入土中。在距今 6000 年前后，人们才开始使用葬具装殓尸体，然后埋入事先挖好的墓穴中。那么，原始人为什么要使用土葬呢？这应当与人类社会人性、伦理、情感的进化有关。《礼记 · 祭义》云：“众生必死，死必归土，此之谓鬼。骨肉毙于下，阴为野土，其气发扬于上为昭明。”《礼运》：“魂气归于天，形魄归于地。”《韩诗外传》曰：“人死曰鬼，鬼者归也。精气归于天，肉归于土。”这是儒家经典对于这一问题的说法，鬼—归、魂气—形魄、精气—骨肉，“中国特色”的文化意识和元素已经显现，可视为丧葬思想体系的早期认知与构建。

体、暖坑、涂朱、归葬、人殉、人牲（又称"人祭"）等，这其中或许已经蕴含着后世一些丧葬礼仪中的孝文化因子。譬如暖坑：

> 所谓暖坑习俗，是指挖完墓坑后，用柴草烧燎墓坑，意在表示让死者长眠暖和。这一习俗早在新石器时代就已经流行，尤盛于我国南方地区。如在薛家岗文化所属的湖北黄梅塞墩墓地中，考古工作者就在一部分墓坑人架底下，发现有很薄的一层草木灰烬，这便是原始人烧燎墓坑习俗的遗迹。
>
> 暖坑习俗自新石器时代产生以来，一直沿行不衰。后世丧葬中所谓的"暖墓"、"圆坑"等俗，便由此演变而来。按汉族民间习俗，在死者入葬的前一天夜里，其亲子要去墓坑里过夜，旨在用活人的热气驱走墓中的寒气，以便让死者安稳舒适地长眠其中，显示后代以身温暖先人的深情厚意。①

暖坑起初是不是为了"让死者长眠暖和"，恐怕也还值得揣摩，"这一习俗早在新石器时代就已经流行，尤盛于我国南方地区"，如此看来，有没有除湿去潮的考虑呢？《左传·成公二年》："八月，宋文公卒，始厚葬，用蜃、炭。"杨伯峻认为蜃、炭"此二物置于墓穴，用以吸收潮湿"，并引《吕氏春秋·节丧篇》、《汉书·酷吏传》、《三国志·魏志·文帝纪》、

① 徐吉军：《中国丧葬史》，第42—43页。

《晋书》等，说明先秦汉魏“下葬皆用炭”，[1] 我认为这意见很正确。至于所说的“汉族民间习俗”，未见确切所指及引证，不知具体是哪里、何时，有待以后的孝文化史研究中予以留意。

再譬如“滴血验亲”：

> 二次葬是有许多原因的，但二次葬都是对一次葬的否定，或洗骨，或防腐，或去病等等。广东连南瑶族根据不同情况，坐葬用缸，卧葬用棺，拾骨由儿子进行，称“起身”，洗骨后，如同坐着姿势把遗骨从足到头放置缸里，头骨在顶部。杀鸡时将血滴在头骨上，儿子还把手指刺伤，在头骨上滴血，表示生者与死者有骨肉或血的关系。在仰韶文化所发现的遗骨头部，往往涂有红色赤铁矿粉末，这可能亦表示生者与死者的血肉之情。
>
> 为死人随葬生产工具、生活用品，不仅反映了原始人相信死后灵魂还继续存在，依然过人间式的生活，也体现了死者的子女对老人的关心和赡养。海南岛临高人男子死后，由他已出嫁的长女汲水洗身，入棺时，所有子女，孙子孙女和其他亲友，都把手指刺破，让鲜血滴在棺材上，以示活人与死者的血肉联系。广西仡佬族父母死后，要杀牛送葬，亲友也送牛羊，为死者送行。其中儿子还要打掉一枚牙齿，为父亲送葬，这些都是表示死者与送葬者

---

① 杨伯峻编著：《春秋左传注》（修订本）二，中华书局 2009 年 10 月第 3 版，第 801 页。

之间的血肉之情。①

这一“滴血验亲”的丧葬习俗，似乎在先秦中原文明未见记载，丧礼也没有这方面的体现。然而，在后世的中国，最起码南北朝时期，史书上已经有记载，兵荒马乱、生离死别的年代，许多孝子访寻父母遗骨归葬故乡，往往在找到线索和残骸时，采用“滴血验亲”这一方式，看其鲜血是否可以渗入骸骨，从而判定是否为其父母。隋唐后这种案例更是层出不穷。这样的一种“朴素”方式，从源头上来看，恐怕是自原始社会时期便一直遗留下来的孝文化习俗，尽管传世文献典籍上对此并无详细充分的说明。

原始社会的丧葬文化，物质层面的研究收获不少，精神和思想层面的研究收获不多，譬如我们要关注的孝道孝文化。这实际上正是人类社会整体发展的自然而然情况，符合历史本原。接下来就不同了，可谓“郁郁乎文哉”。“夏商西周时期，原始的灵魂不灭观念仍然盛行不衰。与此同时，丧葬中的孝道观念也开始逐渐发展起来。于是，在这一时期掀起中国历史上第一次厚葬高潮，惨无人道的人殉、人牲制度达到了登峰造极的地步。”“祖祭在这一时期的丧葬和宗教中具有十分重要地位。依据生者与死者关系的亲疏贵贱而制定的丧服制度也在西周末年出现了。”② 这里所说基本正确，但似乎给人以孝道观念促使或者促进厚葬、人殉人牲似的，这恐怕还需要我们具

① 徐吉军:《中国丧葬史》，第285、300页。
② 徐吉军:《中国丧葬史》，第58页。

体来考察研究。

周代丧葬之礼大体可划分成三个层面：第一层面为葬前礼，即人死至下葬之前的礼仪；第二层面为葬礼，即埋葬死者之礼；第三层面为丧后服丧礼与守孝礼。对于丧葬之礼，礼家大率皆以丧主之孝思作解，事实上，许多礼仪是上古传统风俗的延续，未必都是出于孝道方面的考虑，但礼学家的解释却反映了人们借此以推行孝道的用意，而这些礼仪的举行，对于孝道的砥砺作用也确实是不可低估的。春秋战国时期，“中国传统的儒家丧葬礼仪已经基本形成。这种儒家丧葬礼仪不仅隆重、繁琐，而且还有等级森严的礼制规定，在时人的墓葬中得到了比较充分的反映”①。其丧葬制度，保留在“三礼”以及诸子百家记载中。比如《礼记·奔丧》，郑玄谓“《奔丧》者，居于他邦，闻丧奔归之礼”，规定：“始闻亲丧，以哭答使者，尽哀；问故，又哭尽哀。遂行，日行百里，不以夜行，唯父母之丧，见星而行，见星而舍”，“过国至竟，哭，尽哀而止。哭辟市朝，望其国竟，哭”。然后是“至于家”后的系列举措，包括左右东西方位、头发丧服收拾、兄弟亲友接见等等（还涉及“妇人”奔丧）；譬如人死出殡的整个仪式，就有“初终”（换衣）、“复”（招魂）—“易服”（与丧事有关的内外亲属及帮忙之人换上丧服）、“奉体魄精神”（将死者的牙齿撑开以便后面饭含，双足固定以便后面穿鞋）、讣告（报丧）等30个左右的程序，一直到三年之丧结束。这套眼花缭乱的丧礼，从好处说，它反映出中国文化形成之初的精致，因为每一

① 徐吉军：《中国丧葬史》，第98页。

条规矩都有其背后的深意，像《礼记·曾子问》，问来问去基本都是丧葬之礼，连男女定亲、结婚时日双方父母死的情况都涉及了；从不好处说，它实在是太繁琐，事无巨细，包括丧葬的过程，器具的规格、数量，言行举止的方位、尺度、声调、面容，甚至父母去世后的痛哭都有该哭不该哭的时间规定，① 等等，不夸张地说，如果严格按照礼制规定丝毫不差，整个人简直就是格式化的"机器人"。实际上，即便是先秦时期，人们也并不能够完全做到这些大大小小的要求，也通晓不了这些繁文缛节的礼仪，这在《孟子》、《汉书》中都有类此折射与感慨。本节就其中三点稍作说明。

第一点是丧礼。《礼记·曲礼上》说：

> 居丧之礼，毁瘠不形，视听不衰。升降不由阼阶，出入不当门隧。居丧之礼，头有创则沐，身有疡则浴，有疾则饮酒食肉，疾止复初。不胜丧，乃比于不慈不孝。五十不致毁，六十不毁，七十唯衰麻在身，饮酒食肉，处于内。

这是讲居丧时期，为人子女守丧者身体健康方面的要求，"毁瘠不形，视听不衰"，表明可以哀伤悲痛，致使身体虚弱，但是不能过于虚弱，要有度。郑注"为其废丧事。形谓骨

---

① 如"卒哭"，"卒哭者，卒，终也，止也，止无时之哭也。古礼，父母之丧，自初死至于卒哭，朝夕之间，哀至则哭，其哭无定时"。葬后行虞祭，"至此以后，唯朝夕哭，他时不哭，故曰卒哭"。参见杨伯峻《春秋左传注》(修订本)一，第505页。

见”，孔疏：“毁瘠，羸瘦也。形，骨露也。骨为人形之主，故谓骨为形也。居丧乃许羸瘦，不许骨露见也。”“头有创则沐，身有疡则浴，有疾则饮酒食肉”也是如此，都是为了身体考虑，有创伤溃烂的话得洗澡，生病的话得饮酒食肉，“疾止复初”则表明一旦身体恢复，那就应当继续不洗澡、不饮酒食肉。显然，居丧守孝期间，身心可以“适度摧残”，但又不得过度。像“五十、六十、七十”这些，也是出于身体考虑，因不同年龄段而有相应要求之调整。

如何看待这一丧礼精神呢？不能不说，其中有人性化的考量，以防止居丧守孝的过度摧残毁伤身体、毁灭生命，无论如何，“死者长已矣”，生者还是要继续，不能以死妨生、以死害生，所以说“不胜丧，乃比于不慈不孝”，孔疏：“不胜丧，谓疾不食酒肉，创疡不沐浴，毁而灭性者也。不留身继世，是不慈也。灭性又是违亲生时之意，故云不孝。不云‘同’而云‘比’者，此灭性，本心实非为不孝，故言‘比’也。”孔颖达认为“比于不慈不孝”的“比”都极具圣贤之微言大义，不说“等同”于不慈不孝，而是“比拟”于不慈不孝，这其中乃有性质、程度之区别，因为它不是本心主观上故意想要这样，所以它实际上是“孝”的，或者说“太孝”了、“过度孝”了，而过犹不及，所以便“犹如”、“比拟”于不孝了。实际上，无论本心主观上故意不故意，“不胜丧”的毁伤身体、毁灭身体，就是不慈不孝。《论语》“父母唯其疾之忧”，《孝经》“身体发肤，受之父母，不敢毁伤，孝之始也”，曾子“启手启足”，都是儒家爱护、保养身体为孝道起始、孝道基本的精神所在，所以，后世正史孝子传那些居丧守孝毁伤身体、毁灭生命的，都不能算是符合原始儒家这一孝道礼义的，严格讲，不但不得入孝子传大肆表彰、助长此风，还应该抨击、否定之，旗帜鲜明地反对这种“不胜丧”、“不慈不孝”。

然而，居丧守孝期间身心“适度摧残”这一礼义要求事实上又促使、增加了“不胜丧”的可能性。所以，追根溯源，我们对儒家丧礼的这一内容不得不予以辨析扬弃。它内含、埋下了“不胜丧”的因果种子，却又想避免“不胜丧”的后果，这是矛盾的。《礼记·檀弓下》:“丧不虑居，毁不危身。丧不虑居，为无庙也；毁不危身，为无后也。”孙希旦曰:“二者虽有贤不肖之殊，而其害于孝则一也。”① 所谓的“贤不肖之殊”，显然是指“虑居”为不肖，“危身”为贤，这和孔颖达的意思是一样的。但这种矛盾情况下，殊途同归，“其害于孝则一也”。

第二点是丧服。所谓丧服，就是指人们为哀悼死者而穿戴的衣帽、服饰。丧服制度则是依据生者与死者关系的亲疏贵贱而设定的一套严格的丧葬等级。具体说来，就是根据血缘关系的亲疏远近，规定了在丧礼中生者为死者所穿着的服饰规格

---

① ［清］孙希旦撰，沈啸宸、王星贤点校:《礼记集解》(上)，第293页。《礼记·问丧》:“成圹而归，不敢入处室，居于倚庐，哀亲之在外也；寝苫枕块，哀亲之在土也。故哭泣无时，服勤三年，思慕之心，孝子之志也，人情之实也。”“居于倚庐”、“寝苫枕块”，亦即“丧不虑居”。“或问曰:‘杖者以何为也?’曰:‘孝子丧亲，哭泣无数，服勤三年，身病体羸，以杖扶病也。则父在不敢杖矣，尊者在故也；堂上不杖，辟尊者之处也；堂上不趋，示不遽也。此孝子之志也，人情之实也，礼义之经也，非从天降也，非从地出也，人情而已矣。’”“身病体羸，以杖扶病也”，也是居丧守孝期间的身体考虑。

式样及服丧的期限，进而形成一套细致、系统的以斩衰、齐衰、大功、小功、缌麻五大类丧服为基础的“五服”制度。我国虽然在旧石器时代晚期出现了原始的丧葬礼俗，但丧服的出现远比丧仪的产生要迟得多，在当时，人们对死者的哀悼主要是心丧，《易·系辞下》“丧期无数”，贾公彦疏曰：“此黄帝时也，是其心丧终身者也。”即在心中默默怀念，或者在一定时期不再唱歌、奏乐，以示悲痛，如《尚书·舜典》载尧帝去世：“帝乃殂落，百姓如丧考妣。三载，四海遏密八音。”孔颖达疏云：“舜受终之后，摄天子之事，二十有八载，帝尧乃死。百官感德思慕，如丧考妣，三载之内，四海之人，蛮夷戎狄，皆绝静八音，而不复作乐。”夏商时期，尚未有丧服的记载，西周早、中期，实行丧服情况的文献记载依然非常模糊，这点我们可以从《尚书·顾命》中记载周成王驾崩和周康王即位时的情况看出。作为古书里面现存最早的君主治丧场景，周康王和公卿们穿的都不是孝服，而是登基大典时所穿的吉服。《尚书·康王之诰》：“王释冕，反丧服。”这是说周成王去世，太子钊（康王）继位发布诰命后即脱去吉服，穿上丧服，退回居丧的依庐。此为中国古代文献“丧服”一词的最早出处。那么，丧服究竟起于何时呢？我们来看四位学者的研究所得。

丁鼎《〈仪礼·丧服〉考论》：

丧服制度创立于何时？由于史阙有间，难以定论。但根据有关文献，笔者估计在周公“制礼作乐”之后，这套丧服制度即粗具规模，并一度在贵族阶层中局部施行过，后经历代损益和儒家的系统化，最终著于竹帛，成为《仪礼·丧服》篇。

其他有关文献也可以证明西周时确实已经形成了一定的丧服礼俗，如《诗经·桧风·素冠》云："庶见素冠兮，棘人栾栾兮，劳心慱慱兮。庶见素衣兮，我心伤悲兮，聊与子同归兮。庶见素韠兮，我心蕴结兮，聊与子如一兮。"小序曰："《素冠》刺不能三年也。"郑注曰："丧礼：子为父、父卒为母皆三年，时人恩薄礼废，不能行也。"显然，诗中所谓"素衣"、"素冠"、"素韠"就是服丧时所穿着的上衣、冠和下衣。按桧国为西周时分封的诸侯国，春秋前为郑国所灭。由此可见，在西周时期已经形成普遍为亲属的去世而穿着丧服的礼俗，若不能以礼服丧是要受到舆论讥刺的。①

林素英《丧服制度的文化意义——以〈仪礼·丧服〉为讨论中心》：

在《素冠》一诗产生之前，这套已获有社会共识的服丧程序安排应该已经成型，因此《诗·序》就以为此诗是讥刺时人赶在周年练祭之后迅速除服，而不能服三年之丧所作。从此诗作者一再慨叹社会上到处充斥练祭之后急于改穿华服的大众，以致无法看见服三年之丧者在周年祭之后仍然穿戴素冠、素衣、素韠，且显现出神情哀

① 丁鼎：《〈仪礼·丧服〉考论》，第3、20页。

戚、外形瘦瘠的神态，可知周年练祭前后的丧服有明显的不同。①

徐吉军《中国丧葬史》：

从现有的文献资料来看，丧服礼仪大约起源于西周末春秋之际。……大约到西周末年，文献中开始出现有关丧服的记载。《诗·桧风·素冠》载："庶见素冠兮，棘人栾栾兮，劳心慱慱兮。庶见素衣兮，我心伤悲兮，聊与子同归兮。庶见素韠兮，我心蕴结兮，聊与子如一兮。"诗的大意是：我很少见到头戴素冠、情急哀戚而瘦瘠之人，尽管我留心观察；我也很少见到身穿素衣的人，为此我心中非常悲伤，假使能够见到，我愿意和他一起到他的家中，向他学习；我很少看见穿素韠之人，我的心也很忧愁，如蕴结一样，如有穿素韠之人，我愿和他一起行走。此诗所说的"素衣"、"素冠"、"素韠"便是丧服。

桧亦作郐、会、侩，为西周分封的诸侯国，在今河南密县东南。妘姓，相传为祝融之后。公元前769年为郑桓公所灭。此诗产生于桧国，真实地反映了西周末年桧国的丧服状况。在当时，凡亲人死亡，其子女应穿这种素色的丧服，服丧三年，以表示对死者的哀悼和纪念。但是当时却很少有人遵守这种礼制，所以有人就作《素冠》予以讥

① 林素英：《丧服制度的文化意义——以〈仪礼·丧服〉为讨论中心》，文津出版社有限公司2000年10月1刷，第51页。

刺。由此可见，丧服在当时已经出现，只是没有成为一种普遍而流行的习俗罢了。①

李玉洁《先秦丧葬与祭祖研究》：

夏、商时期的丧服，史书无载，我们已经不知道是什么样子了。西周时期，根据历史文献的记载，已经出现了丧服。

西周的丧服是一种没有花边，不着色的素衣、素冠、素韠。《诗·桧风·素冠》载：

庶见素冠兮，棘人栾栾兮，劳心慱慱兮。

庶见素衣兮，我心伤悲兮，聊与子同归兮。

庶见素韠兮，我心蕴结兮，聊与子如一兮。

这首诗产生于桧国。桧国在春秋初年被郑桓公所灭，故诗中所反映是西周末年桧国的情景。诗的大意是：我(诗作者本人)很少能看见一个头戴"素冠"的，情急哀戚而瘦瘠的人，尽管我非常留意地观察。我也很少看见身穿"素衣"的人，心中非常难过，假使能够看见，我愿和他一块到他的家中，跟他在一起(意向他学习)。我很少看见穿"素韠"(即下裳，蔽下膝)的人，我的心也很忧愁如蕴结一样，若有此人，我愿和他一起行走。

这里的"素衣"、"素冠"、"素韠"就是西周时期的丧服。人们穿起这种衣裳和冠，以表示对死者的哀悼和纪

① 徐吉军：《中国丧葬史》，第95—97页。

念。但是这种服丧服的人毕竟还是少数，因为在路上根本看不到。诗作者可能是一个提倡孝道的人，所以因见不到这样的人而苦闷，并说如果能见到这样穿孝服的人，就和他一起行走，到他家中向他学习。

由此可见，西周时期，人们在亲人死后，为了表示纪念和悲痛而穿丧服。但身穿丧服的形式才刚刚出现，并没有成为普遍的现象，而且丧服的形式只是“素衣”、“素冠”、“素韠”。不着颜色，不带花边谓之“素”。西周时期的丧服还不像春秋战国以后那样复杂，是我国丧服的初期形式。

《尚书·顾命》记载了西周时期的丧礼，《尚书·康王之诰》的最后一句是“王释冕，反丧服”。也就是说，自康王受顾命时，至即大位、发布康王之诰命，康王所服的是“麻冕黼裳”，是即位所服的吉服。当诰命发布之后，康王则“反丧服”。(汉)“孔安国传”说：“脱去黼冕，反服丧服，居倚庐。”(唐)孔颖达疏云：“王释冕，反丧服；朝臣诸侯亦反丧服。《仪礼·丧服》篇‘臣为君、诸侯为天子，皆斩衰。’”西周康王时期，其丧服是否就是“斩衰”，还没有更多的材料说明，但是西周时期肯定已经有了丧服的形式。①

四相比照，意见是一致的，并都以《诗经·桧风·素冠》

① 李玉洁：《先秦丧葬与祭祖研究》，科学出版社 2015 年 4 月第 1 版，第 275—276 页。

为例，来说明丧服已出现于西周。然而程俊英、蒋见元《诗经注析》却认为："这是一首悼亡诗。一位妇女，见到丈夫遗容憔悴，心为之碎，表示宁可伴着他一起死。《毛序》：'《素冠》，刺不能三年也。'这是因见到'素冠'、'素衣'等字眼而附会到守丧三年上去。但素衣是当时人的常服，《论语》云：'素衣麑裘素韠。'《孟子》云：'许子冠素。'《士冠礼》云：'主人玄冠朝服缁带素韠。'而《士丧礼》却无素冠、素衣、素韠的记载。由此可证《毛序》的望文生义。"① 说似可从。退一步讲，即便《诗经·桧风·素冠》中的"素衣"、"素冠"、"素韠"不是丧服，丧服礼制形成于西周还是可以确定的，其理论性总结文献便是传世至今的《仪礼·丧服》。

晁福林在为丁鼎《〈仪礼·丧服〉考论》一书所作序中指出："有等差的人伦礼仪存在于古代社会生活的各个方面，可是今天我们所能见到的体现'亲亲尊尊'原则的礼仪却以《仪礼·丧服》最为详细明确。周代丧服质地样式的等差及服丧期限的长短，体现着人际关系中亲疏远近的区别及尊卑贵贱的差异。了解古代——特别是周代——的人伦关系、制度文化及社会生活情况等，《丧服》篇中蕴含着非常丰富的宝藏。"② 下面我们借助丁鼎的研究成果，简要看下相关内容。

"大量的人类学、民族学、民俗学资料证明：为亲属的去世而改变服饰的方式来表达某种禁忌或悼念之情的习俗普遍存在于古今中外的许多国家和民族之中，也就是说，世界上许

① 程俊英、蒋见元：《诗经注析》(上)，中华书局 1991 年 10 月第 1 版，第 387—388 页。

② 丁鼎：《〈仪礼·丧服〉考论》。

多国家和民族都有以‘丧服’形式为死去的亲属志哀的习俗。但是，古今中外没有一个国家和民族形成过程中像中国古代丧服制度这样严整、系统的丧礼仪制。可以说以儒家经典《仪礼·丧服》为代表的丧服制度是中国古代以宗法伦理为特色的社会土壤里产生的一种独具特色的文化现象，这种引人注目的文化现象在世界文化史上是独一无二的。”① 众所周知，周代创立的宗法制是中国古代最具特色的社会制度之一，而中国古代的丧服制度曾一度与周代所创立和推行的宗法制相辅而行、互为表里，可以说它就是周代宗法制度在丧礼服饰上的体现。当然，这一制度并非凭空创造出来的，它的产生和确立应是一个历史的过程，当是周人在前代流传下来的原始丧葬习俗的基础上，经过损益增饰而创立的一套体现宗法伦理精神的丧礼仪制。这套仪制的精神在于强调宗法制度所蕴含的“尊尊”、“亲亲”的伦理秩序和道德架构，体现宗族亲属的层级亲疏关系和社会的政治等级制度。《仪礼·丧服》11 章不仅记述了周代丧服制度本身，而且蕴含着许多与宗法制度密切相关的继承制度、分封制度、家族制度、婚姻制度以及有关的政治思想、伦理观念等方面的重要内容，因而在周代礼制研究，乃至整个中国古代政治史、社会史和思想史研究中，都有着不可替代的重要价值。“《仪礼·丧服》无疑地是现今所存有关丧服制度最早且最完整的纪录，而且由于它还是历代设立丧服制度的依据，因此其重要性自不待言，后代虽然由于因时制宜的考虑，以致各代的丧服制度对于《礼仪·丧服》的内容确实各有损

① 丁鼎：《〈仪礼·丧服〉考论》，第 3 页。

益，不过蕴藏于其中的精神礼义，则莫不以此篇为本源。”①

《仪礼·丧服》所规定的服饰规制主要可分为衰裳(丧服上下衣)、首服(冠饰与发饰)、绖带(系于头部和腰间的麻带)、鞋饰(草鞋和麻鞋以及装饰)、杖(丧棒)等五个方面的内容，而所谓“五服”制度，其中尤见诸多“微言大义”。如《礼记·丧服四制》:“礼：斩衰之丧，唯而不对；齐衰之丧，对而不言；大功之丧，言而不议；缌小功之丧，议而不及乐。”郑玄注曰:“此谓与宾客言也。”这是居丧言语之间“节制之义”。② 再譬如最为隆重的一级斩衰服(三年之丧)，服饰最为粗糙，表明血缘关系最为紧密，悲痛万分根本就没有心情加工丧服，因此只能“披麻戴孝”，这是从外在的现象上论；从内在的道理上讲，诸侯为天子、臣为君、妻为夫都要服三年之丧，便折射出政治伦理上的君尊臣卑(《孟子》的“内则父子，外则君臣，人之大伦也”)，家庭伦理上的男尊女卑，“妇人有三从之义，无专用之道，故未嫁从父，既嫁从夫，夫死从子。故父者子之天也，夫者妻之天也。妇人不贰斩者，犹曰不贰天也，妇人不能贰尊也”(《仪礼·丧服》)，“妇人，从人者也，幼从父兄，嫁从夫，夫死从子”(《礼记·郊特牲》)，所以未出嫁的女子可以为父亲服三年之丧，出嫁后则为丈夫服三年之丧，为自己的父亲只能服一年之丧(“期”)，这充分体现了女子对于男性的从属地位。在今天看来，父母都是子女最尊最

---

① 林素英:《丧服制度的文化意义——以〈仪礼·丧服〉为讨论中心》，第3页。

② [清]孙希旦撰，沈啸寰、王星贤点校:《礼记集解》，第1473页。

亲最爱之人，但在彼时，母亲（“私尊”）只能屈尊于父亲（“至尊”），父亲健在，母亲去世，子女为母亲只能服一年的齐衰服；父亲不在，母亲去世，子女可以申发他们对于母亲的尊敬亲爱，但也只能服三年的齐衰服，而不是斩衰服。《礼记·丧服四制》曰：“资于事父以事母而爱同。天无二日，土无二王，国无二君，家无二尊，以一治之也。故父在为母齐衰期者，见无二尊也。”这话太熟悉不过了，居然是出自这里，用于这些，对父母的孝道包括守孝，都区别对待，诚可为古代女性哀怜也！

五服简表（据徐吉军《中国丧葬史》改造）

<table>
<tr><td></td><td colspan="2">斩衰　三年</td><td>用最粗的麻布制作，不缉边，断处外露，以示不饰</td></tr>
<tr><td></td><td colspan="2">齐衰</td><td>用稍粗麻布制作，缝下边</td></tr>
<tr><td>三月、五月</td><td>一年，不杖期</td><td>一年，杖期</td><td>三年</td></tr>
<tr><td></td><td colspan="2">大功　九月</td><td>用粗熟麻布制作</td></tr>
<tr><td></td><td colspan="2">小功　五月</td><td>用稍粗熟麻布制作</td></tr>
<tr><td></td><td colspan="2">缌麻　三月</td><td>用细熟麻布制作</td></tr>
</table>

“一时代有一时代之制度，一时代有一时代之思想。宗法制度的创立与推行是周代社会的一大特色，而与宗法制度相适应的思想观念自当是周代思想意识形态的内容。《礼记·大传》曰：‘圣人南面而治天下，必自人道始矣……亲亲也，尊尊也，长长也，男女有别，此其不可得与民变革者也。’《礼记·丧服小记》亦曰：‘亲亲，尊尊，长长，男女之有别，人道

之大者也。'《大传》与《小记》的作者将'亲亲'、'尊尊'、'长长'、'男女有别'提高到'不可得与民变革者'与'人道之大者'的高度来认识。"① 丁鼎认为，"亲亲"、"尊尊"、"长长"、"男女有别"等观念实际上体现了周代宗法制度的精神，《仪礼·丧服》中的原则与此是一致的。《礼记·大传》曰："服术有六：一曰亲亲，二曰尊尊，三曰名，四曰出入，五曰长幼，六曰从服。"东汉大儒郑玄解释说："术犹道也。亲亲，父母为首。尊尊，君为首。名，世母、叔母之属也。出入，女子子嫁者及在室者。长幼，成人及殇也。从服，若夫为妻之父母，妻为夫之党服。"通过郑玄对丧服制度原则的解释，我们不难看出，"亲亲"与"尊尊"是两条基本原则，而所谓"名"、"出入"、"长幼"、"从服"等其他四条"服术"实质上是从"亲亲"、"尊尊"这两条基本原则派生出来的，由此可见"亲亲"、"尊尊"在丧服制度中的纲领性质。《墨子·非儒下》"儒者曰，亲亲有术，尊尊有等，言亲疏尊卑之异也"，也是这一情况的反映。

具体来讲，"亲亲"是对伦理关系亲疏远近的注重与强调，从自己这一代上推、下推、旁推四世，都是同宗，关系越近服丧越重，关系越远服丧越轻，重男系宗亲(内，父党)，轻女系姻亲(外，母党、妻党)，如父系长辈均在齐衰三月以上，而母系除了外祖父母和从母(姨妈)加服小功五月之外，其余均为缌麻三月。"尊尊"不仅体现在宗亲范围内的父母、夫妇、男女、嫡庶，而且还扩大运用于政治关系上的君臣以及

① 丁鼎：《〈仪礼·丧服〉考论》，第186页。

某些加服与降服的产生，像上述情况，外祖父母虽然是外亲，但由于他们是母亲的至尊，故为其加服，“以尊加也”；像世父母、叔父母、众子、昆弟、昆弟之子本应为齐衰不杖期，可是如果这些服丧对象的身份是士，而服丧者的身份是大夫，那么便要降服，“尊不同也，尊同，则得服其亲服”。“名服”是指由于具有某种亲属名义而为某种异性亲属制服或加服，其实质可以看作是“亲亲”原则的扩展，像无血缘关系的伯母、叔母齐衰不杖期，贾公彦疏云“以配世、叔父而生母名，则当随世、叔父而服之”，像上述外祖父母“以尊加也”，从母(姨妈)则是“以名加也”。“出入”是相对于本宗而言，可以看作是“尊尊”原则的延伸，如女子出嫁于外姓，与其父方宗亲关系便相应地发生变化，彼此互相各自降服一等，男子出继于大宗，便脱离本生父之宗，而成为所后父的继承人，因而要为所后父斩衰服三年，本生父则须降服齐衰期，“持重于大宗者，降其小宗也”。“长幼”是依据服丧对象的长幼而制定不同等级的丧服，即成人者服重，未成年而死者服轻，不满 8 岁而死则为无服之殇。“从服”是随从某一亲属为某一服丧对象服丧，即服丧者与服丧对象之间本无直接的血缘亲属关系或政治关系，但由于服丧者的某一亲属与服丧对象有直接的宗亲关系或政治关系，故随从此一亲属为其服丧，这类服丧者与服丧对象都是异性关系，一般要比关系人的服制级别低，《礼记·大传》云：“从服有六：有属从，有徒从，有从有服而无服，有从无服而有服，有从忠而轻，有从轻而重”，实际上可划分为“属从”与“徒从”两类。“属从”是服丧者与服丧对象只有间接亲属关系的从服，如子从母、妻从夫、夫从妻三种，无论其所从之关系人在世与否都要服丧。“徒从”是服丧者与服丧对象无任何亲属关系的从服，如臣为君、妻为夫之君，服丧者一般都是臣、妻、妾、子、庶子等处于从属地位的人，仅仅是随从他们所从属之人而服丧，其所从之关系人死后就不再服丧。

另外，相对于“服术”原则，还有所谓服制义例，如郑玄最早提出的“正服”、“义服”、“降服”这三条，后来唐《开元礼》、宋《政和礼》又析出“加服”，清代学者夏炘则主张将“正服”取消，析为“恩福”、“亲服”，又有报服、名服、生服等。徐吉军《中国丧葬史》说《仪礼·丧服》所描述的宗亲服丧系统和丧服制度是一个严密的、有机的、完整的组织结构，“它是人类文明史上罕见的杰作，可与人类任何一个人造系统相媲美。五种基本服制在经过种种变化以后，可以化为二十三种服制，实行于一百三十八个场合，其精密程度是无与伦比的。”① 语句或有夸张夸大，但也确实令人头晕目眩于这一套“密码”，儒家经典《仪礼》、《礼记》、《周礼》中，《礼记》对丧服制度的记载亦至为详细，在全书49篇中，《曾子问》、《三年问》、《杂记上》、《杂记下》、《丧大记》、《奔丧》、《问丧》、《服问》、《间传》、《丧服小记》、《丧服四制》11篇专论丧服制度，包括《檀弓》上、下等内容。

第三点是墓制。《礼记·檀弓上》:

孔子既得合葬于防，曰:“吾闻之，古也墓而不坟。今丘也东西南北之人也，不可以弗识也。”于是封之，崇

① 徐吉军:《中国丧葬史》，第172—173页。

四尺。孔子先反，门人后，雨甚；至，孔子问焉曰："尔来何迟也?"曰："防墓崩。"孔子不应。三，孔子泫然流涕曰："吾闻之：古不修墓。"

孔子少孤，不知其墓。殡于五父之衢。人之见之者，皆以为葬也。其慎也，盖殡也。问于郰曼父之母，然后得合葬于防。

这里记载孔子合葬父母，并且起坟头之事，可算是中国丧葬史上里程碑式的标志。《礼记·檀弓上》："季武子成寝，杜氏之葬在西阶之下，请合葬焉，许之。入宫而不敢哭。武子曰：'合葬，非古也，自周公以来，未之有改也。吾许其大而不许其细，何居?'命之哭。""舜葬于苍梧之野，盖三妃未之从也。季武子曰：'周公盖祔。'"《礼记·檀弓下》："卫人之祔也，离之。鲁人之祔也，合之，善夫!"①《孔子家语·公西赤问》："孔子之母既丧，将合葬焉。曰：'古者不祔葬，为不忍先死者之复见也。《诗》云："死则同穴。"自周公以来，祔葬矣。故卫人之祔也，离之，有以间焉；鲁人之祔也，合之，美夫，吾从鲁。'"据此，合葬似始于周公制礼，而具体看，各国还有大同小异，如卫、鲁之别。孔子以鲁国合葬礼制为美，故遵从鲁国合葬方式。

另外，殷商时期有所谓族葬制度，"就是具有血缘关系的

---

① 孔疏："祔，谓合葬也。离之，谓以一物隔二棺之间于椁中也。所以然者，明合葬犹生时，男女须隔居处也。""鲁人则合并两棺置椁中，无别物隔之，言异生，不续复隔，穀则异室，死则同穴。"

同一族人合葬在一起。他们生前聚族而居，死后也聚族而葬。《周礼·地官司徒》所说的‘以本俗六安万民……二曰族坟墓’，‘四闾为族，使之期葬’，便指这种族葬。它是在我国原始社会氏族制度的基础上进一步发展而成的。”“殷墟墓葬中的族葬制，表明殷人生时聚族而居，死后合族而葬，并于墓地的分布、墓葬的形式、礼仪及随葬的器物中显示出姓(氏族)、宗(宗族)、族(家族)等由血缘上之亲疏远近关系决定的梯层性的亲族组织制度。它不但揭示了商代社会存在着原始氏族制度的遗留，而且也是当时社会的某种政治、经济、军事和社会组织形式的反映。”①《礼记·檀弓上》：“太公封于营丘，比及五世，皆反葬于周，君子曰：‘乐，乐其所自生，礼，不忘其本，古之人有言曰：狐死正丘首，仁也。’”应该也是族葬的意思。这一制度到了春秋战国时期继续保留，从考古资料发现的山东临淄齐国故城河崖头一带的齐国高级贵族墓地、曲阜鲁城西部鲁国贵族墓地、湖北江陵纪南城附近雨台山楚国邦墓地、西安半坡和宝鸡福临堡秦国邦墓地，一般事先都经过规划，严格实行族葬制，同时也受到时代冲击，以财富多寡、身份地位高低选择墓地的迹象开始出现。笔者的家乡山东烟台招远，村子里的族葬制尚约略存有遗风，本家(一般三代左右)去世的亲人坟茔集中在一起，逢年过节，族人们上坟祭祀，从生者、死者不同的群体亦多少可以看出血缘关系的亲疏远近。虽然较之古昔从前已是形式大于内容、礼节大于实质，时而还是能够感受到家族凝聚、涣散的味道。

---

① 徐吉军：《中国丧葬史》，第66、68页。

二、祭祀

生老病死，人的一生无逃乎这一过程，因此，我们在养老、丧葬之后，还要看下最后一环节：祭祀。从孝文化角度而言，即祭祖。

说起商周祭祖，包括我们今日祭祀，必定有一个问题需要先问一下：为什么要祭祖、祭祀？原始社会之初的丧葬风俗，应当说已逐渐孕育了这样的心理和风俗，只不过考察起来尚不易确切把握。而商周祭祖，我们似乎可以有所认知了。商周包括整个中国文化“祖先崇拜”云云，就祭祀而言，起初恐怕还不是后世一般意义上的亲爱、尊敬、向往的祖先崇拜，而是情感上的另一个维度：恐惧、担忧、害怕、祈求的祖先崇拜。“商代后期前段的人们对作为死者的祖先基本上持一种惧怕的心理，梦到祖先会不安，担心他们作祟。而已经发生的疾病、灾祸往往被视为祖先或其他死者作祟的后果。如果祖先和其他死者降祸于生者，就通过祭祀表达敬畏，使之愉悦，然后去除加在生者身上的病痛不祥。概括说来，商人认为祖先作为死者，可怕甚于可敬，为祸甚于降福。”① 经过甲骨学者的不断努力，我们已可了解殷商的祖先崇拜在祭祀制度方面的大体情况。殷人祭祀制度的主要特征，就是《礼记·表记》中孔子所谓的“殷人尊神，率民以事神，先鬼而后礼”，尊崇上帝与祖先，并逐渐使二者合一，一方面祭祀用牲数目惊人，另一方面滥用人祭，其尊

① 刘源：《商周祭祖礼研究》，商务印书馆 2004 年 10 月第 1 版，第 249 页。

神先鬼达到了令人讶异的程度。甲骨卜辞大量涉及社会生活方方面面的内容，足以说明此点。由殷人的祭祀可知，他们的崇拜祖先，不过是为了求福和免祸，明显是以灵魂不灭的思想为基础，这与西周报本反始、尊亲隆君的祭礼是不同的。

"研究商人的祖先崇拜，主要以殷墟甲骨文为依据，材料较少而且单一。与之相比，研究周人的祖先崇拜时，可资利用的史料相对丰富一些，除传世文献外，还有大量铜器铭文。"① 漫长的商周历史时期，祖先观念或者说祖先认知不是一成不变的，综合来看，周人非常敬重和崇拜祖先，他们在祭祀过程中称颂祖先的德行与功绩，并希望继承祖先的事业。周代贵族为祭祀目的所做铜器，其铭文中多有对祖先的称颂之辞，这类材料正可以用来研究他们祖先崇拜的情况。《尚书·牧誓》中，周武王伐纣的牧野之战誓词，就揭发商纣王"惟妇言是用，昏弃厥肆祀弗答，昏弃厥遗王父母弟不迪"，显然这是极其严重的一种罪过。《左传·宣公十五年》晋景公将要讨伐酆舒，"诸大夫皆曰'不可'"，"伯宗曰：'必伐之。狄有五罪，俊才虽多，何补焉？不祀，一也。'"把不祭祀祖先作为狄人五罪之首，可见春秋时期不祭祀祖先仍是大逆不道之罪恶。周人头脑中祖先是怎样的形态呢？从铜器铭文和《诗经》祭祀诗等文献的记述来看，贵族普遍相信死去的祖先继续存在，他们能够上陟于天。西周贵族在所作铜器铭文中着力渲染祖先在天威严、盛大之状，描述得有声有色，从这种颂扬中，我们可窥见后世子孙对祖先的崇敬之情。还值得注意的

① 刘源：《商周祭祖礼研究》，第269页。

是，周人先王与贵族祖考虽然都威严在天，但地位还是有差异的。从铜器铭文看，周王与其他贵族都称颂先王、祖考“其严在上”，很有些不分轩轾的味道，一般认为先王与贵族祖考都可配于上帝，但文献与金文材料中只有先王在帝左右的记载，从未提到过贵族的祖考在帝左右。刘源《商周祭祖礼研究》分析道：

> 我们认为周王与其他贵族政治地位上的差别会提示周人在观念中注意到先王地位要高于贵族祖考，在帝左右仅是先王的特权。说明这个问题的较好例子是西周中期(约共王时期)墙盘铭文，文中同时追述历代先王和先祖的功绩与德行，但只提到上帝受(授)天子命，先王与先祖的地位显然不同。学者讨论西周的政治与宗教，屡屡谈到王权与神权相结合，周王朝的兴起被宣传为受天命、上帝眷顾，周王被视为天子，王与天(帝)之间虚拟出血缘关系，非其他贵族可比，故金文和文献中只见到先王在帝左右亦并非偶然。那么贵族祖考在天上占有什么地位呢？当时人们也并不一定有清晰的想法，如果要确切说明的话，贵族祖考可能还像在人间一样，伴随于先王左右吧。①

孔子说：“周因于殷礼，所损益可知也。”（《论语·为政第二》）考察西周早、中期金文中所见的祭祖仪式内容，亦可为证。“商周关系早在武王克商之前就发展到一定程度，殷周之际及周初周人祭祖活动与商人有一些相似之处，反映了克

① 刘源：《商周祭祖礼研究》，第272页。

商前商周文化的交流及克商后周人对商文化的继承。""周原甲骨刻辞的发现仍能说明克商之前商周文化的交流，而且在这种交流中，商人文化似乎是占有强势地位的。我们有理由相信在克商之前，周人就已经从商人文化中学习了不少东西加进自己的祭祖活动中去了。""周人祭祖仪式，在形式上继承了商人文化的一些东西，但实质上周人的祭祖活动却保持着自己的内容并不断发展。"① 刘源《商周祭祖礼研究》一书通过对"禘"的分析，"发现商周时代同名祭祀动词的所代表内容有很大的不同，这很可以说明周人对殷礼的继承与发展，使其更适应自身的需要"：

> 西周中期以后，周人逐步建立了自己的礼仪体系，这在金文材料中表现得较为明显。主要是用以说明祭祀活动的"以享以孝"之类具有周人文化色彩的习语开始频繁出现，此外出现诸如"用献，用酌，用享，用孝"（伯公父勺，集成9935，西周晚期）之类的习语。西周晚期以后，金文中还出现了"用登（烝）用尝"（姬鼎，集成2681，西周晚期）这样的习语。这些例子都可以说明周人祭祖礼在吸收商人文化基础上，保持自身文化特色，不断发展，最终建立了与商人不同的文化体系。
>
> 殷周之际，周人祭祖仪式内容多有与商人相似之处，但亦保持自身之特点，这很可能是殷代以降商周文化交流的结果。西周早期，周人祭祖仪式从形式上吸收并继承

① 刘源：《商周祭祖礼研究》，第144—145、152页。

了许多殷人文化的东西，但仍保持自身文化特色，不断发展，至西周中期以后，逐步建立了周人祭祖礼的体系。①

刘源借助《诗经·小雅·楚茨》和《仪礼·少牢馈食礼》、《特牲馈食礼》、《有司彻》等文献材料中生动、完整的描写和记述，考察了西周晚期到春秋时代周代贵族祭祖仪式的过程，包括祭祀前的准备、正式祭祀，结论是：殷周之际及周初周人祭祖仪式的内容与商人颇有近似之处，据对《逸周书·世俘解》、天亡簋铭文的分析，殷周之际周人祭祖仪式有与殷人相近内容，但仍保留有周人文化独特性；据《尚书·洛诰》等篇和西周早、中期金文材料的记载，西周早期周人祭祖礼从殷人文化那里继承了很多东西，西周早、中期金文反映的祭祖仪式内容，多与殷墟卜辞中所见者相合，但周人亦不断发展具有自身文化特色的祭祖仪式，西周中期以后的金文材料较清楚地说明了这个问题，“以享以孝”、“用登用尝”等习语颇能反映周人祭祖礼仪体系的建立；到了西周后期与春秋时代，周人的祭祖礼有了充分的发展，周人成熟的祭祖仪式有固定充实的内容，与祭者的活动到了中规中矩的地步，与殷代前期、周初祭祖仪式内容相比，已有巨大的变化，这种变化可以揭示商周祖先崇拜观念及人们之间社会关系的演变。②

---

① 刘源：《商周祭祖礼研究》，第155页。

② 详参刘源《商周祭祖礼研究》，第156—167页。第311页归纳道：“自西周早期起，周人即在铜器铭文中称美其祖先，西周中期以后遂成为普遍现象。这一结果可说明两个问题：(一)周人对祖先有崇敬的感情。(二)周初，周人对商人文化多有学习和吸收，但亦致力于发展其自身文化，西周中期以后渐成体系。”

另外，刘源《商周祭祖礼研究》一书还指出："商周祭祖礼中隐藏着较多的社会关系，主要涉及如下几个方面：一、从社会组织与社会结构的层面看，祭祖礼可反映宗族组织内部成员之间的关系，宗族组织之间的关系。二、从国家形态与国家结构的层面看，祭祖礼可反映王与地方（贵族、诸侯）的关系。"① 譬如商周祭祖礼比照而言，商人较重视女性祖先，周人女性祖先的地位则多从属于其夫，金文中相关材料屡见不鲜，"从金文材料来看，周人对女性祖先的祭祀基本附属于对男性祖先的祭祀，其仪式的具体内容不详，至于文献，则几乎没有什么记载"。"西周早期，单独祭祀女性祖先的情况虽然不普遍，但尚罕见女性祖先从属其夫祭祀的例子。当时，女性祖先在祭祖礼中地位如何，似乎可以存疑；但据《逸周书·世俘解》、《尚书·洛诰》等文献记载，周人祭祖礼中女性祖先基本处在从属于其夫的地位。"② 又如祭祖礼的一个重要作用"合族"或"收族"，其目的是通过祭祀共同的祖先来加强宗族成员之间的凝聚力，维护宗法制。《礼记·表记》中孔子在评论三代时说："夏道尊命，事鬼敬神而远之……殷人尊神，率民以事神……周人尊礼尚施，事鬼敬神而远之。"这是说夏代尊崇天命，敬事鬼神而疏远它们，商代尊崇鬼神，率领人民来侍奉鬼神，周代尊重礼仪而崇尚施予，敬事鬼神而疏远它们。"事鬼敬神而远之"，这是很不简单的一件事，它说明周人并非如殷人那样真的信奉鬼神的存在，其直接目的在于维护宗法，核心内容是对祖先的

① 刘源：《商周祭祖礼研究》，第 313 页。

② 刘源：《商周祭祖礼研究》，第 169—170 页。

报本反始、追孝缅怀，实质上是祭祀与宗法相结合的一种现象，也可说是宗法制度的一种表现形式，其制定的以血缘关系为纽带的宗法制度，使孝道成为一种正式的人伦规范和礼仪制度。这一点，对于中国文化的影响是巨大而深远的。

比如：在宗法制度下，天子、诸侯，以至于卿大夫、士，都必须遵守父死子继的原则，即舍弟而传子，舍庶而立嫡，于是嫡子始尊，由嫡子之尊然后产生叔伯(前代之庶子)不得攀比于严父(前代之嫡子)的观念，而这一意识形态实是孝道观念在宗法制度上的表现。换句话说，传子立嫡、尊父敬兄是孝道的宗法形态。在宗法的制约下，伦理责任是非常严格的：不是所有的儿子都享有祭祀先祖的资格，他们只有贡纳祭品的义务，没有庙祭先祖的权利。易言之，对先祖行孝而庙祭，必须是宗族中的宗子(“孝子”①)，即嫡长子才有资格。《礼记·

---

① 祭祀时候的“孝子”，为祭祀权利资格的宗法体现，是一种身份的标志与称谓，不是实际生活中一般意义上的孝与不孝。《礼记·曲礼下》天子“践阼，临祭祀，内事曰‘孝王某’，外事曰‘嗣王某’”，郑玄注曰：“皆祝辞也。唯宗庙称孝”，诸侯“临祭祀，内事曰‘孝子某侯某’”。《礼记·曾子问》记载“若宗子有罪，居于他国，庶子为大夫，其祭”、“宗子去在他国，庶子无爵而居者，可以祭”等情况时，也是宗子、庶子对称，祭祀祝辞则为“孝子”、“介子”，郑玄注曰：“介，副也。不言‘庶’，使若可以祭然。”孔疏：“庶子，卑贱之称，介是副二之义，介副则可祭，故云‘使若可以祭然’，故称介子。”郑注进一步说：“孝，宗子之称。不敢与之同其辞，但言子某荐其常事。”孔疏：“上文孝子某使介子某，孝子是宗子之称。今直言名，不言介。若宗子在，得言介子某，今宗子既死，身又无爵，复称名，不得称介，故但言‘子某荐其常事’。‘身没而已’者，其不称孝者，惟己身终没而已，至其子则称孝也。”由此可证，祭祀时“孝子”之名，不是每一个子都可以拥有并自称的，它是嫡庶身份资格的严格限制，庶子终其一生无缘祭祀时“孝子”之名实。《礼记·郊特牲》说：“祭称‘孝孙’、‘孝子’，以其义称也。”凡祭祀、祝辞、铭文、讣告之类中的“孝子”皆是特定场合特定身份特定称谓。

曲礼下》“支子不祭，祭必告于宗子”，郑玄注曰:“不敢自专。谓宗子有故，支子当摄而祭者也。”孔颖达疏曰:“支子，庶子也。祖祢庙在嫡子之家，而庶子贱，不敢辄祭之也。若滥祭，亦是淫祀。”“支子虽不得祭，若宗子有疾，不堪当祭，则庶子代摄可也。犹宜告宗子然后祭，故郑云:‘不敢自专。’”《礼记·曾子问》也记载“若宗子有罪，居于他国，庶子为大夫，其祭”、“宗子去在他国，庶子无爵而居者，可以祭”等情况。当然，宗子有保护和帮助宗族成员的责任，而宗族成员也有支持和听命宗子的义务。① 这一宗法形态，实际上一直维系到今天，特别是在农村。笔者的家乡山东烟台招远农村，这种长子、次子的祭祀关系，仍然有所保留，父在时，族谱在过年时由父亲张挂，兄弟们团聚于父亲家中，同族的族人除夕晚上挨家磕头拜年时，都到父亲屋里的正厅来磕头行礼；父亲去世，族谱则由长子主持，同族的族人除夕晚上挨家磕头拜年时，便到长子家里的正厅来磕头行礼。但是，如果兄弟二人不和，不相往来，弟弟有时也会单独挂起族谱，以表示自己单独立户，这便会让同族的族人除夕晚上挨家磕头拜年时比较难办，因为按照通常的做法，要到长子家，但现在次子也挂起族谱，要不要去呢？去，殊嫌重复，不去，又恐得罪。

---

① 《左传·昭公元年》:“郑放游楚于吴，将行子南，子产咨于大叔。”杨伯峻注曰:“大叔即游吉，为游氏之宗主。古代宗主，一族之人皆听之，大叔虽为游楚之兄子，楚亦得顺从之。”大叔游吉是游楚兄子亦即侄子，但是游楚也得顺从他，因为大叔游吉是游氏宗主。这就说明，宗主并非只是同辈中人的长幼大小，因为嫡庶代际变化，还有可能是嫡传那一支的晚辈后生。参见《春秋左传注》(修订本)四，第1213页。

这样的问题，实际上仍是西周以来宗法制度的一种保留和演化。①

商周又有临时祭告祖先的仪式，与常祀不同，不是定期举行的，而是在重要的政治、军事或社会活动前后，或遇到灾害一类事情之后举行的。春秋时期郑国公子段把女儿嫁给楚国

---

① 再如昭穆制度。《左传·文公二年》："大事于太庙，跻僖公，逆祀也。于是夏父弗忌为宗伯，尊僖公，且明见曰：'吾见新鬼大，故鬼小。先大后小，顺也。跻圣贤，明也；明、顺，礼也。'君子以为失礼。礼无不顺，祀，国之大事也，而逆之，可谓礼乎？子虽齐圣，不先父食久矣。故禹不先鲧，汤不先契，文、武不先不窋。宋祖帝乙，郑祖厉王，犹上祖也。是以《鲁颂》曰：'春秋匪解，享祀不忒，皇皇后帝，皇祖后稷。'君子曰礼，谓其后稷亲而先帝也。《诗》曰：'问我诸姑，遂及伯姊。'君子曰礼，谓其姊亲而先姑也。仲尼曰：'臧文仲，其不仁者三，不知者三。下展禽，废六关，妾织蒲，三不仁也；作虚器，纵逆祀，祀爰居，三不知也。'"《国语》卷四《鲁语上》也记载："夏父弗忌为宗，烝，将跻僖公。宗有司曰：'非昭穆也。'曰：'我为宗伯，明者为昭，其次为穆，何常之有！'有司曰：'夫宗庙之有昭穆也，以次世之长幼，而等胄之亲疏也。夫祀，昭孝也。各致斋敬于其皇祖，昭孝之至也。故工史书世，宗祝书昭穆，犹恐其逾也。今将先明而后祖，自玄王以及主癸莫若汤，自稷以及王季莫若文、武，商、周之蒸也，未尝跻汤与文、武，为不逾也。鲁未若商、周而改其常，无乃不可乎？'弗听，遂跻之。展禽曰：'夏父弗忌必有殃。夫宗有司之言顺矣，僖又未有明焉。犯顺不祥，以逆训民亦不祥，易神之班亦不祥，不明而跻之亦不祥，犯鬼道二，犯人道二，能无殃乎？'侍者曰：'若有殃焉在？抑刑戮也，其夭札也？'曰：'未可知也。若血气强固，将寿宠得没，虽寿而没，不为无殃。'既其葬也，焚，烟彻于上。"由此可知，祭祀的时候，要严格遵循昭穆制度，也就是"次世之长幼"、"等胄之亲疏"，这才是"昭孝之至"，否则就是"逆祀"，而不能按照所谓的贤明与否任意上下前后、紊乱昭穆世系顺序。故《礼记·祭统》曰："夫祭有昭穆，昭穆者，所以别父子、远近、长幼、亲疏之序，而无乱也。是故有事于大庙，则群昭群穆咸在，而不失其伦，此之谓亲疏之杀也。"《礼记·王制》更直接指出："宗庙有不顺者为不孝，不孝者君绌以爵。"郑玄注曰："不顺者，谓若逆昭穆。"皆与此相应。

公子围，其中便有这样的礼节。

需要注意的是，秦汉以降的皇帝也祭祖，但和地方官员的祭祖制度属于完全不同的系统，反映了当时宗法制度只作为一个社会制度存在，和自皇帝至郡守县令等地方官员的政治系统不再结合。钱宗范指出：

> 西周春秋时代的宗庙制度和秦汉至明清的宗庙制度是不同的。西周春秋时代贵族的宗庙制度上及天子，下至士，构成一个系统，任何古代文献都是这样记载的，因为周代天子通过宗法分封关系成为天下之大宗，整个宗法关系普及到各级贵族统治集团中的缘故，而祭祖制度也变成和军事征伐同等重要的统治手段。秦汉至明清，皇帝、百官、人民都祭先祖，但属于完全不同的系统，皇帝只祭自己的先祖，百官也各祭各的先祖，民间有族庙、祠堂，也只祭同族、同姓之祖，这是宗法制度和分封制度不再结合，宗法组织和政治组织分开以后产生的现象。周代的宗法制度和秦汉以后的宗法制度之不同特点，通过宗庙制度表现得极为明显。个别学者仅根据秦汉时儒生的片断记载，硬说西周春秋时代宗法上不及天子、诸侯，实质上是把西周春秋时代的宗法秦汉化，把秦汉时人所言的一定程度上反映秦汉时情况的所谓周代古制，当作西周春秋时代客观上存在的史实的结果，显然是不正确的。①

---

① 钱宗范：《周代宗法制度研究》，广西师范大学出版社 1989 年 7 月第 1 版，第 29 页。

简单说，不妨用中国文化史上常提到的道统、政统(君统)、学统、宗统(血统)来讲，秦汉以前，这四者基本上是合一的，秦汉以后，分封制变为郡县制，政统(君统)、宗统(血统)自然分离。

最后，我们结合《礼记·祭统》、《礼记·祭义》，考察其中的一些孝文化内容，前者为祭祀道理，后者则为祭祀要求，约分为孝思、孝仪两方面。

先看祭祀道理。

《礼记·祭义》:“君子反古复始，不忘其所由生也，是以致其敬，发其情，竭力从事，以报其亲，不敢弗尽也。”“反古复始”、不忘所生，这是祭祀最根本的用心用意，“丧祭之礼，所以明臣子之恩也；乡饮酒之礼，所以明长幼之序也”，“乡饮酒之礼废，则长幼之序失，而争斗之狱繁矣；丧祭之礼废，则臣子之恩薄，而倍死忘生者众矣”(《礼记·经解》)。《礼记·祭统》指出：

> 凡治人之道，莫急于礼，礼有五经，莫重于祭。夫祭者，非物自外至者也，自中出生于心也，心怵而奉之以礼。是故，唯贤者能尽祭之义。贤者之祭也，必受其福，非世所谓福也。福者，备也；备者，百顺之名也。无所不顺者，谓之备，言内尽于己，而外顺于道也。忠臣以事其君，孝子以事其亲，其本一也。上则顺于鬼神，外则顺于君长，内则以孝于亲，如此之谓备。唯贤者能备，能备然后能祭。是故，贤者之祭也：致其诚信，与其忠敬，奉之以物，道之以礼，安之以乐，参之以时，明荐之而已矣，不求其为，

> 此孝子之心也。祭者，所以追养继孝也，孝者，畜也，顺于道，不逆于伦，是之谓畜。是故，孝子之事亲也，有三道焉：生则养，没则丧，丧毕则祭。养则观其顺也，丧则观其哀也，祭则观其敬而时也，尽此三道者，孝子之行也。

"祭者，所以追养继孝也"，重点强调一个"顺"，当然不是唯命是从的百依百顺，而是"上则顺于鬼神，外则顺于君长，内则以孝于亲"的"顺于道"，顺于人道，顺于孝道。又说：

> 夫祭之为物大矣，其兴物备矣。顺以备者也，其教之本与？是故，君子之教也，外则教之以尊其君长，内则教之以孝于其亲。是故，明君在上，则诸臣服从；崇事宗庙社稷，则子孙顺孝。尽其道，端其义，而教生焉。是故，君子之事君也，必身行之，所不安于上，则不以使下；所恶于下，则不以事上；非诸人，行诸己，非教之道也。是故，君子之教也，必由其本，顺之至也，祭其是与？故曰：祭者，教之本也已。夫祭有十伦焉；见事鬼神之道焉，见君臣之义焉，见父子之伦焉，见贵贱之等焉，见亲疏之杀焉，见爵赏之施焉，见夫妇之别焉，见政事之均焉，见长幼之序焉，见上下之际焉。此之谓十伦。

这还是接着上文阐发，并总结道"君子之教也，必由其本，顺之至也，祭其是与？故曰：祭者，教之本也已"，把祭祀上升到"教之本"的高度，而"教之本"涵盖十伦，其中的父子、亲疏、长幼、上下等，都有孝道一伦的存在，所以

《孝经》载孔子对曾子说“夫孝，德之本，教之所由生也”，也可以说是抓住了道德教化的根本所在。这一点，是和祭祀祭礼密切相关的。另外，鼎铭之义也值得我们注意：

> 夫鼎有铭，铭者，自名也，自名以称扬其先祖之美，而明著之后世者也。为先祖者，莫不有美焉，莫不有恶焉，铭之义，称美而不称恶，此孝子孝孙之心也。唯贤者能之。铭者，论撰其先祖之有德善、功烈、勋劳、庆赏、声名，列于天下，而酌之祭器，自成其名焉，以祀其先祖者也。显扬先祖，所以崇孝也；身比焉，顺也；明示后世，教也。

> 子孙之守宗庙社稷者，其先祖无美而称之，是诬也；有善而弗知，不明也；知而弗传，不仁也。此三者，君子之所耻也。

鼎铭之义，“自名以称扬其先祖之美，而明著之后世者也”，“铭之义，称美而不称恶，此孝子孝孙之心也”，“显扬先祖，所以崇孝也”，就是说，鼎铭只能称扬先祖辈们的美好德行，“称美而不称恶”，先祖辈们也是人，是人就“莫不有美焉，莫不有恶焉”，作为孝子孝孙，不能去讲先祖辈们恶的那些方面，要去发扬光大善的那些方面。这和儒家“亲亲相隐”、为尊者讳的主张是一致的。《逸周书·谥法解》：“五宗安之曰孝。慈惠爱亲曰孝。协时肇享曰孝。秉德不回曰孝。”这便是从孝道角度在谥号上盖棺定论的体现。

再看祭祀要求。

首先是孝思。《礼记·祭义》曰：

> 祭不欲数，数则烦，烦则不敬；祭不欲疏，疏则怠，怠则忘。是故君子合诸天道：春禘秋尝。霜露既降，君子履之，必有凄怆之心，非其寒之谓也；春雨露既濡，君子履之，必有怵惕之心，如将见之。乐以迎来，哀以送往，故禘有乐而尝无乐。致斋于内，散斋于外。斋之日：思其居处，思其笑语，思其志意，思其所乐，思其所嗜。斋三日，乃见其所为斋者。祭之日：入室，僾然必有见乎其位，周还出户，肃然必有闻乎其容声，出户而听，忾然必有闻乎其叹息之声。是故，先王之孝也，色不忘乎目，声不绝乎耳，心志嗜欲不忘乎心。致爱则存，致悫则著，著存不忘乎心，夫安得不敬乎？君子生则敬养，死则敬享，思终身弗辱也。君子有终身之丧，忌日之谓也，忌日不用，非不祥也，言夫日，志有所至，而不敢尽其私也。①

这段话，开宗明义，说了两句大实话，“祭不欲数，数则烦，烦则不敬；祭不欲疏，疏则怠，怠则忘”，祭祀不可太频繁，太频繁会令人厌烦，也不能太稀疏，太稀疏就怠慢了，怠慢了就忘却祖先亲人亲情。儒家中庸“度”的智慧，在这里也有体现。所以要采取“合诸天道”的春禘秋尝，春禘祭祀

---

① 《礼记·檀弓上》：“丧三年以为极，亡则弗之忘矣。故君子有终身之忧，而无一朝之患，故忌日不乐。”《左传·昭公三年》记载惠伯、敬子对话：“公事有公利，无私忌。”杨伯峻《春秋左传注》（修订本）四：“古人于父母逝世纪念日，不作他事，不举音乐，谓之不用。惠伯不以己父之忌日废公事。忌日不用，乃指私事言。若公事，则无私忌。”（第 1241 页）可见忠孝、公私二者不得兼时，私孝当让位于公忠大义。

时“怵惕之心”，秋尝祭祀时“凄怆之心”，“乐以迎来，哀以送往，故禘有乐而尝无乐”，春秋祭祀的心情都有“合诸天道”的哀乐之别，这又有“天人合一”的和谐考量。然后是斋戒，“斋之日：思其居处，思其笑语，思其志意，思其所乐，思其所嗜。斋三日，乃见其所为斋者”，如此“五思”三天，能够看到将要祭祀的祖先亲人，这真是“心诚则灵”的孝思孝感啊！然后是祭祀，依然要有“僾然必有见乎其位”、“肃然必有闻乎其容声”、“忾然必有闻乎其叹息之声”的效果，即《论语》中孔子所谓“祭如在，祭神如神在”、《礼记·玉藻》“凡祭，容貌颜色，如见所祭者”。(郑玄注曰：“如睹其人在此。”)这种“色不忘乎目，声不绝乎耳，心志嗜欲不忘乎心”的孝思，充分折射出孝子祭祀祖先亲人的爱、诚(“悫”)、敬，“君子生则敬养，死则敬享，思终身弗辱也”，无论父母生前死后，都要终身保持着，所以说，中国孝文化中的孝道，绝不仅仅只是父母在世时侍奉照顾这一点内容，它是伴随每个人一辈子的伦理亲情、修身品行。

其次是孝仪。《礼记·祭义》曰：

唯圣人为能飨帝，孝子为能飨亲，飨者，乡也，乡之，然后能飨焉，是故孝子临尸而不怍。君牵牲，夫人奠盎，君献尸，夫人荐豆，卿大夫相君，命妇相夫人。斋斋乎其敬也，愉愉乎其忠也，勿勿诸其欲其飨之也。文王之祭也：事死者如事生，思死者如不欲生，忌日必哀，称讳如见亲。祀之忠也，如见亲之所爱，如欲色然，其文王与？《诗》云：“明发不寐，有怀二人。”文王之诗也。祭之明日，明发不寐，飨而致之，又从而思之；祭之日，乐与哀半，飨之必乐，已至必哀。

孝子将祭，虑事不可以不豫；比时具物，不可以不备；虚中以治之。宫室既修，墙屋既设，百物既备，夫妇斋戒，沐浴盛服，奉承而进之，洞洞乎，属属乎，如弗胜，如将失之，其孝敬之心至也与！荐其荐俎，序其礼乐，备其百官，奉承而进之。于是谕其志意，以其恍惚以与神明交，庶或飨之。"庶或飨之"，孝子之志也。孝子之祭也，尽其悫而悫焉，尽其信而信焉，尽其敬而敬焉，尽其礼而不过失焉。进退必敬，如亲听命，则或使之也。孝子之祭，可知也，其立之也敬以诎，其进之也敬以愉，其荐之也敬以欲；退而立，如将受命；已彻而退，敬斋之色不绝于面。孝子之祭也，立而不诎，固也；进而不愉，疏也；荐而不欲，不爱也；退立而不如受命，敖也；已彻而退，无敬斋之色，而忘本也。如是而祭，失之矣。孝子之有深爱者，必有和气；有和气者，必有愉色；有愉色者，必有婉容。孝子如执玉，如奉盈，洞洞属属然，如弗胜，如将失之。严威俨恪，非所以事亲也，成人之道也。

孝子将祭祀，必有斋庄之心以虑事，以具服物，以修宫室，以治百事。及祭之日，颜色必温，行必恐，如惧不及爱然；其奠之也，容貌必温，身必诎，如语焉而未之然；宿者皆出，其立卑静以正，如将弗见然；及祭之后，陶陶遂遂，如将复入然。是故，悫善不违身，耳目不违心，思虑不违亲。结诸心，形诸色，而术省之，孝子之志也。

孝思是祭祀时对祖先亲人的思念之内在情状，孝仪是祭祀时对祖先亲人的敬爱之外在表现，其中举周文王为典范，“事死者如事生，思死者如不欲生，忌日必哀，称讳如见亲”，凡此种种，在后世中国人的孝道事迹上都有影响和延续，正史“孝子传”中记载大量这样的作为。孝子祭祀要尽其诚（“悫”）、信、敬、礼，“孝子之有深爱者，必有和气；有和气者，必有愉色；有愉色者，必有婉容”，这层层递进的连环推及，根本上是孝子对父母祖先的深爱，终点上则是祭祀时呈现出来的尽善尽美的孝道，从而实现“悫善不违身，耳目不违心，思虑不违亲”这三不违。

在上述孝思、孝仪的描述中，我们会发现一再强调的“如”字，单就引文粗略统计，便有 15 处，实际上还要算上同样性质的形容词“洞洞乎，属属乎”、“洞洞属属然”、“斋斋乎其敬也，愉愉乎其忠也”。李安宅说“这还不是给自己催眠，而白昼见鬼吗”,① 语嫌苛刻，恐怕并未领悟到其中奥义。显而易见，《礼记·祭义》通过如此形象、丰富、细致、详尽地比况，既符合儒家包括祭祀在内言行上的一贯风范，也点出儒家包括孝道在内知行上的工夫体验，是一幅生动而又不失

---

① 李安宅：《〈仪礼〉与〈礼记〉之社会学的研究》，上海人民出版社 2005 年 5 月第 1 版，第 14 页。今人也有谓“服丧期间所做的就是作践自己、折磨自己，是一种典型的自虐行为”，“极度虚弱之躯容易使人精神恍惚，长期与世隔绝也会使人心理变态。而这正是孝子所要追求的效果，在精神恍惚中与想象中父母的灵魂对话”（季乃礼：《三纲六纪与社会整合——由〈白虎通〉看汉代社会人伦关系》，中国人民大学出版社 2004 年 2 月第 1 版，第 184 页），皆未达一间。

严谨的浓墨重彩画面。[①] 另外,像《礼记·檀弓上》“始死,充充如有穷;既殡,瞿瞿如有求而弗得;既葬,皇皇如有望而弗至。练而慨然,祥而廓然”。“孔子在卫,有送葬者,而夫子观之,曰:‘善哉为丧乎!足以为法矣,小子识之。’子贡曰:‘夫子何善尔也?’曰:‘其往也如慕,其反也如疑。’”《礼记·檀弓下》:“颜丁善居丧:始死,皇皇焉如有求而弗得;及殡,望望焉如有从而弗及;既葬,慨焉如不及其反而息。”也是诸如此类的描述,只不过为丧葬礼耳。

还要补充说明的是,周人祭祀祖先的礼仪分为吉礼和凶礼两类,凶礼即寻常的丧葬礼仪,吉礼则是时节的远祖祭祀,而且其中有一项内容,称作“立尸”,“尸无事则立,有事而后坐也,尸,神象也”(《礼记·郊特牲》),也就是用占卜的方法,从宗族的孙辈中选出一人,充当祖先替身角色,代表祖先接受祝祭,《礼记·曲礼上》:“《礼》曰:‘君子抱孙不抱子。’此言孙可以为王父尸,子不可以为父尸。”《礼记·曾子问》:“孔子曰:祭成丧者必有尸,尸必以孙。孙幼,则使人抱之,无孙,则取于同姓可也。”如果受祭者是男,则用男尸,是女,则用女

---

① 《礼记·祭义》:“仲尼尝,奉荐而进,其亲也悫,其行也趋趋以数。已祭,子赣问曰:‘子之言祭,济济漆漆然;今子之祭,无济济漆漆。何也?’子曰:‘济济者,容也,远也;漆漆者,容也,自反也。容以远,若容以自反也,夫何神明之及交,夫何济济漆漆之有乎?反馈,乐成,荐其荐俎,序其礼乐,备其百官。君子致其济济漆漆,夫何慌惚之有乎?夫言,岂一端而已?夫各有所当也。’”由此还可以看出孔门儒学所说的“经权”式调节,经是常规,权是具体,需要根据不同的场合情况采取不同的做法,祭祀中的孝仪亦是如此。另外,《礼记·祭义》的“先王之所以治天下者五:贵有德,贵贵,贵老,敬长,慈幼”和“孝以事亲,顺以听命”,已经和《孝经》中的孝治思想相关通了,这点将于《孝经》一节再作论述。

尸，但庶孙、妾不能为尸，只有嫡孙、嫡孙妇可以。“尸位素餐”这个词，起初就是这意思。所以《礼记·学记》说“是故君之所以不臣于其臣者二：当其为尸，则弗臣也；当其为师，则弗臣也”，一方面是尊师重道，一方面是尊祖敬宗，这两种情况下君主不当以君臣之礼对待对方，师道、孝道都大于君。“尸”接受祭酒不能饮，要奠于地，就像我们现在逢年过节祭祀时，对院子里“天地之位”和客厅里“祖宗之位”以酒水洒地浇奠一样。到了战国时代，“尸礼废而像事兴”（顾炎武《日知录》卷十四《像设条》），开始用画像代替立尸，如《楚辞·招魂》“像设君室”，一直到今天的族谱挂图，应当就是这样慢慢演变而来。唐杜佑《通典·礼八》载“自周以前，天地宗庙社稷一切祭享，凡皆立尸，秦汉以降，中华则无矣”，宋王应麟《困学纪闻》称“三代之制，祭立尸，自秦则废”，尸祭从此退出历史舞台。

第四节　宗法礼制

王国维《殷周制度论》指出：“中国政治与文化变革，莫剧于殷周之际。……殷周间之大变革，自其表言之，不过一姓一家之兴亡与都邑之转移；自其里言之，则旧制度废而新制度兴，旧文化废而新文化兴。……周人制度之大异于商者，一曰立子立嫡之制。由是而生宗法及丧服之制，并由是而有封建子弟之制、君天子臣诸侯之制。”① 王国维的说法近代以来成为

① 傅杰编校：《王国维论学集》，中国社会科学出版社 1997 年 6 月第 1 版，第 1—2 页。

权威意见，影响巨大，大体是精准的，但似乎还可以更确切些。陈梦家、胡厚宣、李学勤等都有过讨论，钱杭便认为：

> 从商、周两代的卜辞金文中，我们可以发现商代已存在着大量的父系宗亲。根据《左传》定公四年的记载，在殷末周初，所谓"东方古族"内部已经有宗法。再参照殷墟卜辞中王室成员对先公先王的"选祭"、"周祭"，尤其是以准确认准直系祖先为前提的"周祭"，完全有理由作出商代已有发展到一定程度的宗法的判断。王国维认为商代没有宗法，因为商代没有嫡庶之制。其实，更符合事实的说法，应当是商代没有如同周代那样严格、完整和高度理论化的嫡庶制。商代的嫡庶制是初级形态的。西周的嫡庶制并非周氏宗族本来就有，周族入主中原之前的宗法发展程度并不比商代的一般水平高。"周因于殷礼"。周代宗法制度的兴盛，建立在商代已经打下的基础之上，商、周两代宗法，构成了一个发展的序列。
>
> 西周宗法制度，是中国封建宗法的起点。这并不是说殷代没有宗法，许多材料从不同的侧面证实了殷代有宗法，只不过殷代宗法是"合一族之人奉其族之贵且尊者而宗之，其所宗之人，固非一定而不可易，如周之大宗小宗也"，与周代宗法具有不同的特征罢了。孔子"周因于殷礼而有所损益"的观点之所以值得重视，就因为他将两种制度的承继，建立在两者具有不同特征的基础上而强调了动态的"损益"。一部周代宗法制度史，正是从这

“损益”开始的。①

钱杭的论述很到位。周人所创立和推行的宗法制度是周代最有特色、最有影响的社会制度，周代社会生活的各个方面——包括继承制度、分封制度、家族制度、婚姻制度以及有关的政治思想、伦理观念，无不受到宗法制度的影响和制约，甚至可以说宗法制度是周代礼制的基础和核心。②

“宗”字的原始意义，和宗庙祭祀有关，《说文解字》“宗，尊祖庙也”，从文字学的角度来讲，“宗”字就像在屋宇

① 钱杭：《周代宗法制度史研究》，学林出版社 1991 年 8 月第 1 版，第 2—3、12 页。钱先生还用“胜利者”、“落后者”的双向互动来描述殷周之间的宗法损益，这让我们想起中国历史上两次异族入主中原的元宋和清明，虽未免想象成分，倒也新颖，值得进一步深入研究。见其书第 33—35 页。陈戍国甚至认为“说夏代到了宗法产生的前夜，应该没有问题。其实，至迟夏代应该有了宗法的萌芽甚至胚胎。夏商社会性质相同，都有产生宗法的条件。既然夏代出现了家天下的传子制度，递传四百余年，毫无宗法观念是无法解释的”。“由有虞氏的世系可以推知：中国社会到虞舜一代，已经离宗法制度萌芽不远了。”参氏著《中国礼制史》(先秦卷)，湖南教育出版社 2002 年 2 月第 2 版，第 43、98 页。

② 宗法制度是中国古代社会的特色，成为中国文化区别于西方文化和东方其他文化的一个显著标志，这是就其复杂性、系统性、长远性而言，但不好说是中国独有，世界各国和少数民族都存在过，参见钱宗范《周代宗法制度研究》，第 190 页。钱杭也说：“虽然宗族、宗子并非中国独有的现象，虽然它们具有世界性，但是，纵观世界史，却没有哪一个地区、哪一个国家有如中国这样完整、严密的宗法制度。从公元前十一世纪至公元前三世纪——中国的周代——发展完善起来的中国封建宗法制度，是世界文明史上的一个奇迹。它是‘无秩序社会中的秩序’，是适合古代中国社会政治、经济发展水平的一个‘合理’的存在。从一个特定的角度来看，它是人类在对社会和自然进行变革过程中的产物，它构成了人类历史发展中不可缺少的一环。对它的研究，本身就是世界文明史的一部分。”参见《周代宗法制度史研究》，第 9 页。

下设神主来祭祀的形象，"宀"是房屋建筑，"示"是神主象征(类似于今天我们看到的灵牌)。"祖庙，所以本仁也"，"故宗祝在庙"，"礼行于祖庙而孝慈服焉"(《礼记·礼运》)。到西周春秋时代，扩展推广为宗族或家族、宗法关系、祭祀，总之是和宗法制度有关。"宗法"一词，始称于北宋张载，沿用至今。

《礼记·仲尼燕居》："子曰：'制度在礼，文为在礼。行之其在人乎！'"说的是礼为制度、文章之本。西周时期的中国，以"礼乐"有别于世界上早期诞生的其他文明，故此人们常将当时的政治教化制度归结为礼治，而称西周文明为礼乐文化。西周中叶以后，礼崩乐坏，至春秋战国之世，这种文明走向解体。礼治可以说是治理社会的一种很特殊的方法，除了中国，尚未发现有其他国家使用类似的办法来调整社会关系和维护社会秩序。因而，探讨中国的历史和文化，必须重视对周礼的研究。考察孝道，也只有将其置于礼乐文化的大背景下进行，才能更全面和客观。从周礼与孝道的关系入手，重点考察孝道在周礼中的反映，可使我们进一步认识孝道作为礼乐文化重要组成部分的这一论点。对此，康学伟《先秦孝道研究》第四章《论孝道与周代礼乐文化》，通过冠礼、婚礼、丧葬礼、祭礼以及养老礼的分析，深入而具体地说明了这个问题，后三者前文已经有所涉猎，此处仅就冠礼、婚礼再稍作补充，这两者亦同属于宗法制度下与孝文化有关的名目。

1. 冠礼

冠礼，是中国古代男子成年而举行的仪式。《礼记·冠义》：

> 凡人之所以为人者，礼义也。礼义之始，在于正容体、齐颜色、顺辞令。容体正，颜色齐，辞令顺，而后礼义备，以正君臣、亲父子、和长幼。君臣正，父子亲，长幼和，而后礼义立。故冠而后服备，服备而后容体正、颜色齐、辞令顺。故曰：冠者，礼之始也。是故，古者圣王重冠。

“冠者，礼之始也”，华夏文化是礼仪的文化，而冠礼就是华夏礼仪的起点，也是人生礼仪的开始，正好也是从头开始。《礼记·曲礼上》说：“二十曰弱，冠。”又说：“男子二十，冠而字。”《檀弓上》说：“幼名，冠字，五十以伯仲，死谥，周道也。”可知冠礼是为男子二十加冠并命字之礼。《仪礼》的首篇为《士冠礼》，讲的是士这一阶层加冠仪式的全部过程，通过对其仪式的分析，可以发现其中蕴含着的孝道观。比如极为重要的一点便是，行礼须在宗庙中进行，并要祭告祖先。《礼记·冠义》说“已冠而字之，成人之道也。见于母，母拜之，见于兄弟，兄弟拜之，成人而与为礼也”：

> 成人之者，将责成人礼焉也。责成人礼焉者，将责为人子、为人弟、为人臣、为人少者之礼行焉。将责四者之行于人，其礼可不重与？故孝弟忠顺之行立，而后可以为人；可以为人，而后可以治人也。故圣王重礼。故曰：冠者，礼之始也，嘉事之重者也。是故，古者重冠，重冠故行之于庙，行之于庙者，所以尊重事，尊重事而不敢擅重事，不敢擅重事，所以自卑而尊先祖也。

从加冠之日起，这个青年便正式成了社会的一份子，将负起为人子、为人弟、为人少者的责任。“孝弟忠顺之行立，而后可以为人”，正说出了冠礼所包含的社会意义，同时也可知，孝道这种观念在冠礼中是得到了充分体现的。成人的冠礼要“行之于庙”，乃是“自卑而尊先祖”，宋儒陈澔《礼记集说》说得好：“古者重事必行之庙中……皆所以示有所尊而不敢专也。冠礼者，人道之始，所不可后也。孝子之事亲也，有大事，必告而后行，没则行诸庙，犹是义也。”确实如此，《礼记·檀弓下》：“丧之朝也，顺死者之孝心也。其哀离其室也，故至于祖考之庙而后行。殷朝而殡于祖，周朝而遂葬。”孔颖达疏曰：“‘丧之朝也’者，谓将葬前，以柩朝庙者，夫为人子之礼，出必告，反必面，以尽孝子之情。”“‘其哀离其室也’者，谓死者神灵悲哀，弃离其室，故至于祖考之庙，辞而后行。殷人尚质，敬鬼神而远之，死则为神，故云朝而殡于祖庙。周则尚文，亲虽亡殁，故犹若存在，不忍便以神事之，故殡于路寝，及朝庙遂葬。夫子不论二代得失，皆合当代之礼，无所是非。”看来，人死之后，葬前也要朝庙，辞而后行。《左传·桓公二年》：“公及戎盟于唐，修旧好也。冬，公至自唐，告于庙也。凡宫行，告于宗庙，反行，饮至、舍爵、策勋焉，礼也。”杨伯峻《春秋左传注》释：“据《左传》及《礼记·曾子问》，诸侯凡朝天子，朝诸侯，或与诸侯盟会，或出师攻伐，行前应亲自祭告祢庙，或者并祭告祖庙，又遣祝史祭告其余宗庙。返，又应亲自祭告祖庙，并遣祝史祭告其余宗庙。”“授兵必于太庙，隐十一年《传》‘郑伯将伐许，五月甲辰，授兵于大宫’可证。”诸侯每月朔日的告朔、视朔

(听朔),① 也都是这一宗法礼制的明确体现。

名、字也有一番讲究。古人在冠礼未成年前，父母命名，相当于今天的小名、乳名，只有父母师长可以称呼，或者自己用来在父母师长前自称,② 冠礼的“冠而字之”，便是赐他一个和名意义相辅相成相关相连的字，用作成年踏上社会后别人对他的称呼。两周时，名字一起说的时候，一般是称字在先、称名在后，如孔父(字)嘉(名)、叔梁(字)纥(名)、孟明(字)视(名)，后来则是名在前、字在后。《礼记·曲礼上》“父前字名，君前臣名”，《论语》中弟子回答孔子问题时，都是自称其名，均为这一礼节的体现。《左传·桓公六年》申缙回答鲁桓公问名时说:“周人以讳事神，名，终将讳之。”③ 杨

① 杨伯峻:《春秋左传注》(修订本)一，第91、173页。“诸侯于每月朔日，必以特羊告于庙，谓之告朔,《论语·八佾》所谓‘子贡欲去告朔之饩羊’、文六年《传》‘闰月不告朔，非礼也’是也。告朔之后，仍在太庙听治一月之政事，谓之视朔，亦谓之听朔，文十六年《传》‘公四不视朔’、《礼记·玉藻》‘诸侯皮弁听朔于太庙’是也。”“行此礼讫，然后祭于宗庙，谓之朝庙”,“又谓之月祭,《礼记·祭法》‘皆月祭之’是也。其岁首则谓之朝正。襄二十九年《传》‘释不朝正于庙’是也。先告朔，次视朔，然后朝庙，此三事同日行之。告朔、视朔皆于大庙”。见其书第302、543—544、615页。

② 依古代礼制，“君前臣名”(《礼记·曲礼上》)，在国君前，群臣之间皆直呼其名。《左传·成公十六年》栾鍼于其父栾书直呼其名“书退!”《成公九年》“郑人所献楚囚”钟仪于晋景公前答问，直呼子重(名婴齐)、子反(名侧)之名，均是此例。参见杨伯峻《春秋左传注》(修订本)二，第845、886页。

③ 《左传·桓公六年》载鲁桓公“问名于申缙”，也就是当时命名礼制，有啥讲究规定，申缙对曰:“名有五，有信，有义，有象，有假，有类。以名生为信，以德命为义，以类命为象，取于物为假，取于父为类。不以国，不以官，不以山川，不以隐疾，不以畜牲，不以器币。(转下页)

伯峻有详尽注释，足证避讳在周朝春秋时期便已经形成。[①] 这让我每每想起小学时男女同学之间的"口诛笔伐"、"指桑骂槐"，总是把对方的小名挂在嘴上以表"咒骂"，谁要是进而回家从父母那里打探到对方父母的小名，那更是掌握了杀伤力震慑力无比的"核武器"，往往一个眼神一个暗示便可让对手屈从，当然，玩砸了的话也会惹来一顿"恼羞成怒"的暴打。其实小名也好，大名也罢，就是一个标志符号，何以如此忌讳、大动肝火呢？现在看来，正因直呼其名乃是父母长辈的权力，所以叫骂别人小名，自然也就意味着以父母长辈自居而羞辱对方，《弟子规》说"称尊

（接上页）周人以讳事神，名，终将讳之，故以国则废名，以官则废职，以山川则废主，以畜牲则废祀，以器币则废礼。晋以僖侯废司徒，宋以武公废司空，先君献武废二山，是以大物不可以命。"《国语》卷十五《晋语九》也记载："范献子聘于鲁，问具山、敖山，鲁人以其乡对，献子曰：'不为具、敖乎？'对曰：'先君献、武之讳也。'"《大戴礼记》卷三《保傅》记载古者胎教，其中太子出生后卜名，"上无取于天，下无取于坠，中无取于名山通谷，无拂于乡俗，是故君子名难知而易讳也。此所以养恩之道。"这都可见中国文明之初命名的相关情况。

① 杨伯峻《春秋左传注》（修订本）一："周人以讳事神，明殷商无避讳之礼俗。以讳事神者，生时不讳，死然后讳之，《檀弓下》所谓'卒哭而讳'。故卫襄公名恶，而其臣有石恶，君臣同名，不以为嫌。周人虽避讳，远不如汉以后禁忌日甚，嫌名、二名皆避，生时亦避。""人死曰终，终则讳之，生则不讳。所讳世数，天子诸侯讳其父、祖、曾祖、高祖之名；高祖以上，五世亲尽，其庙当迁，则不讳矣。《檀弓下》云'既卒哭，宰夫执木铎以命于宫曰"舍故而讳新"'，即是此意。《曲礼》云：'逮事父母，则讳王父母；不逮事父母，则不讳王父母。'郑玄云'此谓庶人、嫡士以上'，则自卿大夫以下皆讳一代。父在而讳祖者，以祖之名乃父所讳，故亦讳祖之名。"（第116页）

长，勿呼名”,① 实在是中国孝文化避讳礼敬的提炼。

2. 婚礼

婚礼为男子娶妻之礼。《仪礼·士婚礼》记载周代士这一阶层的婚礼仪式，以此为基本依据，再征诸《左传》等书的记载，我们对于周代婚礼形式之后所隐藏着的孝道观念意识，可以有一个大体上的了解和分析。②

首先，不可丧娶。守孝在身，不能有婚嫁男女之事，这一点一直延续到了秦汉以后的古代社会。当然，这也是大体而言，起初亦未必那么严格。《左传·文公二年》:“襄仲如齐纳币，礼也。凡君即位，好舅甥，修昏姻，娶元妃以奉粢盛，孝也。孝，礼之始也。”杨伯峻注曰:“古人谓娶妻所以助祭祀，故云奉粢盛。文公于此年纳币，至四年夏始逆女。僖公卒于前

---

① 《战国策·魏三》:“宋人有学者，三年反而名其母。其母曰:‘子学三年，反而名我者，何也?’其子曰:‘吾所贤者，无过尧、舜，尧、舜名。吾所大者，无大天地，天地名。今母贤不过尧、舜，母大不过天地，是以名母也。’其母曰:‘子之于学者，将尽行之乎?愿子之有以易名母也；子之于学也，将有所不行乎?愿子之且以名母为后也。”此不肖竖子居然“名其母”，亦可见当时礼制是“称尊长，勿呼名”。

② 比如《礼记·曾子问》:“孔子曰:‘嫁女之家，三夜不息烛，思相离也；取妇之家，三日不举乐，思嗣亲也。三月而庙见，称来妇也；择日而祭于祢，成妇之义也。’”《韩诗外传》卷二也说:“嫁女之家，三夜不息烛，思相离也；取妇之家，三日不举乐，思嗣亲也。是故婚礼不贺，人之序也；三月而庙见，称来妇也；厥明见舅姑，舅姑降于西阶，妇升自阼阶，授之室也；忧思三日，不杀三月，孝子之情也。故礼者，因人情为文。《诗》曰:‘亲结其缡，九十其仪。’言多仪也。”说明周代宗法制度下的婚礼，还不是我们后世普通意义上的欢庆之事，无论男女双方，内中都有深沉的“人情”。

年十二月，至此及大祥，《公羊传》谓'三年之内不图婚'，后人因此议论纷纷，盖以后代之礼讥评前人，恐两周之人并无此礼法，《公羊》乃汉人之著作。宣公固文公之子，继文公即位。文公卒于二月，宣公次年即位，三月逆夫人，父死仅年余即成婚，经、传无讥，何况此之纳币也。"① 其次，周代丈夫娶妻主要是为了存续家族血统，使祖先永不绝祀。《礼记·哀公问》引孔子曰："天地不合，万物不生。大昏，万世之嗣也。"《昏义》则曰："昏礼者，将合二姓之好，上以事宗庙，而下以继后世也，故君子重之。是以昏礼纳采、问名、纳吉、纳征、请期，皆主人筵几于庙，而拜迎于门外。入，揖让而升，听命于庙，所以敬慎重正昏礼也。""上以事宗庙"、"下以及后世"，这便是娶妻的根本目的。和冠礼一样，行礼须在宗庙中进行，要祭告祖先，这是婚礼中非常重要的内容和环节。《左传·隐公八年》："四月甲辰，郑公子忽如陈逆妇妫。辛亥，以妫氏归。甲寅，入于郑。陈鍼子送女。先配而后祖。鍼子曰：'是不为夫妇，诬其祖矣，非礼也。何以能育？'"②《左传·昭公元年》所载楚公子围（亦即后来之楚灵王）聘于郑、且娶于公孙段氏故事中，太宰伯州犁说公子围是

① 杨伯峻：《春秋左传注》（修订本）二，第527页。

② 杨伯峻《春秋左传注》（修订本）一："配，指同床共寝；祖，指返国时告祭祖庙。依礼，郑公子忽率妇返国，当先祭祖庙，报告其迎娶妇来之事，然后同居，乃公子忽则先同居而后祭祖。说见沈钦韩《补注》。""此言不能名为夫妇，其意谓，若要名为夫妇，必须一切依夫妇婚娶之礼而行。公子忽先配后祖，违背礼节，因此难以谓之夫妇。""其意为若承认公子忽与陈妫为夫妇，则是欺诬其祖先。"（第59页）

"告于庄、共之庙而来",① 也是此意。在最后夫婿亲到女家迎娶新妇时，行前其父还要命令这个儿子："往迎尔相，承我宗事，帅以敬先妣之嗣。"② 夫婿到了女家，女子的父亲也要将其迎入家庙，在这里将女儿交给他，即《礼记·昏义》"主人筵几于庙，而迎拜于门外"。东汉《白虎通》解释这样做的理由是："遣女于祢庙者，重先人之遗体，不敢自专，故告祢也。"看来，不管是娶还是嫁，都要祭告祖先。而新妇来到夫家，要经过三个月，方始拜见夫家的祖庙，叫作"庙见"，庙见之后才能得到夫家正式妻子的资格，并且有所谓

---

① 《左传·昭公元年》："元年春，楚公子围聘于郑，且娶于公孙段氏，伍举为介。将入馆，郑人恶之，使行人子羽与之言，乃馆于外。既聘，将以众逆。子产患之，使子羽辞，曰：'以敝邑褊小，不足以容从者，请墠听命！'令尹命大宰伯州犁对曰：'君辱贶寡大夫围，谓围将使丰氏抚有而室。围布几筵，告于庄、共之庙而来。若野赐之，是委君贶于草莽也！是寡大夫不得列于诸卿也！不宁唯是，又使围蒙其先君，将不得为寡君老，其蔑以复矣。唯大夫图之！'子羽曰：'小国无罪，恃实其罪。将恃大国之安靖己，而无乃包藏祸心以图之。小国失恃而惩诸侯，使莫不憾者，距违君命，而有所壅塞不行是惧！不然，敝邑，馆人之属也，其敢爱丰氏之祧？'伍举知其有备也，请垂橐而入。许之。"杨伯峻注曰："古代亲迎，婿受妇于女家之祖庙。子产不欲其入城，欲除地为墠，代丰氏之庙，行亲迎之礼。"参见《春秋左传注》(修订本)三，第1199页。

② 西汉刘向《列女传·贞顺传》："父母送孟姬不下堂，母醮房之中，结其衿缡，诫之曰：'必敬必戒，无违宫事。'父诫之东阶之上曰：'必夙兴夜寐，无违命，其有大妨于王命者，亦勿从也。'诸母诫之两阶之间，曰：'敬之敬之，必终父母之命。夙夜无怠，视之衿缡。父母之言谓何。'姑姊妹诫之门内，曰：'夙夜无愆。尔之衿鞶，无忘父母之言。'孝公亲迎孟姬于其父母，三顾而出。亲迎之绥，自御轮三，曲顾姬与，遂纳于宫。三月庙见，而后行夫妇之道。"

“反马”之礼,[①] 也就是把女方出嫁时乘坐的马车返还给娘家，表明女方已经正式成为夫家一员，不会被休弃。所以，只有质诸祖先的婚姻才算有效，才算具有合情、合理、合法的家庭意义和社会意义。瞿同祖《中国封建社会》分析道：

成婚的次晨，天微明时，新妇沐浴候见舅姑，仪式极为隆重。经此仪式后，始成妇礼，子妇的地位才确定，否则只有夫妇的关系，而无舅姑子妇的关系。

但一见舅姑，还不为礼成，以后更须对于祖先有庙见之礼，对于宗人有觌见之礼。庙见以后，便是说已见过夫家的祖先，此后便执子妇之礼。与大夫宗妇相觌见以后，便是说已见过夫家的族人，长者长之，幼者幼之，这样，自己生时才有称谓可循，死后才能以昭穆之序入于庙，因之才获得宗法上的地位，上可以祭，下可以受祭。

这种仪式，在当时极为重要，所以孔子说：“三月而庙见，称来妇也，择日而祭于祢，成妇之义也。”若未行

---

① 《左传·宣公五年》:“秋九月，齐高固来逆女，自为也。故书曰‘逆叔姬’，卿自逆也。冬，来反马也。”杨伯峻《春秋左传注》(修订本)二:“反马之礼仅见于此，据孔《疏》引郑玄《箴膏肓》，盖古代士人娶妇，乘夫家之车，驾夫家之马，故《仪礼·士婚礼》不载反马之事。至大夫以上者娶妇，则乘母家之车，驾母家之马。既婚三月以后，夫家留其车而返其马。郑玄云‘留车，妻之道也’者，盖谓妻不敢自必能长久居于夫家，恐一旦被出，将乘此车以归，杜《注》所谓‘谦不敢自安’之义也。郑又云‘反马，婿之义也’者，夫家示以后不致发生出妇之事也。”(第686页)

此仪式，虽已婚，以宗法言之，生不能为夫家之人，死不能为夫家之鬼。所以曾子问孔子，若未庙见而女死，如之何？孔子答道："不迁于祖，不祔于皇姑，婿不杖，不菲，不次，归葬于女氏之党，示未成婚也。"

我们晓得就是归葬于女家，女家也不会为祭于庙的。不论她在夫家入庙否，母家都不祭之，母家的祖宗内绝没有她。①

整个过程看下来，无非两点，一是自始至终的祖先的影子，二是彻头彻尾的女性的身子，祖先的影子不好说"阴魂不散"，但的确是笼罩而须臾不离，女性的身子却"身不由己"，她不是作为今日婚姻这般的一个匹配主体，嫁出去、葬回来就像一颗棋子、一个道具一样搬来搬去，她生存和死后的意义，全在于婚姻之后夫家宗法上的地位。《礼记·檀弓下》："子思之母死于卫，赴于子思，子思哭于庙。门人至曰：'庶氏之母死，何为哭于孔氏之庙乎？'子思曰：'吾过矣，吾过矣。'遂哭于他室。"郑玄注曰："嫁母与庙绝族。"这表明，女性一旦被休弃改嫁，也就和夫家包括自己的孩子恩断义绝了。所以子思尽管悲痛哀伤，却不能"哭于孔氏之庙"，只能说"我错了！我错了"而"哭于他室"。《穀梁传·隐公二年》说："妇人在家制于父，既嫁制于夫，夫死从长子，妇人不专行，必有从也。"《礼记·郊特牲》也说："妇人，从人者也。

① 瞿同祖：《中国封建社会》，上海人民出版社 2005 年 5 月第 1 版，第 106—107 页。

幼从父兄，嫁从夫，夫死从子。"《左传·僖公二年》："夫人氏之丧至自齐。君子以齐人之杀哀姜也为已甚矣，女子，从人者也。"杨伯峻《春秋左传注》："哀姜既嫁于鲁，在夫家有罪，则非父母家所宜讨。"① 看来，即便是有罪当死，也轮不着娘家插手处置。这冰冷的事实，残酷印证了女性从父、从夫、从子的"三从"卑微命运！

为了使祖先的血统得到延续，娶妻的直接目的即是生子（儿子），女性若不能生育（尽管这并不是她的责任和过错），则大抵免不了被休弃的命运。② 因此，可以说娶妻也并非首先为了丈夫，而是为了祖先，为了宗法家族的香火，爱情云云是从属于亲情的。明确了这一点，才会深刻理解当时有关婚姻的各种制度。这套不近人情并不浪漫的婚姻制度，近代以来因为西方现代化的文明冲击，早已和家族宗法一起风吹雨打去了。笔者突然想起 30 多年前小时候，老家山东烟台招远的农村，结婚后当年的正月间，本家族还会轮流宴请新过门的媳妇，那

---

① 杨伯峻：《春秋左传注》（修订本）一，第 279 页。

② 宗法礼制下的婚姻，对于古代女子有所谓"七出"、"七去"，即丈夫可以离弃妻子的七种原因，《大戴礼记·本命》："妇有七去：不顺父母，去；无子，去；淫，去；妒，去；有恶疾，去；多言，去；窃盗，去。不顺父母，为其逆德也；无子，为其绝世也；淫，为其乱族也；妒，为其乱家也；有恶疾，为其不可与共粢盛也；口多言，为其离亲也；盗窃，为其反义也。"这里排在第一位、第二位的，便是不孝顺父母和不育儿子，所以《礼记·内则》说"子妇未孝未敬，勿庸疾怨，姑教之；若不可教，而后怒之；不可怒，子放妇出，而不表礼焉"。有一个逐步教育教导教化教训的过程。同时又规定"三不去"："妇有三不去：有所取，无所归，不去；与更三年丧，不去；前贫贱，后富贵，不去。"（《大戴礼记·本命》）《公羊传》庄公二十七年何休注曰："尝更三年丧，不去，不忘恩也；贱取，贵不去，不背德也；有所受，无所归，不去，不穷穷也。"

时“从前慢”，一直到正月十五前，新媳妇在婆婆的带领下几乎每天都要赶场一两次宴席，这当中新郎并不出现，没他的事儿，均由婆婆在宴席上为媳妇逐一介绍这是谁谁谁那是谁谁谁，怎么个关系，该叫什么，我觉得，这大概就是“见过夫家的族人，长者长之，幼者幼之”觌见之礼的遗风遗俗吧。这种新媳妇的宴请和婚礼随份子一样，其实都是礼尚往来的交换而已，只不过有早有晚。在我的印象中，大约也就10 年的时间，很快，这些遗风遗俗也都消散了，那些欢声笑语、热气腾腾、寒暄应酬，俱往矣，只剩下回忆、回味在脑海中。①

总之，宗法制度是传统礼教的载体框架，包括中国孝文化在内，无不受其影响和制约。钱宗范指出：

> 产生、形成于原始社会末期和夏、商时代并在西周获得完备发展的宗法制度，可以说是中国古代历史、文化在继原始社会、夏商二朝之后鼎盛发展的一个标志。它对于后来两千余年的中国历史、文化的流变，具有深远和内在的制约与影响。宗法血缘关系、宗法等级原则、礼乐典章

① 《礼记·曲礼上》：“姑姊妹女子子，已嫁而反，兄弟弗与同席而坐，弗与同器而食。父子不同席。”《礼记·坊记》：“姑、姊妹、女子子已嫁而反，男子不与同席而坐。”这种礼俗，时至今日，笔者山东烟台老家农村还有残余，如不能回娘家过年、初二之前不能回娘家，我认为，就是和这一脉相承的，当然，这些讲究只在我们的父母辈了，我们这一代及以下，已经没有这些桎梏了。（至于具体为何“姑、姊妹、女子子已嫁而反，男子不与同席而坐”，据《礼记·坊记》，乃是为了防止“淫泆而乱于族”，和色有关。看来，还不光是男女尊卑问题。）

> 文物、敬德思孝的伦常道德、尽力于“人道”的文化精神、家国统一的历史规定……无一不在中国历史、文化漫长的演变过程得到体现；即使在当代的现实生活领域里，我们也时常可以感知和发现其影响的痕迹。于是，当我们在历史学研究的基础上，来对周代宗法制度进行文化学方面的反思时，我们就必然地认识到：连绵悠久的中国历史与中国文化，都是以周代的宗法制度作为自己的源头活水与潜在机制的。①

这是对宗法制度提纲挈领的认识。秦汉以降，迄至明清，一部中国孝文化史处处可见宗法制度的大小因素，若说宗法制度为本、孝道伦理为先，或者宗法制度为宏观、孝道伦理为微观，宗法制度为外在、孝道伦理为内在，当是比较确切的吧。

第五节　《诗经》中的千古孝诗

《诗经》是我国第一部诗歌总集，共收入自西周初年至春秋中叶大约五百多年的诗歌三百零五篇，作为一部经典著作，对我国历史文化、诗歌文学的产生和发展有着广泛而深远的影响，是中华民族宝贵的精神财富。孔子曾经说过：“《诗》三百，一言以蔽之，曰：思无邪。”（《论语·为政第二》）也

① 钱宗范：《周代宗法制度研究》，第355页。

就是说《诗经》三百多篇，用一句话来概括，那就是思想纯正。《诗经》中出现了一些关于父母子女亲情的篇章，可以说是中国古代最早的亲情诗，是对这一时期普通人的孝道记载，堪称孝子之思的典范之作，至今读来，仍然有着强烈的艺术感染力。

我们首先来看第一篇《鸨羽》：

肃肃鸨羽，集于苞栩。王事靡盬，不能蓺稷黍。父母何怙？悠悠苍天，曷其有所？

肃肃鸨翼，集于苞棘。王事靡盬，不能蓺黍稷。父母何食？悠悠苍天，曷其有极？

肃肃鸨行，集于苞桑。王事靡盬，不能蓺稻粱。父母何尝？悠悠苍天，曷其有常？

《鸨羽》是《诗经》中表达孝子之心的名篇，作者哀叹国家征役过多，没有时间在家里种植各类庄稼来奉养父母，他不是只悲叹自己的处境，而是对故乡无依无靠的父母非常担忧，这便把自己的孝心呈现得淋漓尽致，也使读者随其咏叹陷入了深深的孝思。程俊英、蒋见元《诗经注析》指出：

这是一首农民反抗无休止的徭役制度的诗。《毛诗》："《鸨羽》，刺诗也。昭公之后，大乱五世。君子下从征役，不得养其父母，而作是诗也。"分析得基本不错。朱熹《诗集传》："民从征役而不得养其父母，故作此诗。"改君子为农民，比《毛序》更为准确。

> 方玉润《诗经原始》："不得养亲，同此呼天吁地。人不伤心，何烦泣诉！始则痛居处之无定，继则念征役之何极，终则恨旧乐之难复。民情至此，咨怨极矣！……而诗但归之于天，不敢有懈王事，则忠厚之心又何切也！"他的前半段文字描绘诗各章的情调气氛，颇能领悟诗意。但结尾将呼天之句归于"忠厚之心"，却未免强作解人。《史记·屈原列传》："夫天者，人之始也；父母者，人之本也；人穷则反本。故劳苦倦极，未尝不呼天也；疾痛惨怛，未尝不呼父母也。"太史公的话，才能真正解释诗中"悠悠苍天，曷其有极"的惨痛呼告。而这种呼告带来的震颤人心的效果，几千年来也还不曾褪色。①

两位先生认为朱子《诗集传》"改君子为农民，比《毛序》更为准确"，恐怕也是如其所批评的清朝学者方玉润那样"未免强作解人"。我认为，两周时从政参军等事乃王室贵族及其子弟的权利和义务，包括知识教育，在孔子"有教无类"的开门授徒讲学以前，不是底层民众可以与闻得享的，遑论这艺术成就高妙的"赋比兴"诗句？朱子、方玉润所谓"民"也者，是普通意义上的"民"，犹如孟子所谓"民为贵，社稷次之，君为轻"，亦即君民、官民、政民相对称的民众，绝不是农民。当然，这一问题无论如何，并不影响我们理解《鸨羽》

---

① 程俊英、蒋见元：《诗经注析》(上)，第322—323页。

养亲养父母的孝道亲情主旨。①

其次，我们来看第二篇《陟岵》：

陟彼岵兮，瞻望父兮。父曰："嗟！予子行役，夙夜无已。上慎旃哉，犹来无止。"

陟彼屺兮，瞻望母兮。母曰："嗟！予季行役，夙夜无寐。上慎旃哉，犹来无弃。"

陟彼冈兮，瞻望兄兮。兄曰："嗟！予弟行役，夙夜必偕。上慎旃哉，犹来无死。"

程俊英、蒋见元《诗经注析》题解道：

这是一首征人思家的诗。《毛序》："《陟岵》，孝子行役，思念父母也。国迫而数侵削，役乎大国，父母兄弟离

---

① 《韩诗外传》卷二载："子路与巫马期薪于韫丘之下，陈之富人有虞师氏者，脂车百乘，觞于韫丘之上。子路与巫马期曰：'使子无忘子之所知，亦无进子之所能，得此富，终身无复见夫子，子为之乎？'巫马期喟然仰天而叹，阘然投镰于地，曰：'吾尝闻之夫子，勇士不忘丧其元，志士仁人不忘在沟壑，子不知予与？试予与？意者其志与？'子路心惭，故负薪先归。孔子曰：'由来，何为偕出而先返也？'子路曰：'向也，由与巫马期薪于韫丘之下，陈之富人有处师氏者，脂车百乘，觞于韫丘之上，由谓巫马期曰："使子无忘子之所知，亦无进子之所能，得此富，终身无复见夫子，子为之乎？"巫马期喟然仰天而叹，阘然投镰于地，曰："吾尝闻之夫子：勇士不忘丧其元，志士仁人不忘在沟壑，子不知予与？试予与？意者其志与？"由也心惭，故先负薪归。'孔子援琴而弹：'《诗》曰："肃肃鸨羽，集于苞栩。王事靡盬，不能蓺稷黍。父母何怙？悠悠苍天，曷其有所？"予道不行邪，使汝愿者。'"大约是子路家贫而欲"得此富"孝养父母，故"孔子援琴而弹"《鸨羽》。

散，而作是诗也。”所说与诗基本相符。无休止的劳役，连睡觉的时间都没有，使征人难免联想到死亡，他只希望能在死亡线上挣扎到回家乡。诗反映了当时劳役生活的痛苦和劳动人民对统治者征役无已的极度憎恨。

诗的艺术手法极为巧妙。诗人在役地思家，但他不直说自己的望乡之情，却想象着父母兄长在家中想念他的情景。这样的表达法，反映出一种极迫切、极深厚、极苦涩、又极难排解的心情。方玉润《诗经原始》云：“人子行役，登高念亲，人情之常，若从正面直写己之所以念亲，纵千言万语，岂能道得尽？诗妙从对面设想，思亲所以念己之心与临行勖己之言，则笔以曲而愈达，情以婉而愈深，千载之下读之，犹足令羁旅人望白云而起思亲之念，况当日远离父母者乎？”他这一段分析，正点出其中三昧。这种手法，钱锺书先生称之为“分身以自省，推己以忖他；写心行则我思人乃想人必思我。”后世诗人用此意者非常普遍，如白居易《望驿台》：“两处春光同日尽，居人思客客思家。”韦庄《浣溪沙》：“夜夜相思更漏残，伤心明月凭阑干，想君思我锦衾寒。”龚自珍《己亥杂诗》：“一灯古店斋心坐，不是云屏梦里人。”遣词造境都越出越精，然其机杼则同《陟岵》无异，这就是风诗几乎篇篇有创意的可贵之处。①

对这首诗的解读，我们还可以借助清人沈德潜的分析：

① 程俊英、蒋见元：《诗经注析》(上)，第296页。

“《陟岵》，孝子之思亲也。三段中，但念父、母、兄之思己，而不言己之思父、母与兄，盖一说出，情便浅也。情到极深，每说不出。”① 确实如此。《陟岵》写的是服役的征人，登高瞻望，想象父母兄弟对他的思念和希望，表达自己思乡、思亲的忧伤。“陟岵”、“陟屺”，后世遂成为思父、思母之喻称，《后汉书·党锢传》载：“及陈蕃免太尉，朝野属意于(李)膺，荀爽恐其名高致祸，欲令屈节以全乱世，为书贻曰：‘久废过庭，不闻善诱，陟岵瞻望，惟日为岁。’”李贤注曰：“爽致敬于膺，故以父为喻也。”南朝梁简文帝萧纲、梁元帝萧绎，也都有“陟屺何期”、“陟屺之心”词句表达思母之情。②

最后，我们一起来看《诗经》中表达孝子之情最感人至深的一篇《蓼莪》。不管是从伦理学角度来看，还是从文学角度来看，《蓼莪》都把父母的养育之恩、感恩之情写得至深至切，把不能终养父母的哀痛之恨写得有血有泪。其中流露出的深挚感情，备极哀伤痛楚，可以说是一字一泪，至今仍是表达中国人对父母深厚感情的经典代表作：

---

① 沈德潜著，孙之梅、周芳批注：《说诗晬语》，凤凰出版社 2010 年 4 月第 1 版，第 86 页。

② 《艺文类聚》卷七六梁简文帝萧纲《慈觉寺碑序》，言及思母丁贵嫔之情，有云：“一诀椒慈，长违宝幄，风枝弗静，陟屺何期？”梁元帝萧绎《金楼子》卷第二《后妃篇三》末尾叙及思母修容之情，乃曰：“顾复之恩，终天莫报；陟屺之心，鲠慕何已。树叶将夏，弥切风树之哀；戒露已濡，倍萦霜露之盛。过隙难留，川流不舍。往而不还者，年也；逝而不见者，亲也。献年回斡，恒有再见之期；就养闺闱，无复尽欢之日。拊膺屠裂，贯裁心髓。”参见［南朝梁］萧绎撰，陈志平、熊清元疏证校注《金楼子疏证校注》，上海古籍出版社 2014 年 11 月第 1 版，第 300、303 页。

蓼蓼者莪，匪莪伊蒿。哀哀父母，生我劬劳。

蓼蓼者莪，匪莪伊蔚。哀哀父母，生我劳瘁。

瓶之罄矣，维罍之耻。鲜民之生，不如死之久矣。

无父何怙，无母何恃。出则衔恤，入则靡至。

父兮生我，母兮鞠我。拊我畜我，长我育我。

顾我复我，出入腹我。欲报之德，昊天罔极。

南山烈烈，飘风发发。民莫不谷，我独何害？

南山律律，飘风弗弗。民莫不谷，我独不卒？

《蓼莪》是《诗经》中以充沛情感表现孝道这一美德最有名的文学作品，“宋人严粲《诗辑》：‘呜呼，读此诗而不感动者，非人子也！’文学即人学，即使几千年后之读者，也可能产生同样感受的。”① 它对后世影响极大，不仅在诗文歌赋中常有引用，甚至在朝廷下的诏书中也屡屡言及，例如汉和帝追封外祖父梁竦时说：“追尊恭怀皇后。其冬，制诏三公、大鸿胪曰：夫孝莫大于尊尊亲亲，其义一也。《诗》云：‘父兮生我，母兮鞠我。抚我畜我，长我育我。顾我复我，出入腹我。欲报之德，昊天罔极。’朕不敢兴事，览于前世，太宗、中宗，实有旧典，追命外祖，以笃亲亲。其追封谥皇太后父竦为‘褒亲愍侯’，比灵文、顺成侯。魂而有灵，嘉斯宠荣，好爵显服，以慰母心。”（《后汉书·梁竦传》）再如南朝梁元帝所撰《孝德传·天性篇赞》：“生之育之，长之畜之，顾我复我，答施何时。欲报之德，不可方思。涓尘之孝，河海之慈。废书叹息，

① 程俊英、蒋见元：《诗经注析》（下），第626页。

泣下涟洏。”① 显然也是《蓼莪》的化用。

我们这里再举两个例子，看一下《蓼莪》到底有怎样的影响。

《晋书·孝义传》：

王裒，字伟元，城阳营陵人也。祖修，有名魏世。父仪，高亮雅直，为文帝司马。东关之役，帝问于众曰：“近日之事，谁任其咎？”仪对曰：“责在元帅。”帝怒曰：“司马欲委罪于孤邪？”遂引出斩之。

裒少立操尚，行己以礼，身长八尺四寸，容貌绝异，音声清亮，辞气雅正，博学多能，痛父非命，未尝西向而坐，示不臣朝廷也。于是隐居教授，三征七辟皆不就。庐于墓侧，旦夕常至墓所拜跪，攀柏悲号，涕泪著树，树为之枯。母性畏雷，母没，每雷，辄到墓曰：“裒在此。”及读《诗》至“哀哀父母，生我劬劳”，未尝不三复流涕，门人受业者并废《蓼莪》之篇。

王裒的故事，便是流传后世极广的《二十四孝》中的第十六个故事：“闻雷泣墓”。王裒的父亲王仪，有高风亮节，文雅正直，② 王裒痛恨父亲无辜被杀，“痛父非命，未尝西向而坐，

① ［南朝梁］萧绎撰，陈志平、熊清元疏证校注：《金楼子疏证校注》，第839页。

② 王裒的祖父王修也是一个有气节的大孝子，“年七岁丧母。母以社日亡，来岁邻里社，修感念母，哀甚。邻里闻之，为之罢社”。（《三国志·魏书·王修传》）可见其孝行在乡亲中产生的影响。

示不臣朝廷也"，表明自己誓与西晋不两立，于是隐居起来教授学业，司马炎建立晋朝后，知道王裒贤德有才，不仅给其父王仪平反，并多次征召他做官，他都坚辞不就。他在父亲墓旁建草庐而居，从早到晚经常到墓前跪拜，且攀柏悲号，涕泪溅树枝，日子久了，树木也为之枯槁。特别是"读《诗》至'哀哀父母，生我劬劳'，未尝不三复流涕，门人受业者并废《蓼莪》之篇"，也就是说，每次王裒读到《诗经·蓼莪》"哀哀父母，生我劬劳"这里，就常常悲痛流泪，后来他的学生怕触及老师的思亲之情，甚至干脆避开《蓼莪》之篇而不诵读了，可想而知，《蓼莪》一诗是如何的让王裒感受深刻、刻骨铭心。朱熹《诗集传》即举王裒为例，曰"诗之感人如此"。王裒的孝行操尚感动乡里，他曾被推举为"孝廉"。后来，西晋王朝覆灭，盗匪四起，"亲族悉欲移渡江东，裒恋坟垄不去。贼大盛，方行，犹思慕不能进，遂为贼所害"。亲戚朋友大批南迁，渡过长江移居到江东，但王裒依恋父母祖茔不肯离去，结果被盗贼所害，殊为可惜。

又如《南齐书·高逸传》记载有一个人叫顾欢，浙江海宁人，是南朝著名的道士，"口不辩，善著论"，其《夷夏论》影响南北朝三教论争。"八岁，诵《孝经》、《诗》、《论》。及长，笃志好学。母年老，躬耕诵书，夜则燃糠自照。""母亡，水浆不入口者六七日，庐于墓次，遂隐遁不仕。"于天台山聚徒开馆，受业者常近百人。"欢早孤，每读《诗》至'哀哀父母'，辄执书恸泣，学者由是废《蓼莪》篇不复讲"，也是像王裒那样读《蓼莪》情不能已。类似的记载还有很多。

总而言之，通过《诗经》三篇孝子诗歌，我们对先秦一般人内心的孝思情感有了一个深切的感受，其实人心都是肉长的，不分中外与古今，《诗经》三篇孝子诗歌，以及《北山》、《凯风》、《杕杜》、《小宛》、《常棣》等篇章所载“母氏劬劳”、“母氏劳苦”、“莫慰母心”、“王事靡盬，忧我父母”、“夙兴夜寐，毋忝尔所生”、“兄弟阋于墙，外御其务”，以文学的手法，描述了作为儿女，对父母亲感恩、念恩、报恩的赤子之心以及兄弟情义。孔子教导弟子学习《诗经》的目的之一便是“迩之事父”（《论语·阳货第十七》），这不是没有缘由的。时至今日，虽然父母与子女间的关系与古代社会已不同，但是父母养育呵护子女、子女照顾爱护父母的亲情却永远不会改变，也因此，《诗经》三篇孝子诗歌的感动亦将永远流传下去。

回顾本章，在文王、武王、周公等身体力行的努力倡导下，孝道在西周已经发展到全面成熟，其内容是丰富的，与后世儒家所标举的孝道已经基本一致。而孝道与政教的结合，与宗法的关联，都说明它已经构成西周社会意识形态和伦理观念的基本纲领。可以说，西周是中国传统孝道的第一个黄金时期，是我们研究先秦孝道最重要的历史阶段。另外，据康学伟研究，春秋战国时期的孝文化，还有一个历史发展的不平衡性与地域差异的特殊性。如楚国长期以少子继统，少子继统法似乎作为一种制度而存在过，说明宗法制度在楚国不像中原国家那么发达，孝道的礼治根子在楚国扎得也不深；晋国宗法制度在君统中已不能得到贯彻，发生的新事物较多，礼乐文化制度的解体速度也比较快，孝道的动摇要比中原国家严重；鲁国不但有君主以“孝”定谥号(鲁孝公)，而且贵族中亦有(施孝叔、孟孝伯)，对孝道要比其他任何国家讲究得多；等等。① 再者，春秋之世，虽然已经“礼崩乐坏”，但还是有不少贵族在守礼，甚至像孔子那样的“复礼”，即便在战争中，敌对国的君臣之间还要行礼，如齐、晋鞌之战以及著名的宋襄公；战国时代，这种情况是绝对看不到了，周礼已完全扫地，传统孝道日益衰微。当然，这种衰微也是相对于西周、春秋时期礼制而言，传统伦理道德观念在战国时期仍是有其延续的，比如时人谓“主圣臣贤，天下之福也；君明臣忠，国之福也；父慈子孝，夫信妇贞，家之福也”。(《战国策·秦三》)纵横家苏秦亦曾对楚王说:“仁人之于民也，爱之以心，事之以善言；孝子之于亲也，爱之以心，事之以财；忠臣之于君也，必进贤人以辅之。”《战国策·齐四》更载赵威后问齐王使者:

> 叶阳子无恙乎？是其为人，哀鳏寡，恤孤独，振困穷，补不足，是助王息其民者也，何以至今不业也？北宫之女婴儿子无恙耶？彻其环瑱，至老不嫁，以养父母，是皆率民而出于孝情者也，胡为至今不朝也？

---

① 陈瑛、唐凯麟等《中国伦理思想史》也指出:“在春秋时期的伦理思想中，道德规范问题得到了空前的发展。信、义、忠、孝、仁、爱等后来流行的许多规范都提了出来。当然，由于这个时期前后持续二百多年，范围包括几十个诸侯国，加上当时交往不很便利，所以，在不同国家和不同时期内所用的道德规范很不一致。即使同一个概念，内容也不尽相同。但是这里也有规律可循，这就是除每个国家都强调信、义之外，比较落后的国家和比较保守的政治家都强调孝、亲，极力维护血缘关系和宗法制度。”参见《中国伦理思想史》，贵州人民出版社 1985 年 4 月第 1 版，第 59 页。

很显然，赵威后的目的也在于以叶阳子、婴儿子这样的孝道孝行典范来影响世风、教化民众。

最后要说明的是，春秋特别是战国时期孝道的衰微并非其自身的消失、灭亡，而是指孝道作为礼乐文化的内容不再受到社会的重视，这是一种“转构”，即结构的转化。这种转构始于春秋，变于战国，完成于西汉，在这一过程中，不断充实和修正传统孝道新观念的，主要来自春秋战国的诸子百家。所以，孝道虽然在实际中有所降温，在学术理论上却有着相当的兴奋点。

总之，先秦时期的孝文化，如同其他中国文化史命题一样，其理论性之思辨、体系性之全面，深刻影响着秦汉以后的整个中国古代社会。后世几乎所有的孝道孝文化范畴，这一历史时期基本上都已经发生并界定了。我们不惮其烦地从宏观、微观两方面给予充分关注，正是因为明了这一切，秦汉以后的孝文化史论述也就水到渠成了。虽说多少也有时代之差异，但大体上讲，没有超出先秦时期孝文化的樊篱，这是可以肯定的。

第三章 “父子·君臣”：亲情恩仇和忠孝矛盾

中国历史上的孝道孝文化至西周已达到先秦时期的高峰，成为周代礼乐文化的重要内容之一。要注意的是，西周之后，中国历史上还有一个东周时期，也就是我们常说的春秋战国时期。这一时期，向来被称作“礼崩乐坏”，与此相应，孝道孝文化也出现了一些动摇的情况，据康学伟研究，很重要一个方面的体现是废长立幼、嫡长子继承制的破坏。周宣王、周襄王、申生等的故事都很可说明这一问题。此外，这一时期涌现出许多忠孝矛盾的案例，也值得注意并分析。

《国语·周语上》：

> 鲁武公以括与戏见王，王立戏，樊仲山父谏曰：“不可立也！不顺必犯，犯王命必诛，故出令不可不顺也。令之不行，政之不立，行而不顺，民将弃上。夫下事上、少事长，所以为顺也。今天子立诸侯而建其少，是教逆也。若鲁从之而诸侯效之，王命将有所壅；若不从而诛之，是自诛王命也。是事也，诛亦失，不诛亦失，天子其图之！”王卒立之。鲁侯归而卒。及鲁人杀懿公而立伯御。

周宣王，周代的第十一位王，姬姓，名静，也就是国人暴动时被召公藏在家中、用自己儿子替换得以幸免于难的周厉王之子——太子静。在鲁国选立继承人的时候，他根据自己的喜好，不顾仲山父“不可立也”的劝谏，硬逼着鲁武公废长(武公长子括)立幼(括弟戏)。① 周宣王自己带头破坏礼法，给鲁国带来一场长达二十年的混乱和灾难。这一事例表明，嫡长子继承制受到了自上而来的人为破坏。春秋之世列国废嫡立庶、废长立幼的现象多有发生，周宣王当为始作俑者。不但如此，其子幽王后来宠爱褒姒，废掉申后和太子宜臼，立褒姒之子，太子宜臼在外祖申侯的帮助下，引犬戎杀幽王于骊山之下，继位为周平王，亦即东周第一代王，从此中国进入东周也即春秋战国时期。因此，东西周的交替，其中也有嫡长子继承制被破坏这一重要因素在内。周襄王，名姬郑，周惠王子。周惠王先后封过两个王后，王后姜氏为齐国公子，生王子郑，惠王立郑为太子。姜氏早卒，惠王立陈妫为王后，生王子带(叔带)。王子带善于趋奉，周王爱之，遂欲废太子郑而立王子带。前 653 年，惠王卒，太子郑担心王子带争位而密不发丧，并暗中派王子虎告难于齐，向齐桓公求援。前 652 年，齐桓公召集诸侯在洮(今山东省鄄城县西南)会盟，宣布拥护太子郑为天子，并遣八国大夫入周，集于王城之外。太子郑使召伯廖

① 后来，宣王伐鲁，立孝公，很重要的原因是这次听从了仲山父的意见，而仲山父所说的意见，便是“鲁侯孝”：“三十二年春，宣王伐鲁，立孝公，诸侯从是而不睦。宣王欲得国子之能导训诸侯者，樊穆仲曰：‘鲁侯孝。’王曰：‘何以知之？’对曰：‘肃恭明神而敬事耇老，赋事行刑必问于遗训而咨于故实，不干所问，不犯所咨。’王曰：‘然则能训治其民矣。’乃命鲁孝公于夷宫。”(《国语·周语上》)

出城见各国使节，然后将惠王之丧讣告诸侯。八国遂公请太子郑嗣位，百官朝贺，是为襄王。襄王乃以明年改元，传谕各国。前651年，齐桓公在宋国的葵丘(今河南省兰考县东北)召集鲁僖公、宋襄公、卫文公、郑文公、许僖公、曹共公等会盟，而以齐桓公为主盟。这次会盟史称“葵丘之盟”，它使齐桓公的声望达到最高峰。《孟子·告子下》说：

> 五霸桓公为盛。葵丘之会诸侯，束牲载书而不歃血。初命曰：诛不孝，无易树子，无以妾为妻。再命曰：尊贤育才，以彰有德。三命曰：敬老慈幼，无忘宾旅。四命曰：士无世官，官事无摄，取士必得，无专杀大夫。五命曰：无曲防，无遏籴，无有封而不告。曰：凡我同盟之人，既盟之后，言归于好。今之诸侯，皆犯此五禁，故曰：今之诸侯，五霸之罪人也。

葵丘之盟中，头一条便是“诛不孝，无易树子，无以妾为妻”，将“诛不孝”作为盟约的首条(第三条也与孝道紧密相关)，[1] 以盟书形式固定下来并给予强调，可见彼时对于孝

---

① 《穀梁传》载：“葵丘之盟，陈牲而不杀，读书，加于牲上，壹明天子之禁，曰：‘毋雍泉，毋讫籴，毋易树子，毋以妾为妻，毋使妇人与国事。’”和《孟子》有同有异，而“毋易树子”这点则是共同的。杨伯峻谓：“僖公九年《穀梁传》及《孟子·告子下》均载葵丘盟约，有云‘毋以妾为妻’，是必先有以妾为妻者，然后载以盟约以禁止之。但《左传》无此言，或未必可信。”见《春秋左传注》(修订本)一，第3页。然据《史记·宋世家》：“武公卒，子宣公力立。宣公有太子与夷。十九年，宣公病，让其弟和，曰：‘父死子继，兄死弟及，天下通义也。我其立和。’和亦 (转下页)

道的高度看重，亦或间接说明当时不孝者是大有人在的，而“易树子”、“以妾为妻”则是违礼制、乱纲常的做法，与嫡长子继统法相悖，直接影响到父(母)子、兄弟之间的亲情人伦，是故“臣弑其君，子弑其父”者史书多载。① 孔子的弟子子夏说：“《春秋》者，记君不君、臣不臣、父不父、子不子者也。

(接上页)三让而受之。宣公卒，弟和立，是为穆公。穆公九年，病，召大司马孔父谓曰：‘先君宣公舍太子与夷而立我，我不敢忘。我死，必立与夷也。’孔父曰：‘群臣皆愿立公子冯。’穆公曰：‘毋立冯，吾不可以负宣公。’于是穆公使冯出居于郑。八月庚辰，穆公卒，兄宣公子与夷立，是为殇公。君子闻之，曰：‘宋宣公可谓知人矣，立其弟以成义，然卒其子复享之。’”(《左传·隐公元年》)宋宣公所谓“父死子继，兄死弟及，天下通义也”，可见当时王位继承制还有不同情况。

① 弑父的记载中，既有逆子禽兽，也有为人父者咎由自取的。前者如楚穆王商臣，据《左传·文公元年》：“初，楚子将以商臣为大子，访诸令尹子上。子上曰：‘君之齿未也，而又多爱，黜乃乱也。楚国之举，恒在少者。且是人也，蜂目而豺声，忍人也，不可立也。’弗听。既又欲立王子职而黜大子商臣。商臣闻之而未察，告其师潘崇曰：‘若之何而察之?’潘崇曰：‘享江芈而勿敬也。’从之。江芈怒曰：‘呼，役夫！宜君王之欲杀女而立职也。’告潘崇曰：‘信矣。’潘崇曰：‘能事诸乎?’曰：‘不能。’‘能行乎?’曰：‘不能。’‘能行大事乎?’曰：‘能。’冬十月，以宫甲围成王。王请食熊蹯而死，弗听。丁未，王缢。谥之曰‘灵’，不瞑；曰‘成’，乃瞑。”后者则如蔡景侯，前543年被其子所杀，死于乱伦的“公媳关系”。《左传·襄公二十八年》：“蔡侯归自晋，入于郑。郑伯享之，不敬。子产曰：‘蔡侯其不免乎？日其过此也，君使子展廷劳于东门之外，而傲。吾曰：“犹将更之。”今还，受享而惰，乃其心也。君小国事大国，而惰傲以为己心，将得死乎？若不免，必由其子。其为君也，淫而不父。侨闻之，如是者，恒有子祸。’”郑子产已经于两年前预言蔡景侯“将得死乎？若不免，必由其子。其为君也，淫而不父”的“子祸”，果不其然，两年后也就是襄公三十年，“蔡景侯为大子般娶于楚，通焉。大子弑景侯。”《史记》卷三十五《管蔡世家第五》亦记载：“景侯为太子般娶妇于楚，而景侯通焉。太子弑景侯而自立，是为灵侯。”

此非一日之事也，有渐以至焉。”（《说苑·复恩》）①应该说，造成这种乱象的原因中，嫡长子继统法的变易当是一个不可忽略的因素。

比如我们熟知的《左传》开卷第一个著名故事，郑庄公和他的母亲、弟弟之间“多行不义必自毙”的恩怨。郑庄公因为难产，他的母亲武姜深受其苦，“遂恶之。爱共叔段，欲立之。亟请于武公，公弗许。”这也是针对嫡长子继承制的更改，只不过未遂。《左传·隐公元年》：

书曰：“郑伯克段于鄢。”段不弟，故不言弟；如二君，故曰克；称郑伯，讥失教也；谓之郑志，不言出奔，难之也。

遂置姜氏于城颍，而誓之曰：“不及黄泉，无相见也。”既而悔之。颍考叔为颍谷封人，闻之，有献于公，公赐之食，食舍肉。公问之，对曰：“小人有母，皆尝小人之食矣，未尝君之羹，请以遗之。”公曰：“尔有母遗，繄我独无！”颍考叔曰：“敢问何谓也？”公语之故，且告之悔。对曰：“君何患焉？若阙地及泉，隧而相见，其谁曰不然？”公从之。公入而赋：“大隧之中，其乐也融

---

① 《说苑·复恩》载：“楚人献鼋于郑灵公，公子家见公子宋之食指动，谓公子家曰：‘我如是，必尝异味。’及食大夫鼋，召公子宋而不与；公子宋怒，染指于鼎，尝之而出，公怒欲杀之，公子宋与公子家谋先，遂弑灵公。子夏曰：‘《春秋》者，记君不君、臣不臣、父不父、子不子者也。此非一日之事也，有渐以至焉。’”这可谓一只甲鱼引发的父子相残血案。子夏所说的“君不君，臣不臣，父不父，子不子”，于此可见一斑。

融!”姜出而赋:“大隧之外,其乐也泄泄!”遂为母子如初。君子曰:“颍考叔,纯孝也,爱其母,施及庄公。《诗》曰:‘孝子不匮,永锡尔类。’其是之谓乎!”

这里首先把郑庄公和他的弟弟共叔段“各打五十大板”,从称呼的书法上发挥“微言大义”,说“段不弟,故不言弟”,“称郑伯,讥失教也”,[①] 也就是说共叔段不像个弟弟(尊敬兄长),所以不用“弟”名之,郑庄公也不像个兄长(教诲弟弟),所以不用“兄”名之。最有意思的是后面郑庄公和他母亲姜氏之间的剧情发展。因为母亲姜氏一直以来对自己的“恶之”,加上一手导演的兄弟悲剧,所以郑庄公把母亲囚禁起来,并发下毒誓“不及黄泉,无相见也”。可是毕竟他内心还怜惜着母子情,故而不久感到后悔,但君无戏言,郑庄公心里的苦楚无从排解。这事儿被颍谷封人颍考叔听说了,“纯孝”的颍考叔精心设计了一出好戏,最终“母子如初”,演绎成了中国人喜闻乐见的欢喜大团圆。“爱其母,施及庄公”的颍考叔,确实无愧于“纯孝”这一称号。

西汉刘向《战国策·叙录》说:“周室自文、武始兴,崇道德,隆礼义,设辟雍泮宫庠序之教,陈礼乐弦歌移风之化。叙人伦,正夫妇,天下莫不晓然。论孝悌之义,惇笃之行,故仁义之道满乎天下,卒致之刑错四十余年”,“仲尼既没之后,田氏取齐,六卿分晋,道德大废,上下失序。至秦孝公,捐礼

① 《左传·隐公十一年》郑庄公曰:“寡人有弟,不能和协,而使糊其口于四方。”郑庄公或亦有悔过之意。

让而贵战争，弃仁义而用诈谲，苟以取强而已矣。夫篡盗之人，列为侯王；诈谲之国，兴立为强。是以传相仿效，后生师之，遂相吞灭，并大兼小，暴师经岁，流血满野，父子不相亲，兄弟不相安，夫妇离散，莫保其命，泯然道德绝矣。”这是对春秋战国特别是战国乱世伦理道德情况的总体描述，整体比较而言，是每况愈下。虽然，与上述周宣王、周襄王故事不同，春秋战国时期也有以孝道严格乃至“苛刻”要求自己，甚至以死明志者，最著名的例子便是卫宣公的太子伋，以及“五霸”之一晋文公重耳的同父异母兄、晋献公的太子申生。下面，我们着重看下这两个典型案例，并探讨其相关主题和人物，感受春秋诸侯公室亲情恩仇录。至于太子申生和伍子胥的系列故事，则集中呈现了春秋时期忠孝(君父、公私)矛盾的难以两全、不可调和，尤其值得我们关注。

第一节　太子伋兄弟的“替死”

太子伋是谁?

太子伋是卫宣公的太子。

说起卫宣公，我们不妨往前捋一捋，看看卫宣公的登台以及太子伋悲剧的上演。

我们都知道石碏大义灭亲的故事，这也反映出当时的嫡庶矛盾。《左传·隐公三年》、《隐公四年》:

卫庄公娶于齐东宫得臣之妹，曰庄姜，美而无子，卫人所为赋《硕人》也。又娶于陈，曰厉妫，生孝伯，早死。其娣戴妫生桓公，庄姜以为己子。公子州吁，嬖人之子也，有宠而好兵，公弗禁，庄姜恶之。石碏谏曰："臣闻爱子，教之以义方，弗纳于邪。骄、奢、淫、泆，所自邪也。四者之来，宠禄过也。将立州吁，乃定之矣，若犹未也，阶之为祸。夫宠而不骄，骄而能降，降而不憾，憾而能眕者，鲜矣。且夫贱妨贵，少陵长，远间亲，新间旧，小加大，淫破义，所谓六逆也；君义，臣行，父慈，子孝，兄爱，弟敬，所谓六顺也。去顺效逆，所以速祸也。君人者将祸是务去，而速之，无乃不可乎?"弗听，其子厚与州吁游，禁之，不可。桓公立，乃老。

州吁未能和其民，厚问定君于石子。石子曰："王觐为可。"曰："何以得觐?"曰："陈桓公方有宠于王，陈、卫方睦，若朝陈使请，必可得也。"厚从州吁如陈。石碏使告于陈曰："卫国褊小，老夫耄矣，无能为也。此二人者，实弑寡君，敢即图之。"陈人执之而请莅于卫。九月，卫人使右宰丑莅杀州吁于濮，石碏使其宰獳羊肩莅杀石厚于陈。君子曰："石碏，纯臣也，恶州吁而厚与焉。'大义灭亲'，其是之谓乎!"卫人逆公子晋于邢。冬十二月，宣公即位。书曰："卫人立晋"，众也。

卫庄公的太子接班人，真是一波三折，好不容易落实好一个(桓公)，却又宠爱嬖人之子公子州吁，并且对他的"好兵""弗禁"，养虎为患。石碏因此忠心耿耿地劝谏，"爱子，教之以义方，弗纳于邪”，“将立州吁，乃定之矣，若犹未也，阶之为祸”，其中提到“君义，臣行，父慈，子孝，兄爱，弟敬，所谓六顺也”，和《管子·五辅》文义略同。（详后第六章《管子》一节）然而，卫庄公终究“弗听”，由此造成其后弑君篡位的悲剧（《春秋》书弑君之始），以及石碏“大义灭亲”的可歌可泣。①

公子晋被迎立，即位，这便是因祸得福的卫宣公。《左传·桓公十六年》：

> 初，卫宣公烝于夷姜，生急子，属诸右公子。为之娶于齐，而美，公取之。生寿及朔。属寿于左公子。夷姜缢。宣姜与公子朔构急子。公使诸齐，使盗待诸莘，将杀之。寿子告之，使行。不可，曰：“弃父之命，恶用子矣？有无父之国则可也。”及行，饮以酒。寿子载其旌以先，盗杀之。急子至，曰：“我之求也，此何罪？请杀我乎！”又杀之。二公子故怨惠公。十一月，左公子泄、右公子职立公子黔牟。惠公奔齐。

卫宣公的上台，不但没有终结王室恩怨，反而亲手导演了杀子悲剧。他“烝于夷姜，生急子”，是说他和父亲卫庄公的爱妾、自己的庶母结合，生下太子伋。② 太子伋长大后，卫宣

---

① 《史记·卫康叔世家》：“郑伯弟段攻其兄，不胜，亡，而州吁求与之友。”这俩人真是臭味相投。

② 杨伯峻《春秋左传注》（修订本）一：“‘急’，《卫世家》、《诗·邶风·新台》及《二子乘舟·序》、《新序·节士篇》、《汉书·古今人表》等皆作‘伋’。急、伋同从及声，同音通假。”（第146页）这里从后习惯，均作“伋”。

公为他娶妻于齐国，结果准儿媳妇宣姜长得太美了，色迷心窍的卫宣公按捺不住，强取豪夺了原本属于太子伋的宣姜，并生下两个儿子公子寿、公子朔。夷姜悲愤不已，自缢而死。宣姜居然和小儿子公子朔一起构陷原本应是她的夫君而现在却是她的庶子——太子伋。色令智昏的卫宣公，将计就计地启动了杀子除后计划。

这个荒诞的故事，司马迁《史记》、刘向《列女传》、《新序》等书里都有记载。其中《新序·节士》说道：

> 卫宣公之子，伋也、寿也、朔也。伋，前母子也；寿与朔，后母子也。寿之母与朔谋，欲杀太子伋而立寿也，使人与伋乘舟于河中，将沈而杀之。寿知不能止也，因与之同舟，舟人不得杀。伋方乘舟时，伋傅母恐其死也，闵而作诗，《二子乘舟》之诗是也。其诗曰："二子乘舟，泛泛其景，顾言思子，中心养养。"于是寿闵其兄之且见害，作忧思之诗，《黍离》之诗是也。其诗曰："行迈靡靡，中心愮愮，知我者谓我心忧，不知我者谓我何求？悠悠苍天，此何人哉？"

《新序·节士》所说的《诗经》中《二子乘舟》、《黍离》两篇，均与此故事有关，《毛诗》持同样观点。《诗经·邶风·新台》毛序谓："《新台》，刺卫宣公也。纳伋之妻，作新台于河上而要之，国人恶之，而作是诗也。"《诗经·邶风·二子乘舟》毛序云："《二子乘舟》，思伋、寿也。卫宣公之二子，争相为死，国人伤而思之，作是诗也。"毛传："宣公为伋取于齐女而美，公夺之，生寿及朔。朔与其母诉伋于公，公令伋之齐，使贼先待于隘而杀之。寿知之，以告伋，使去之。伋曰：‘君命也，不可以逃。’寿窃其节而先往，贼杀之。伋至，曰：‘君命杀我，寿有何罪！’贼又杀之。”比较上述材料，尽管具体事实上有所出入，但大体情节还是一致的，不影响我们对此事的解读分析。可以说，卫宣公和太子伋的故事，与楚平王和太子建的故事如出一辙，而太子伋的“愚孝”，又与晋献公和太子申生的故事别无二致。太子伋“弃父之命，恶用子矣？有无父之国则可也”，这一心声，和太子申生的委曲求全、懦弱无力，完全是穿越时空的投胎转世再生版。对于夺妻在先、杀身在后的不慈不父卫宣公，太子伋无怨无悔、任杀任剐，开创了春秋之世王室亲情恩仇录“愚孝”的第一个例子。

第二节　“忠孝难两全”的太子申生

看完悲剧的卫国太子伋，再来看情节雷同的晋国太子申生。

《左传·庄公二十八年》：

> 晋献公娶于贾，无子。烝于齐姜，生秦穆夫人及太子申生。又娶二女于戎，大戎狐姬生重耳，小戎子生夷吾。晋伐骊戎，骊戎男，女以骊姬。归生奚齐。其娣生卓子。骊姬嬖，欲立其子，赂外嬖梁五，与东关嬖五，使言于公曰：“曲沃，君之宗也，蒲与二屈，君之疆也，不可以无

主。宗邑无主则民不威，疆埸无主则启戎心。戎之生心，民慢其政，国之患也。若使大子主曲沃，而重耳、夷吾主蒲与屈，则可以威民而惧戎，且旌君伐。”使俱曰：“狄之广莫，于晋为都。晋之启土，不亦宜乎？”晋侯说之。夏，使大子居曲沃，重耳居蒲城，夷吾居屈。群公子皆鄙，唯二姬之子在绛。二五卒与骊姬谮群公子而立奚齐，晋人谓之二耦。

晋献公太子申生，据杜预注，是其父亲晋献公与其奶奶辈晋武公爱妾齐姜的私生子，所谓“烝”是也；后世学者颇疑之。晋献公后来讨伐骊戎，骊戎乃纳其二女于献公。“骊姬嬖，欲立其子”（据《国语·晋语一》，“公之优曰施，通于骊姬”，出谋划策者为私通骊姬的优施），显然，这里面也是春秋诸侯公室亲情恩仇录的嫡庶之争。实际上，早在晋献公讨伐骊戎前占卜时，史苏便有“胜而不吉”、“女戎胜晋”的预言，骊姬生子蓄谋后，史苏更在朝中疾呼“二三大夫其戒之乎，乱本生矣”、“乱必自女戎”。（《国语·晋语一》）《国语·晋语一》开卷有连续9篇关于太子申生的记载，从中也可见骊姬陷害太子申生的步步紧逼。据《国语·晋语一》：

骊姬生奚齐，其娣生卓子。公将黜太子申生而立奚齐。里克、丕郑、荀息相见，里克曰：“夫史苏之言将及矣！其若之何？”荀息曰：“吾闻事君者，竭力以役事，不闻违命。君立臣从，何贰之有？”丕郑曰：“吾闻事君者，从其义，不阿其惑。惑则误民，民误失德，是弃民也。民之有君，以治义也。义以生利，利以丰民，若之何其民之与处而弃之也？必立太子。”里克曰：“我不佞，虽不识义，亦不阿惑，吾其静也。”三大夫乃别。蒸于武公，公称疾不与，使奚齐莅事。猛足乃言于太子曰：“伯氏不出，奚齐在庙，子盍图乎！”太子曰：“吾闻之羊舌大夫曰：‘事君以敬，事父以孝。’受命不迁为敬，敬顺所安为孝。弃命不敬，作令不孝，又何图焉？且夫间父之爱而嘉其贶，有不忠焉；废人以自成，有不贞焉。孝、敬、忠、贞，君父之所安也。弃安而图，远于孝矣，吾其止也。”

“蒸于武公，公称疾不与，使奚齐莅事”，晋献公此举用心已昭然若揭，明眼人都知道是怎么回事，所以猛足劝说太子申生“伯氏不出，奚齐在庙，子盍图乎”，而太子申生却说“孝、敬、忠、贞，君父之所安也。弃安而图，远于孝矣”，他不会那么干的。里克说自己“虽不识义，亦不阿惑，吾其静也”，其实就是静观其变，首鼠两端。《左传·闵公元年》、《闵公二年》：

士蒍曰：“大子不得立矣。分之都城而位以卿，先为之极，又焉得立？不如逃之，无使罪至。为吴大伯，不亦可乎？犹有令名，与其及也。且谚曰：‘心苟无瑕，何恤乎无家。’天若祚大子，其无晋乎？”

晋侯使大子申生伐东山皋落氏。里克谏曰：“大子奉冢祀，社稷之粢盛，以朝夕视君膳者也，故曰冢子。君行则守，有守则从，从曰抚军，守曰监国，古之制也。夫帅师，专行谋，誓车旅，君与国政之所图也，非大子之事也。师在制命而已，禀命则不威，专命则不孝，故君之嗣嫡不可以帅师。君失其官，帅师不威，将焉用之？且臣闻皋落氏将战，君其舍之。”公曰：“寡人有子，未知其谁立焉。”不对而退。

见大子，大子曰：“吾其废乎？”对曰：“告之以临民，教之以军旅，不共是惧，何故废乎？且子惧不孝，无惧弗得立，修己而不责人，则免于难。”

大子帅师，公衣之偏衣，佩之金玦。狐突御戎，先友为右，梁余子养御罕夷，先丹木为右，羊舌大夫为尉。先友曰：“衣身之偏，握兵之要，在此行也，子其勉之。偏躬无慝，兵要远灾，亲以无灾，又何患焉！”狐突叹曰：“时，事之征也；衣，身之章也；佩，衷之旗也。故敬其事则命以始，服其身则衣之纯，用其衷则佩之度。今命以时卒，閟其事也；衣之尨服，远其躬也；佩以金玦，弃其衷也。服以远之，时以閟之，尨凉冬杀，金寒玦离，胡可恃也？虽欲勉之，狄可尽乎？”梁余子养曰：“帅师者，受命于庙，受脤于社，有常服矣，不获而尨，命可知也。死而不孝，不如逃之。”罕夷曰：“尨奇无常，金玦不复，虽复何为？君有心矣。”先丹木曰：“是服也，狂夫阻之，曰‘尽敌而反’，敌可尽乎？虽尽敌，犹有内谗，不如违之。”狐突欲行。羊舌大夫曰：“不可。违命不孝，弃事不忠，虽知其寒，恶不可取。子其死之！”大子将战，狐突谏曰：“不可，昔辛伯谂周桓公云：‘内宠并后，外宠二政，嬖子配嫡，大都耦国，乱之本也。’周公弗从，故及于难。今乱本成矣，立可必乎？孝而安民，子其图之！与其危身以速罪也。”

和《国语·晋语一》两相比照，出入主要在士蒍、里克二人的内容上，但无论属谁，并不影响整个剧情的发展，以及太子申生岌岌可危的悲剧命运。感觉到形势不对劲的士蒍，敏锐地意识到“大子不得立矣”，认为“不如逃之，无使罪至。为吴大伯，不亦可乎？犹有令名”，然而太子申生还是一如既往地坚持“为人子者，患不从，不患无名；为人臣者，患不勤，不患无禄”（《国语·晋语一》），固守自己的“忠孝仁义”。接下来，感觉到形势不对的人越来越多。里克在进谏晋献公时，晋献公乃说：“寡人有子，未知其谁立焉！”里克“不对而退”，显然，也是对晋献公的意图有所感知了。他去见太子申生，当太子申生弱弱地试问他“吾其废乎”，里克虽然预感不妙，却仍然劝太子申生隐忍尽孝，“无惧弗得立，修己而不责人”，[①]《史记·晋世家》此处又追加了一句“里克谢病，不从太子”，这是狡猾地为自己留退路了。在太子申生带兵将战之际，身边的人也是意见不一，梁余子养说“死而不孝，不如逃之”，先丹木说“虽尽敌，犹有内谗，不如违之”，包括“欲行”的狐突，都极力劝他逃而求生，只有羊舌大夫说：“不可。违命不孝，弃事不忠，虽知其寒，恶不可取，子其死

---

① 《左传·襄公二十三年》闵子马曰：“福祸无门，唯人所召。为人子者，患不孝，不患无所。敬共父命，何常之有？”和里克之言相通。

之。”违背命令是不孝，抛弃责任是不忠，虽然已经感到了国君的冷酷，但是不孝不忠这样的邪恶是不可取的。而将战时，狐突又说“孝而安民，子其图之”，太子申生就在进退维谷中慢慢滑向危险的境地。

《左传・僖公四年》：

> 初，晋献公欲以骊姬为夫人，卜之，不吉；筮之，吉。公曰：“从筮。”卜人曰：“筮短龟长，不如从长。且其繇曰：‘专之渝，攘公之羭。一薰一莸，十年尚犹有臭。’必不可。”弗听，立之。生奚齐，其娣生卓子。及将立奚齐，既与中大夫成谋，姬谓大子曰：“君梦齐姜，必速祭之。”大子祭于曲沃，归胙于公。公田，姬置诸宫，六日，公至，毒而献之。公祭之地，地坟，与犬，犬毙，与小臣，小臣亦毙。姬泣曰：“贼由大子。”大子奔新城，公杀其傅杜原款。或谓大子：“子辞，君必辩焉。”大子曰：“君非姬氏，居不安，食不饱，我辞，姬必有罪，君老矣，吾又不乐。”曰：“子其行乎！”大子曰：“君实不察其罪，被此名也以出，人谁纳我？”十二月戊申，缢于新城。姬遂谮二公子曰：“皆知之。”重耳奔蒲，夷吾奔屈。
> （又见《国语・晋语一》、《礼记・檀弓上》、《说苑・立节》，文繁不录）

据《左传》，晋献公欲立骊姬，真可谓煞费心机，他置卜人谏议于不顾，心中早已预设了“吉乐”的标准答案。我们注意到，在骊姬陷害太子申生时，采用的是嫁祸加害的手法，“毒而献之，公祭之地，地坟，与犬，犬毙，与小臣，小臣亦毙”，这其中的情节并不复杂，晋献公完全可以公开对质，调查清楚此事，然而一心宠爱骊姬并被其迷惑得神魂颠倒的晋献公，再次选择性失明，单方面听信骊姬一面之词，也就可知他对太子申生必欲置之死地而后快。接下来事情的发展也就无可逆转了，尽管包括公子重耳在内的人们都劝申生申辩或者逃走，他一概不听，说来说去无非是父王喜爱骊姬，没有骊姬不快乐，这是我不孝，逃走又会贻父王以恶名，这也是不忠，进退两难都是不孝不忠，不如自我了断，问心无愧，遂愁闷悲哀地离开了这个无法容身的人世间。

按《国语·晋语一》，可知太子申生师傅杜原款在这一悲剧中负有一定责任，他被晋献公处死前，说自己“不才，寡智不敏，不能教导，以至于死。不能深知君之心度，弃宠求广土而窜伏焉；小心狷介，不敢行也。是以言至而无所讼之也，故陷于大难，乃逮于谗”，应该讲，还是符合实际情况的。“吾闻君子不去情，不反谗，谗行身死可也，犹有令名焉。死不迁情，强也；守情说父，孝也；杀身以成志，仁也；死不忘君，敬也。孺子勉之！死必遗爱，死民之思，不亦可乎？”他的这一系列思想，在太子申生身上得到了非常忠实的履行，不能不说，作为师傅，他对太子申生的三观塑造是有很大影响的。太子申生在父亲晋献公欲杀自己时，无非两种选择：逃而求生，不逃而待亡。申生既不愿诉冤，又不愿逃走，最后自尽以成孝道。这事在古人看来可歌可泣，就是因为申生所看重的是人伦纲常中的孝道，并对此有高度的意识和自觉性，所以不惜用生命来换取他所笃信的价值和理想。对于他来说，可谓是生命诚可贵，孝道价更高，若为孝道故，生命皆可抛。然而，太子申生想不到的是，他的这一“愚孝”行为，后世儒者并不认可。《礼记·檀弓上》载太子申生卒后，“是以为恭世子也”，郑玄注曰：“言行如此，可以为恭，于孝则未之有。”孔颖达疏：“《春秋左传》云：‘晋侯杀其世子申生。’父不义也，孝子不陷亲于不义，而申生不能自理，遂陷父有杀子之恶。虽心存孝，而于理终非，故不曰孝，但谥为恭，以其顺于父事而已。《谥法》曰：‘敬顺事上曰恭。’”宋儒张载说：“不弛劳而底豫，舜其功也；无所逃而待烹，申生其恭也。”① 也是这一态度。这真是太可悲可怜了。《战国策·秦三》：“蔡泽曰：‘主圣臣贤，天下之福也；君明臣忠，国之福也；父慈子孝，夫信妇贞，家之福也。故比干忠，不能存殷；子胥知，不能存吴；申生孝而晋惑乱。是有忠臣孝子，国家灭乱，何也？无明君贤父以听之，故天下以其君父为戮辱，怜其臣子。’”太子申生便是“天下以其君父为戮辱，怜其臣子”。后来民间虽有关于他的神奇传说，然而也只不过是口耳相传的唏嘘感慨。②

又，太子申生的弟弟重耳也就是未来的“五霸”之一晋文公，在孝道方面与其兄有所相似。《左传·僖公五年》：“及

---

① ［宋］张载著，章锡琛点校：《张载集》，中华书局 1978 年 8 月第 1 版，第 62 页。西汉刘向《新序·节士第七》又有另一种说法，这个版本中，故事情节的矛盾双方演变为太子申生与御人，全然不见晋献公与骊姬的影子，双方的对话中，“废子道，不孝；逆君欲，不忠”，“恭严承命，不以身恨君，孝也”，“杀身恨君，失孝”，依然是围绕忠孝问题开展，结尾曰“为一愚御过言之故，至于身死，废子道，绝祭祀，不可谓孝，可谓远嫌，一节之士也”，给出了可谓别样的看法，许为节士，不为孝子。

② 详《左传·僖公十年》及《史记·晋世家》。东汉王充《论衡》对此进行了驳斥。

难，公使寺人披伐蒲。重耳曰：‘君父之命不校。’乃徇曰：‘校者吾仇也。’逾垣而走。披斩其祛，遂出奔翟。”《左传·僖公二十三年》：“晋公子重耳之及于难也，晋人伐诸蒲城。蒲城人欲战。重耳不可，曰：‘保君父之命而享其生禄，于是乎得人。有人而校，罪莫大焉。吾其奔也。’遂奔狄。”面对父亲晋献公和骊姬的赶尽杀绝，公子重耳说“君父之命不校”、“校者吾仇也”，就是说君父之命不能抵抗，但他也不愿束手就擒、坐以待毙，所以，只有逃走。《国语·晋语二》里克杀奚齐、卓子后，使人告诉逃亡在狄的公子重耳入晋继位，“重耳曰：‘非丧谁代？非乱谁纳我？’舅犯曰：‘偃也闻之，丧乱有小大。大丧大乱之判也，不可犯也。父母死为大丧，谗在兄弟为大乱。今适当之，是故难。’公子重耳出见使者，曰：‘子惠顾亡人重耳，父生不得供备洒扫之臣，死又不敢莅丧以重其罪，且辱大夫，敢辞。’”看得出重耳起初是颇为心动，但最终还是听从了舅犯的劝告，婉拒了。后来，秦穆公在提出“晋国之乱，吾谁使先”的问题后，听从大夫子明的意见，“乃使公子絷吊公子重耳于狄”，舅犯又告之以“不可”，“父死在堂而求利，人孰仁我”？于是“公子重耳出见使者曰：‘君惠吊亡臣，又重有命。重耳身亡，父死不得与于哭泣之位，又何敢有他志以辱君义？’再拜不稽首，起而哭，退而不私”。“公子絷返，致命穆公。穆公曰：‘吾与公子重耳，重耳仁。再拜不稽首，不没为后也。起而哭，爱其父也。退而不私，不没于利也。’”重耳获得了秦穆公“起而哭，爱其父也”的仁孝好评。由于公子絷的反对，最终扶持了夷吾也就是后来的晋惠公。《史记·晋世家》、《礼记·檀弓下》记载同此，孙希旦云："文公谲而不正，非能诚于爱亲者，然当时晋人与之，秦伯助之，有可以得国之势，而不欲因丧以图利，则居然仁者之心，其视惠公之重贿以求入者，相去远矣，此所以卒能反国而霸诸侯与?"① 孙说"文公谲而不正，非能诚于爱亲者"，亦传统迂腐之见。

太子申生的案例，凸显一个怎样的主题呢？我认为是先秦时期便已困惑世人的忠孝两难全问题。一般而言，对君主、公家为忠，对父亲、私人为孝。而当二者发生冲突时，何去何从，这是一个无法解开的死结。太子申生的案例只不过因为其父子、君臣的身份集于一体而更加凸显。迫于这一困境进而自杀者的案例，或许反映了孝道伦理发生、发展起来之后，已经急切需要进一步地从理论、学说层面进行总结并调适这种种情况。

第三节 "杀父之仇，不共戴天"的伍子胥

伍子胥的故事，世人比较熟悉，民间戏曲段子、端午传说故事，处处可见伍子胥的身影。从孝道孝文化角度来看，伍子胥可谓先秦时期极为典型的一个案例。

故事的发生，要从一位秦国的美女说起。

《左传·昭公十九年》：

---

① [清]孙希旦撰，沈啸宸、王星贤点校：《礼记集解》(上)，第251页。

楚子之在蔡也，郹阳封人之女奔之，生大子建。及即位，使伍奢为之师，费无极为少师，无宠焉，欲谮诸王，曰：“建可室矣。”王为之聘于秦，无极与逆，劝王取之。正月，楚夫人嬴氏至自秦。

《史记·伍子胥列传》稍详：

楚平王有太子名曰建，使伍奢为太傅，费无忌为少傅。无忌不忠于太子建。平王使无忌为太子取妇于秦，秦女好，无忌驰归报平王曰：“秦女绝美，王可自取，而更为太子取妇。”平王遂自取秦女而绝爱幸之，生子轸。更为太子取妇。

费无忌凭借秦国绝色美女讨好楚平王，自然对他本应尽忠的太子建及太傅伍奢极尽陷害之能事。《左传·昭公十九年》：“费无极言于楚子曰：‘晋之伯也，迩于诸夏，而楚辟陋，故弗能与争。若大城城父而置大子焉，以通北方，王收南方，是得天下也。’王说，从之。故太子建居于城父。”这是把太子建调离国都政治权力核心，安顿在外，便于进一步离间迫害，手法和晋国骊姬陷害太子申生如出一辙。《左传·昭公二十年》：

无极曰：“奢之子材，若在吴，必忧楚国，盍以免其父召之。彼仁，必来。不然，将为患。”王使召之，曰：“来，吾免而父。”棠君尚谓其弟员曰：“尔适吴，我将归

> 死。吾知不逮，我能死，尔能报。闻免父之命，不可以莫之奔也；亲戚为戮，不可以莫之报也。奔死免父，孝也；度功而行，仁也；择任而往，知也；知死不辟，勇也。父不可弃，名不可废，尔其勉之！相从为愈。”伍尚归。奢闻员不来，曰：“楚君、大夫其旰食乎！”（司马迁《史记·伍子胥列传》记载又加详）

伍尚的死，令人扼腕叹息，他的死，也将孝放大到了极致。可惜，后人对于伍子胥的为父报仇给予了较多的关注，而对于伍尚的行为却稍微忽略了。《史记·楚世家》：“伍尚谓伍胥曰：‘闻父免而莫奔，不孝也；父戮莫报，无谋也；度能任事，知也。子其行矣，我其归死。’伍尚遂归。伍胥弯弓属矢，出见使者，曰：‘父有罪，何以召其子为?’”从兄弟二人各具特色的话语可见，传统的孝道观念已在伍尚心中烙下了深深的印痕，其与太子申生的心境有相通之处。

“我能死，尔能报”、“奔死免父，孝也”、“闻父免而莫奔，不孝也”，伍尚为自己的生命赋予了为父尽孝的意义，而对其弟伍子胥的使命则明确了雪父之耻、杀父之仇的涵义。后来的历史大家都很熟悉，“楚自昭王即位，无岁不有吴师”。到了吴国后的伍子胥，隐忍蓄谋，[①] 最终率领吴国大军攻入楚

---

① 《左传·昭公二十年》：“员如吴，言伐楚之利于州于。公子光曰：‘是宗为戮而欲反其仇，不可从也。’员曰：‘彼将有他志。余姑为之求士，而鄙以待之。’乃见鱄设诸焉，而耕于鄙。”公子光也就是后来的吴王阖庐，他说伍子胥“是宗为戮而欲反其仇”，直言不讳地点出了伍子胥借力复仇的意图。

国都城郢，实现了复仇大计。①

值得注意的是，在伍子胥复仇故事中，他自然是“杀父之仇，不共戴天”的正面典型，这其中又涉及其他一些人事，同样具有孝文化的案例意义。首先，是郧公辛与其弟怀。《左传·定公四年》记载仓皇出逃的楚昭王在云中为盗攻后奔郧：

> 郧公辛之弟怀将弑王，曰：“平王杀吾父，我杀其子，不亦可乎？”辛曰：“君讨臣，谁敢雠之？君命，天也。若死天命，将谁雠？《诗》曰：‘柔亦不茹，刚亦不吐，不侮矜寡，不畏强御。’唯仁者能之。违强陵弱，非勇也；乘人之约，非仁也；灭宗废祀，非孝也；动无令名，非知也。必犯是，余将杀女。”鬬辛与其弟巢以王奔随。（《国语·楚语下》亦有记载）

《左传》杜预注说“昭十四年楚平王杀成然”，成然为郧公辛的父亲，据此，怀说“平王杀吾父，我杀其子，不亦可乎”，和伍子胥复仇理由大同小异。而《国语·楚语

---

① 杨伯峻《春秋左传注》（修订本）四谓：“吴入郢，传仅叙子山、夫概王之事，不及伍员。后人书如《淮南子》、《吴越春秋》，甚至《史记》俱言伍员掘平王之墓，鞭其尸；《列女传》且叙伯嬴之贞节，皆不足信。”（第1545页）涂又光《楚国哲学史》则根据先秦两汉诸多史料，维持旧说：“本书肯定处宫、辱墓皆有其事，既不以《左传》无辱墓之说而否定辱墓，亦不以《史记》无处宫之说而否定处宫。否则，对其余大量史料怎么交代？动不动使用‘默证’是不对的。至于诸说细节之不同，乃大同之小异。”（华中科技大学出版社2016年3月第1版，第139页）

下》谓“平王杀吾父，在国则君，在外则仇也。见仇弗杀，非人也”，理由更为充分。然而郧公辛却极力反对，认为“君讨臣”不可以为仇，君命即天命，不可违，又从“勇、仁、孝、智”四点否定之，并以“必犯是，余将杀女”威吓其弟怀。“君讨臣”不可以为仇、君命即天命不可违，在这一点上，郧公辛和太子申生是相通的。他说的“灭宗废祀，非孝也”，当然是从大处着眼的思虑，然而“杀父之仇不共戴天”的教训，岂不也是一个孝子应当没身不忘的么？按照郧公辛的逻辑，伍子胥复仇非但不是孝，反而成了更大的不孝。我们倘若还记得伍子胥兄长伍尚“亲戚为戮，不可以莫之报也”的话，那就应该明白，杀父之仇不可不报，伍尚是因为父亲伍奢被抓为人质，遂以“奔死免父，孝也”成就自己，因此，假设当时父亲伍奢已被楚平王杀害，则伍尚亦当和弟弟伍子胥一起逃命，共同“报杀父之仇”，这是可以推知的。即此而论，郧公辛的所作所为，或不如其弟怀，转为不孝矣。《国语·楚语下》载“王归而赏及郧、怀”，面对子西“君有二臣，或可赏也，或可戮也。君王均之，群臣惧矣”的质疑，楚昭王的回答是“或礼于君，或礼于父，均之，不亦可乎”，可见，楚昭王也是认可怀“礼于父”的孝道品性的。《左传·定公五年》也记载楚昭王回归郢都后，奖赏随从他有大功者9人，郧公辛与其弟怀、巢皆在列，“子西曰：‘请舍怀也。’王曰：‘大德灭小怨，道也。’”杜预注“以初谋弑王也”，然则怀之初谋，当时已公开，幸运的是，果如“孔子曰：楚昭王知大道矣”所论，楚昭王“大德灭小怨”，不以“怀”介怀，展示出高风亮节，否则怀的肠子都要悔青了。①

其次，是太子建的儿子白公胜。太子建因费无忌谗毁逃奔宋，后又避乱于郑，“郑人甚善之。又适晋，与晋人谋袭郑，乃求复焉。郑人复之如初。”（《左传·哀公十六年》）忘恩负义的太子建，居然和晋国勾结，想里应外合偷袭郑国，由于暴虐而被人揭发，郑人调查后，抓得晋国间谍，杀死了太子建。当此之际，楚国子西出于一番好意，想要召用时处吴国的白公胜，叶公子高（沈诸梁）极力劝告子西（《国语·楚语下》详载叶公子高对子西的极力劝谏，可参阅），“胜也诈而乱，无乃害乎”、“子必悔之”，一意孤行的子西没有听从叶公子高的劝告，召用白公胜，并在其一再请求下，许诺伐郑。然而，后来晋国伐郑，子西出兵救郑，且与郑国结盟，由此，恼羞成怒的白公胜把对郑国的杀父之仇一下子记到了子西的头上，决计除掉子西，非但自己“自厉剑”，而且和死党石乞一起访求“当五百人”的勇士刺客熊宜僚（西汉《淮南子·人间训》更有白公胜“卑身下士，不敢骄贤”、“大斗斛以出，轻斤两以内”的笼络人心手法），相谈甚欢，但当说起谋杀之事后，熊宜僚坚决拒绝。后来，白公胜趁着打败吴人的一次机会，“请以战备献”，终于作乱，杀掉了子西，“子西以袂掩面而死”。杜预注谓“惭于叶公”，也就是无颜以见叶公，因为此时他才记起叶公子高“子必悔之”的谏言。有先见之明的叶公子高此时前来救乱，“白公奔山而

---

① 关于这个问题，涂又光有进一步发挥，上升为楚人复仇精神的阐论。见其《楚国哲学史》，第153—154页。

缢”，他的死党石乞被生擒，因拒不说出白公胜尸体藏匿之所在，被叶公子高烹杀。

再次，还是和白公胜有关的两个大孝子。一个是保护白公胜的死士庄善。《韩诗外传》卷一记载：

> 楚白公之难，有庄之善者，辞其母，将死君。其母曰：“弃母而死君，可乎？”曰：“吾闻事君者，内其禄而外其身。今之所以养母者，君之禄也，请往死之！”比至朝，三废车中。其仆曰：“子惧，何不反也？”曰：“惧，吾私也，死君，吾公也。吾闻君子不以私害公。”遂死之。君子闻之曰：“好义哉！必济矣夫！”《诗》云：“深则厉，浅则揭。”此之谓也。

刘向《新序·义勇第八》：

> 白公之难，楚人有庄善者，辞其母，将往死之，其母曰：“弃其亲而死其君，可谓义乎？”庄善曰：“吾闻事君者，内其禄而外其身，今所以养母者，君之禄也，身安得无死乎！”遂辞而行，比之公门，三废车中，其仆曰：“子惧矣。”曰：“惧。”“既惧，何不返？”庄善曰：“惧者，吾私也；死义，吾公也。闻君子不以私害公。”及公门，刎颈而死。君子曰：“好义乎哉！”

有血有肉的庄善，在其母看来不义不孝，庄善则认为“君子不以私害公”，最终以死明志。《战国策·齐六》：“王孙贾年十五，事闵王。王出走，失王之处。其母曰：‘女朝出而晚来，则吾倚门而望；女暮出而不还，则吾倚闾而望。女今事王，王出走，女不知其处，女尚何归？’王孙贾乃入市中，曰：‘淖齿乱齐国，杀闵王，欲与我诛者，袒右！’市人从者四百人，与之诛淖齿，刺而杀之。”年十五的王孙贾，在淖齿之乱齐闵王出走而失联之际回家，其母以忠孝大义晓谕，显然可见，一旦入仕事君，在两者不能兼得时，则忠君报国的公道自然高于孝亲顾家的私德。王孙贾幸运的是既忠君报国了，也孝亲顾家了，没有庄善所面临的生死困境。

另一个是杀死白公胜的勇士申鸣。白公胜为父报仇，孝心可嘉，然而在此过程中却不择手段，致使大孝子申鸣先是杀了他，后又自杀。《韩诗外传》卷十：

> 楚有士曰申鸣，治园以养父母，孝闻于楚，王召之，申鸣辞不往。其父曰：“王欲用汝，何为辞之？”申鸣曰：“何舍为孝子，乃为王忠臣乎？”其父曰：“使汝有禄于国，有位于廷，汝乐，而我不忧矣。我欲汝之仕也。”申鸣曰：“诺。”遂之朝受命，楚王以为左司马。其年，遇白公之乱，杀令尹子西、司马子期，申鸣因以兵围之。白公谓石乞曰：“申鸣，天下之勇士也，今将兵，为之奈何？”石乞曰：“吾闻申鸣孝子也，劫其父以兵。”使人谓申鸣曰：“子与我，则与子分楚国；不与我，则杀乃父。”申鸣流涕而应之曰：“始则父之子，今则君之臣，已不得为孝子，安得不为忠臣乎！”援桴鼓之，遂杀白公，其父亦死

> 焉。王归，赏之，申鸣曰：“受君之禄，避君之难，非忠臣也；正君之法，以杀其父，又非孝子也。行不两全，名不两立。悲夫！若此而生，亦何以示天下之士哉！”遂自刎而死。《诗》曰：“进退惟谷。”（刘向《说苑·立节》记载基本雷同）

“始则父之子，今则君之臣，已不得为孝子，安得不为忠臣乎”，“受君之禄，避君之难，非忠臣也；正君之法，以杀其父，又非孝子也。行不两全，名不两立”，“进退惟谷”的申鸣俨然找不到破解这一矛盾的密码，只有一死了之。这一时期，如此忠孝矛盾的故事，《韩诗外传》中收集了多个，主人公都困于忠孝的矛盾，先后轻重貌似很难两全其美，结果总以自杀身亡而告终。如：“田常弑简公，乃盟于国人，曰：‘不盟者，死及家。’石他曰：‘古之事君者，死其君之事。舍君以全亲，非忠也；舍亲以死君之事，非孝也；他则不能。然不盟，是杀吾亲也，从人而盟，是背吾君也。呜呼！生乱世，不得正行；劫乎暴人，不得全义，悲夫！’乃进盟，以免父母；退伏剑，以死其君。闻之者曰：‘君子哉！安之命矣！’《诗》曰：‘人亦有言，进退惟谷。’石先生之谓也。”（《韩诗外传》卷六，刘向《新序·义勇第八》记载为石他人）“舍君以全亲，非忠也；舍亲以死君之事，非孝也”，处境和申鸣差不多，不同处在于石他先是保全父母，而后自杀尽忠，申鸣则先是为国尽忠，然后自杀尽孝。

上述系列故事（《史记》等书皆有记载），人物各异，精彩纷呈。伍子胥父兄因太子建之事一同被害，伍尚从父尽孝，伍子胥则报仇雪恨，都算是满分了，① 还有太子建之子白公胜，孝心亦可嘉，只是志未遂，司马迁在《史记·伍子胥列传》点评道：“太史公曰：怨毒之于人甚矣哉！王者尚不能行之于臣下，况同列乎！向令伍子胥从奢俱死，何异蝼蚁。弃小义，雪大耻，名垂于后世，悲夫！方子胥窘于江上，道乞食，志岂尝须臾忘郢邪？故隐忍就功名，非烈丈夫孰能致此哉！白公如不自立为君者，其功谋亦不可胜道者哉！”寥寥数语，概括到位。贯穿起来看，伍子胥复仇这一系列的历史事件中，有着一连串的忠臣孝子在其中上演着可歌可泣的故事(《吴越春秋》、《越绝书》所载伍子胥事更为详尽，然而近乎历史演义，兹不取。)

到这里，我们可以讨论下涂又光在其名著《楚国哲学史》里的一些观点，即“忠孝(君父、公私)矛盾问题”。

涂又光说，“北方‘以孝治天下’，可称‘孝治’。楚无孝治，只有神治、道治、法治”：

> 更有甚者，楚人不言孝。一部《楚辞》，连一个“孝”字也没有，这是确凿的证据。先秦典籍，几乎没有楚人言孝的章句。《春秋》及其三传，卷帙浩繁，只有两句楚人言孝。(其自注：一句是《左传》昭公二十年伍尚说“奔死免父，孝也”，

---

① 涂又光认为，伯嚭身上也是血亲复仇的例证：“与伍子胥合作复仇的伯嚭，是楚太宰伯州犁之孙。(中略)《左传》昭公元年云：楚公子围(后为灵王)‘杀太宰伯州犁’，伯州犁做了宫廷政变的牺牲。《史记·吴太伯世家》云：‘楚诛伯州犁，其孙伯嚭亡奔吴。’伯嚭与伍子胥虽是政敌，但在伐楚复仇上完全一致。《吴太伯世家》又云：‘吴兵遂入郢，子胥、伯嚭鞭平王之尸’，可见二人行动之一致。”参见《楚国哲学史》，第144页。

一句是《左传》定公四年鬬辛说“灭宗废祀，非孝也”。)《国语》无楚人言孝。《战国策》只有一句楚人言孝。(其自注：见《战国策·楚策四》“魏王遗楚王美人”章，楚怀王曰：“今郑袖知寡人之说新人也，其爱之甚于寡人，此孝子之所以事亲，忠臣之所以事君也。”)这三句楚人言孝，都没有提到以孝治天下的高度。至于北方诸子，更无楚人言孝之言。当然，这并不等于楚人主张忤逆不孝，也不是说楚人对于“孝”没有自己的看法。《老子》兼言“孝慈”而重在“慈”。《庄子》主张超越孝而至于道。

涂又光认为，“北方孝治以‘家’（集体）为本位，而有孔孟之道”，“楚国法治以‘自’（个体）为本位，而有老庄哲学”，“对比起来，可知北方周文化与南方楚文化是根本不同的。”① 涂又光的这一对比观点，给人以直观感受，有相当的启发性。我们来看两个案例。第一个是弃疾。《左传·襄公二十二年》：

楚观起有宠于令尹子南，未益禄而有马数十乘。楚人患之，王将讨焉。子南之子弃疾为王御士，王每见之，必泣。弃疾曰：“君三泣臣矣，敢问谁之罪也？”王曰：“令尹之不能，尔所知也。国将讨焉，尔其居乎？”对曰：“父戮子居，君焉用之？泄命重刑，臣亦不为。”王遂杀子南于朝，轘观起于四竟。子南之臣谓弃疾：“请徙子尸于朝。”曰：“君臣有礼，唯二三子。”三日，弃疾请尸，王许之。既葬，其徒曰：“行乎？”曰：“吾与杀吾父，行将焉入？”曰：“然则臣王乎？”

① 涂又光：《楚国哲学史》，第24—25页。

曰：“弃父事仇，吾弗忍也。”遂缢而死。①

第二个是石奢。《吕氏春秋·高义》载：

> 荆昭王之时，有士焉曰石渚。其为人也，公直无私，王使为政。道有杀人者，石渚追之，则其父也。还车而反，立于廷曰：“杀人者，仆之父也。以父行法，不忍；阿有罪，废国法，不可。失法伏罪，人臣之义也。”于是乎伏斧锧，请死于王。王曰：“追而不及，岂必伏罪哉！子复事矣。”石渚辞曰：“不私其亲，不可谓孝子；事君枉法，不可谓忠臣。君令赦之，上之惠也；不敢废法，臣之行也。”不去斧锧，殁头乎王廷。正法枉必死，父犯法而不忍，王赦之而不肯，石渚之为人臣也，可谓忠且孝矣。②

---

① 涂又光认为，观起另一子观从，属血亲复仇例证：“后来观从利用楚康王兄弟争立的矛盾，发动了一场武装斗争，使楚王兄弟互相残杀，达到为观起复仇的目的。”(《楚国哲学史》，第72—73页)据我目前看到的材料及研究，观从属于血亲复仇的例证并未见有何支撑。涂先生还花费了一节篇幅论证“白起复仇考”，认为：“公元前279年、公元前278年，秦将白起两次攻楚，楚王东迁不返，一蹶不起。人们很熟悉此事，却不大注意这是白起为其祖先复仇的意义。”他认为白起是白公胜之后，白起拔郢攻楚有复仇的目的：“白起攻楚，未大批杀人，只烧其王墓，焚其宗庙；白起攻其他各国，只大批杀人，而未烧其王墓，焚其宗庙。这是一个鲜明的对比。这个对比说明了什么呢？它只能说明一点：白起攻楚，抱有复仇的目的。他要找楚国先王报祖先被害之仇，所以烧其墓，焚其庙。他对楚人，包括放下武器的士卒，有同胞的情感，所以决不大批屠杀。伍子胥入郢复仇的行动，原则上也是如此。在这个意义上，完全可以说，白起用的是伍子胥模式。”录此供参考，见其书第145、148页。

② 《史记·循吏列传》、《新序·节士第七》与此处文字大同小异(包括《韩诗外传》卷二)，并皆作“石奢”，今从之；《新序·节士第七》且将孔子“子为父隐，父为子隐，直在其中矣”的话置评于此，肯定其孝道，但也赞赏其忠贞，两者依然是矛盾一体。

石奢的案例，在涂又光看来，正是他上述对比观点的一个佐证，他说，“石奢之死，是楚文化与周文化冲突的结果，是周文化冲击的结果”。“楚文化与周文化根本不同，表现在处理事父与事君的矛盾上，楚文化的原则是事父服从事君，故为法治；周文化的原则是事君服从事父，故为孝治。”

> 事父与事君的矛盾，是客观矛盾，乃南北之所同。如何处理，楚人奉行法治原则，周人奉行孝治原则，本是井水不犯河水。可是周文化的扩散，给楚人送来了孝治原则，而与楚人原有的法治原则相对立，形成楚人的主观矛盾。主观矛盾发作了，激化了，是要死人的，石奢果然死了。
>
> 石奢，作为令尹，位极人臣，责任重大。面对法治原则与孝治原则的冲突，他必须表态，必须选择，责无旁贷。他没有选择法治，也没有选择孝治，他选择了死亡。他选择了死亡，也就既选择了法治，又选择了孝治。因为他一死了之，从楚文化的眼光看，他伏法了；从周文化的眼光看，他行孝了。虽然如此，这总是没有办法的办法，不足为训，难以推广。但无论如何，这位令尹总不算完全包庇犯法亲属吧，这当然还是可以讨论的。①

涂又光以“石奢之死，是楚文化与周文化冲突的结果，是周文化冲击的结果”，把“忠孝(君父、公私)矛盾问题”上升到南北方周楚文化冲突、冲击的高度。我认为有拔高之嫌。

---

① 涂又光:《楚国哲学史》，第72—73页。

第一，周楚文化乃至齐鲁秦晋，有地域文化之地方特色，这确实是于史可征的，但是它们之间的差异有多大，程度有多少，还是值得细密研究。正如涂又光所说，“事父与事君的矛盾，是客观矛盾，乃南北之所同”，但是否就是他所说的“如何处理，楚人奉行法治原则，周人奉行孝治原则”，还有待进一步讨论。设若真的如此，“周文化的扩散，给楚人送来了孝治原则，而与楚人原有的法治原则相对立，形成楚人的主观矛盾”，那按理说也应该是“楚人原有的法治原则”强胜于外来的“周人奉行孝治原则”，恐亦不至于“主观矛盾”到这般激烈地步。第二，涂先生说石奢“没有选择法治，也没有选择孝治，他选择了死亡。他选择了死亡，也就既选择了法治，又选择了孝治。因为他一死了之，从楚文化的眼光看，他伏法了；从周文化的眼光看，他行孝了”，这话太绕了，翻来覆去，有点无谓。且“从楚文化的眼光看，他伏法了；从周文化的眼光看，他行孝了”，这又涉嫌用不同的两个标准，套用在一个人不同的品行举动上，这样推出一举两得的“兼顾”，其实是不成立的。实际上，春秋时期，乃至中国历史上普遍存在“忠孝(君父、公私)矛盾问题”。“公直无私”的石奢遭遇这一棘手问题，选择“私其亲”放走父亲，然后以“失法伏罪，人臣之义也”、“不去斧锧，殁头乎王廷”来成全自己的忠孝兼顾信念。在石奢看来，“以父立政，不孝也；废法纵罪，非忠也”，“不私其父，非孝子也；不奉主法，非忠臣也”，只有先后兼顾、舍身殉义为唯一方策，《吕氏春秋》称“可谓忠且孝矣”，可能代表了当时人的一般看法(司马迁将其置于《循吏列传》，表彰其公正执法，不论其孝道私亲，实则蕴含忠先于孝的倾向)。然而这种“可谓忠且孝矣”，细究起来，也可以说是不忠且不孝，因为舍弃个人的生命，对于忠孝本身来讲，并没有真正地兼顾，“可谓忠且孝矣”只是一种无可奈何的价值型判断，经不起辩难。从上面四个案例可以看出，申鸣、弃疾、石他、石奢，在面对忠孝矛盾的这一残酷现实时，都难以折取中庸。这种无法寻得答案予以抒解之苦痛，惟有以死谢之，反映出当时人在忠与孝之间徘徊而不得出路的苦楚困境。这一问题，在古代中国君父一体、家国同位的政治伦理形态中，持续不断地生发出诸多案例，在秦汉以后的孝文化史中我们会见证这一点。

最后要指出的是，伍子胥、白公胜的“杀父之仇，不共戴天”，在先秦时代，是具有合情合理的合法性理论依据的，[①] 这是我们应予以注意的。“北方诸子，对伍子胥评价很高”，“总的看来，以子胥与比干并提，最为稳定地占有优势”，“北方诸子，谁也没有评论伍子胥的复仇”。[②] 然则伍子胥早期的形象，是以忠为名。涂又光论及“屈原为何不提伍子胥复仇”一节时，从原始思维着眼，认为原始思维“要为血亲复仇，并非选择的结果。在这里没有选择的活动。既无选择，也就无赞成与反对之分。可见屈原的不表赞成，不表反对，正是关于血亲复仇的原始思维遗风”。[③] 是否如此，有待

---

① 《史记·伍子胥列传》载伍子胥好友申包胥于其鞭尸三百楚平王后说“子之报仇，其以甚乎”，在家仇国恨的对比下，世人对伍子胥是有这种看法的。当然，这也只是说“甚”、过了，并不否定报仇本身。

② 涂又光：《楚国哲学史》，第158页。

③ 涂又光：《楚国哲学史》，第157页。

进一步研究。从文献材料上来说，《礼记·檀弓上》载：

> 子夏问于孔子曰：“居父母之仇如之何？”夫子曰：“寝苫枕干，不仕，弗与共天下也；遇诸市朝，不反兵而斗。”曰：“请问居昆弟之仇如之何？”曰：“仕弗与共国；衔君命而使，虽遇之不斗。”曰：“请问居从父昆弟之仇如之何？”曰：“不为魁，主人能，则执兵而陪其后。”

孔子和子夏的对话，犹如儒家丧礼五服等级制一般，把血亲复仇也根据血缘关系的亲疏远近排了个次序，分别为父母之仇、昆弟之仇、从父昆弟之仇。《礼记·曲礼上》则调整压缩为“父之仇弗与共戴天，兄弟之仇不反兵，交游之仇不同国”，[①] 中国文化所说的“杀父之仇，不共戴天”，就是从“弗与共戴天”而来，不共戴天，那就只有你死我活了，所以父母之仇不能不报，这也是中国孝文化天经地义的道理，两千年来不绝如缕，一直影响到近现代的民国时期。因冤冤相报容易引发太多问题，官方层面也会出台一些调适性禁令，然而，总体看来，这一精神一直为中国人所认可、崇尚，在 20 世纪当代法律没有全面介入之前，报仇雪恨的孝子孝女总是被世人以各

---

① 孔疏于此有详细注释，可参看。《周礼》有调人：“掌司万民之难而谐和之。凡过而杀伤人者，以民成之。鸟兽亦如之。凡和难、父之仇辟诸海外，兄弟之仇辟诸千里之外，从父兄弟之仇不同国。君之仇眂父，师长之仇，眂兄弟，主友之仇，眂从父兄弟。弗辟，则与之瑞节而以执之。凡杀人有反杀者，使邦国交仇之。凡杀人而义者，不同国，令勿仇，仇之则死。凡有斗怒者，成之，不可成者，则书之，先动者，诛之。”孙希旦谓：“盖法也，情也，理也，参校而归于轻重之平，先王之权衡审矣，为虑深矣。”见孙氏《礼记集解》(上)，第 88 页。

种形式传颂着。

第四节 “养母之恩，义薄云天”的灵辄、北郭骚、聂政

如果说“杀父之仇，不共戴天”强烈地凸显了中国文化孝道伦理的血气，那么，我还注意到，先秦时期另有一种“养母之恩，义薄云天”的孝文化豪情。简单说，“滴水之恩，涌泉相报”，你帮我对母尽孝，我为你两肋插刀。这和“杀父之仇，不共戴天”正好构成了中国孝文化“老吾老以及人之老”的一体两面，一个是消极一面，一个是积极一面。

先来看第一个案例，灵辄和赵宣子（赵盾）的故事。《左传·宣公二年》：

> 初，宣子田于首山，舍于翳桑，见灵辄饿，问其病。曰：“不食三日矣。”食之，舍其半。问之，曰：“宦三年矣，未知母之存否，今近焉，请以遗之。”使尽之，而为之箪食与肉，置诸橐以与之。既而与为公介，倒戟以御公徒，而免之。问何故。对曰：“翳桑之饿人也。”问其名居，不告而退，遂自亡也。

这个故事，《吕氏春秋·报更篇》、《淮南子·人间训》、《史记·晋世家》、《公羊传》等均有记载，细节稍有出入。赵盾因为屡屡进谏荒淫无道的晋灵公，为晋灵公所嫉恨，先是派

刺客暗杀未遂，继而设下酒局，埋伏甲兵，欲攻杀之。灵辄义举，就是在这次酒宴上。因为当年赵盾赐给自己的一顿饭，特别是让他吃个饱，给他母亲再备一份，感动了这位大孝子，以至于灵辄一直感怀在心，终于在赵盾人生最危险的时刻，反戈一击，阻挡晋灵公的伏兵，使赵盾得以脱身。在赵盾的这次生死关头，前有刺客义士锄麑放过他，中有力士提弥明搏杀猛獒以死护卫，后有孝子灵辄知恩图报掩护他，所幸赵盾在这系列保护下，最终化险为夷。

无独有偶，齐国也有晏子和北郭骚的故事。

齐国相晏子不但竭力劝勉君主身体力行发扬孝道，他自己也十分注意帮助别人尽到孝道，并且以此得到了一位孝子的舍生相助。《晏子春秋·晏子遗北郭骚米以养母骚杀身以明晏子之贤》：

> 齐有北郭骚者，结罘罔，捆蒲苇，织履，以养其母，犹不足，踵门见晏子曰：“窃说先生之义，愿乞所以养母者。”晏子使人分仓粟府金而遗之，辞金受粟。有间，晏子见疑于景公，出奔，过北郭骚之门而辞。北郭骚沐浴而见晏子曰：“夫子将焉适？”晏子曰：“见疑于齐君，将出奔。”北郭骚曰：“夫子勉之矣！”晏子上车太息而叹曰：“婴之亡岂不宜哉！亦不知士甚矣。”晏子行，北郭子召其友而告之曰：“吾说晏子之义，而尝乞所以养母者焉。吾闻之，养其亲者身伉其难。今晏子见疑，吾将以身死白之。”着衣冠，令其友操剑，奉笥而从，造于君庭，求复者曰：“晏子，天下之贤者也，今去齐国，齐必侵矣。方

> 见国之必侵，不若死，请以头托白晏子也。”因谓其友曰：“盛吾头于笥中，奉以托。”退而自刎。其友因奉托而谓复者曰：“此北郭子为国故死，吾将为北郭子死。”又退而自刎。景公闻之，大骇，乘驲而自追晏子，及之国郊，请而反之。晏子不得已而反，闻北郭子之以死白己也，太息而叹曰：“婴之亡岂不宜哉！亦愈不知士甚矣。”

这个故事，在《吕氏春秋·士节》、《说苑·复恩》等中都有记载。“养其亲者身伉其难”，北郭骚的这句话，或许可以折射出彼时社会上普通人对于孝道的高度看重，故而才会有这种养亲之恩、舍命相报的慷慨。如果说《管子》强调的是“不孝者，必去之”，那么这个故事恰恰告诉我们，“孝亲者，必近之”，不孝之人必不义，孝亲之人必仁义。今天，我们交朋友固然不必像北郭骚这样，但是这里面所反映出来的孝道伦理精神还是有其正面意义的。

再比如《史记·刺客列传》中的专诸刺僚和聂政报友。聂政当年“杀人避仇，与母、姊如齐，以屠为事”，濮阳严仲子因为和韩相侠累有矛盾，重金为聂政母亲祝寿，想请他帮忙刺杀政敌报仇。聂政一则曰“臣幸有老母，家贫，客游以为狗屠，可以旦夕得甘毳以养亲，亲供养备，不敢当仲子之赐”，二则曰“臣所以降志辱身居市井屠者，徒幸以养老母，老母在，政身未敢以许人也”，坚决不肯接受。《礼记·曲礼上》说“父母存，不许友以死”，恪尽孝道的聂政做到了。相比之下，专诸“母老子弱，是无若我何”（《左传·昭公二十七年》），以老母弱子托付公子光（也就是后来的吴王阖庐），则是“父母存，许友以死”了，属于不孝。后来,“聂政母死，既已葬，除服”，一则曰“前日要政，政徒以老母，老母今以天年终，政将为知己者用”，二则曰“前日所以不许仲子者，徒以亲在，今不幸而母以天年终。仲子所欲报仇者为谁？请得从事焉！”明确告诉严仲子，他之前不答应，乃是为了孝道亲情，现在，则要报答知己友情。可惜的是，最终没有成功，“因自皮面决眼，自屠出肠，遂以死”，把自己弄得面目全非，韩国因此将聂政暴尸于市，悬赏千金，寻求提供线索者。聂政的姐姐聂荣听说后，预感是自己的弟弟，到后一看，果然，乃“伏尸哭极哀”：

> 市行者诸众人皆曰：“此人暴虐吾国相，王县购其名姓千金，夫人不闻与？何敢来识之也？”荣应之曰：“闻之。然政所以蒙污辱自弃于市贩之间者，为老母幸无恙，妾未嫁也。亲既以天年下世，妾已嫁夫，严仲子乃察举吾弟困污之中而交之，泽厚矣，可奈何！士固为知己者死，今乃以妾尚在之故，重自刑以绝从，妾其奈何畏殁身之诛，终灭贤弟之名！”大惊韩市人。乃大呼天者三，卒於邑悲哀而死政之旁。(《史记·刺客列传》)

聂荣道出聂政当年“为老母幸无恙，妾未嫁也”的亲情因素，“亲既以天年下世，妾已嫁夫”，聂政便“士为知己者死”，考虑到不使姐姐受连累，于是“重自刑以绝从”；而姐姐聂荣也非贪生怕死之辈，固然体谅弟弟一番苦心，可又怎会“畏殁身之诛，终灭贤弟之名”，让弟弟的英名埋没人世间呢？

“晋、楚、齐、卫闻之，皆曰：非独政能也，乃其姊亦烈女也。乡使政诚知其姊无濡忍之志，不重暴骸之难，必绝险千里以列其名，姊弟俱僇于韩市者，亦未必敢以身许严仲子也。严仲子亦可谓知人能得士矣！”我们跟随着司马迁的笔端(《战国策·韩二》当是《史记》取材之源)，认识到聂政、聂荣姐弟俩可歌可泣的悲壮形象。

当然，也可从另一个角度来看这个问题。《韩诗外传》卷十载：

> 卞庄子好勇，母无恙时，三战而三北，交游非之，国君辱之，卞庄子受命，颜色不变。及母死三年，鲁兴师，卞庄子请从，至，见于将军曰：“前犹与母处，是以战而北也，辱吾身！今母没矣，请塞责。”遂走敌而斗，获甲首而献之，曰：“请以此塞一北！”又获甲首而献之，曰：“请以此塞再北！”将军止之曰：“足！”不止，又获甲首而献之，曰：“请以此塞三北！”将军止之曰：“足！请为兄弟！”卞庄子曰：“夫北，以养母也，今母殁矣，吾责塞矣。吾闻之，节士不以辱生！”遂奔敌，杀七十人而死。君子闻之，曰：“三北已塞责，又灭世断宗，士节小具矣，而于孝未终也。”《诗》曰：“靡不有初，鲜克有终。”(又见西汉刘向《新序·义勇第八》)

这个被孔子称为“卞庄子之勇”的刺虎勇士，母亲健在时，三战三次败北，人们都看不起他，其“颜色不变”，可见内心有坚定想法，不怕“辱吾身”；母亲去世三年后，他恳求从军作战，“请塞责”，用行动来回击人们对他的误解。“夫北，以养母也，今母殁矣，吾责塞矣”，这是卞庄子在国家与个人之间忠孝矛盾的一种去取决定。这个故事和聂政极像，只不过，聂政为知己者死，卞庄子则“节士不以辱生”，对此，君子曰“灭世断宗，士节小具矣，而于孝未终也”，也有道理，聂政亦可谓“灭世断宗，士节小具矣，而于孝未终也”。

第四章　“妇事舅姑，如事父母”：刘向《列女传》为代表的女性孝道守则

中国古代社会，从先秦伊始，便是“君尊臣卑”、“父尊子卑”、“男尊女卑”，本章仅从孝道伦理角度来呈现先秦时期的女性情况。

就孝道而言，在先秦文献中，女性的身影是若有若无的，女性并没有独立的存在和表现，其故事大多发生在女性作为媳妇和她的公婆之间，而非作为女儿和父母之间。

《左传·襄公二年》：“妇，养姑者也。”《穀梁传·桓公三年》：“礼，送女，父不下堂，母不出祭门，诸母兄弟不出阙门。父戒之曰：‘谨慎从尔舅之言。’母戒之曰：‘谨慎从尔姑之言。’诸母般申之曰：‘谨慎从尔父母之言。’”刘向《说苑》卷十九《修文》也记载：“命之曰：‘往矣，善事尔舅姑，以顺为宫室，无二尔心，无敢回也。’”① 先秦时期，从出嫁前的

---

① 《礼记·昏义》，对女性“妇顺”有明确表述，在女性被娶进门后，“夙兴，妇沐浴以俟见；质明，赞见妇于舅姑”，“成妇礼”，“明妇顺”。又，《国语·鲁语下》：“季康子问于公父文伯之母曰：‘主 （转下页）

“女”，到出嫁后的“妇”，女性的伦理责任，也从孝敬父母转为孝养公婆，她和娘家父母的伦理责任，便“一嫁两断”了。

比如，俗语“嫁出去的女儿泼出去的水”是中国人熟悉的一句话，这可不是民间随便说的，而是渊源有自。春秋时期，父母在时，女性可以回娘家看望父母，一旦父母去世，就再不能回娘家了。《诗经·邶风·泉水》：

> 毖彼泉水，亦流于淇。有怀于卫，靡日不思。娈彼诸姬，聊与之谋。出宿于泲，饮饯于祢。女子有行，远父母兄弟。问我诸姑，遂及伯姊。出宿于干，饮饯于言。载脂载舝，还车言迈。遄臻于卫，不瑕有害？我思肥泉，兹之永叹。思须与漕，我心悠悠。驾言出游，以写我忧。

朱熹《诗集传》直截了当地说：“杨氏曰：卫女思归，发乎情也；其卒也不归，止乎礼义也。圣人著之于经，以示后世，使知适异国者，父母终，无归宁之义，则能自克者知所处矣。”《春秋会要》指出：“此诗为卫女子嫁于他国，今父母终，思归宁不得，回忆自卫来嫁所经之地，又欲与诸姬某为归卫可

（接上页）亦有以语肥也。’对曰：‘吾能老而已，何以语子。’康子曰：‘虽然，肥愿有闻于主。’对曰：‘吾闻之先姑曰：“君子能劳，后世有继。”’子夏闻之，曰：‘善哉！商闻之曰：“古之嫁者，不及舅、姑，谓之不幸。”夫妇，学于舅、姑者也。’”舅者，夫之父，姑者，夫之母，这里既不嫌弃老人，又向老人学习，值得称道。《大戴礼记·本命》：“女有五不取：逆家子不取，乱家子不取，世有刑人不取，世有恶疾不取，丧妇长子不取。”这都是说以男女双方父母健在为吉。

否。而当时婚俗：父母在则可归宁，没则使大夫宁于兄弟。”[①] 活生生的例子，是《左传·襄公十二年》：“秦嬴归于楚。楚司马子更聘于秦，为夫人宁，礼也。”秦嬴，是秦景公妹，为楚共王夫人，杜注“诸侯夫人，父母既没，归宁使卿，故曰礼”，也就是说，秦嬴的归宁，只能是派遣使者，而不是自己回娘家。所以《左传·庄公十五年》“夏，夫人姜氏如齐”，“卿为夫人宁为礼，则妇人自行不合当时之礼可知”，[②] 淫乱的文姜，在归宁的礼制上，显然也是不管不顾的。父母去世后，女性连回娘家的权利都没有了，怎能不令人可悲可怜可叹。

由于先秦文献中关于女性孝道的材料零碎且少，下面，我以刘向《列女传》为本，来探讨这一问题。

刘向《列女传》所载多先秦女性，是中国史上第一次为女性分门别类区处褒贬的著作。后世正史，从《后汉书》开始，遂设有专传，一直到后来演变成为“烈女传”。论者多谓刘向、范晔“列女传”毕竟还有诸多类型女性，而到了“烈女传”，已然变为动辄寻死的“烈女”，我的师祖张舜徽先生曾说这一字这差，不啻将古代广大女性驱至死地。其实，我对

---

① 王贵民、杨志清编著：《春秋会要》，中华书局2009年3月第1版，第328页。

② 杨伯峻：《春秋左传注》(修订本)一，第199页。《左传·庄公二十八年》：“凡诸侯之女，归宁曰来，出曰来归；妇人归宁曰如某，出曰归于某。”杨伯峻注：“来者，仍将返回夫家也。出者，见弃于夫家。来归者，来而不再返回。宣十六年经云‘秋，郯伯姬来归’，《传》云‘出也’，是其例。”可知有些女性回娘家，是因被丈夫抛弃(“出”)。详参《春秋左传注》(修订本)一，第236页。

《列女传》爬梳几遍之后，深感即便在刘向这里，女性“慷慨赴死”的意味就已十足浓郁，从孝道孝文化角度来看，尤其如此。

《列女传》包括“母仪传”、“贤明传”、“仁智传”、“贞顺传”、“节义传”、“辩通传”、“孽嬖传”7种类型，刘向把远古至他那个时代的众多女性，按部就班地分别于其下。其有关孝道孝文化的人物，如表中所列：

刘向《列女传》中的孝道孝文化人物一览表

篇目	案例
母仪传	① 有虞二妃者，帝尧之二女也，长娥皇，次女英。二女承事舜于畎亩之中，不以天子之女故而骄盈怠嫚，犹谦谦恭俭，思尽妇道。 ② 孟母“子行乎子义，吾行乎吾礼”。
贤明传	① 周南之妻者，周南大夫之妻也。大夫受命，平治水土。过时不来，妻恐其懈于王事，盖与其邻人陈素所与大夫言：“国家多难，惟勉强之，无有谴怒，遗父母忧。昔舜耕于历山，渔于雷泽，陶于河滨，非舜之事，而舜为之者，为养父母也。家贫亲老，不择官而仕；亲操井臼，不择妻而娶。故父母在，当与时小同，无亏大义，不罹患害而已。夫凤凰不离于蔚罗，麒麟不入于陷阱，蛟龙不及于枯泽，鸟兽之智，犹知避害，而况于人乎！生于乱世，不得道理，而迫于暴虐，不得行义，然而仕者，为父母在故也。乃作诗曰：‘鲂鱼赪尾，王室如毁，虽则如毁，父母孔迩。’盖不得已也。”君子以是知周南之妻而能匡夫也。颂曰：周大夫妻，夫出治土，维戒无怠，勉为父母，凡事远害，为亲之在，作诗鲂鱼，以敕君子。 ② 陶大夫答子妻。

续表

篇目	案例
仁智传	曲沃负者，魏大夫如耳母也，“夫男女之盛，合之以礼，则父子生焉，君臣成焉，故为万物始。君臣、父子、夫妇三者，天下之大纲纪也。三者治则治，乱则乱”。
贞顺传	① 召南申女，夫家礼不备而欲迎之，女与其人言：“嫁娶者，所以传重承业，继续先祖，为宗庙主也。” ② 伯姬者，鲁宣公之女，成公之妹也，“(宋)恭公不亲逆，伯姬迫于父母之命而行。既入宋，三月庙见，当行夫妇之道。伯姬以恭公不亲逆，故不肯听命”。 ③ 齐孝公夫人孟姬，父母送孟姬不下堂，母醮房之中，结其衿缡，诫之曰：“必敬必戒，无违宫事。”父诫之东阶之上曰：“必夙兴夜寐，无违命。其有大妨于王命者，亦勿从也。”诸母诫之两阶之间曰：“敬之敬之，必终父母之命。夙夜无怠，视之衿缡，父母之言谓何。”姑姊妹诫之门内曰：“夙夜无愆，尔之衿鞶，无忘父母之言。”孝公亲迎孟姬于其父母，三顾而出。亲迎之绥，自御轮三，曲顾姬与，遂纳于宫。三月庙见，而后行夫妇之道。 ④ 陈寡孝妇养姑。
节义传	① 鲁秋胡子妻洁妇。 ② 二义者，珠崖令之后妻，及前妻之女也。君子谓二义慈孝。《论语》云：“父为子隐，子为父隐，直在其中矣。”若继母与假女推让争死，哀感傍人，可谓直耳。 ③ 京师节女。
辩通传	① 赵津女娟者，赵简子之夫人也。智救醉父。娟乃再拜而辞曰：“夫妇人之礼，非媒不嫁，严亲在内，不敢闻命。”遂辞而去。简子归，乃纳币于父母，而立以为夫人。 ② 汉太仓令淳于公之少女也，名缇萦，救父除刑。

综上，《列女传》中的孝道孝文化人物大体情况为：“母仪传”2例，“贤明传”2例，“仁智传”1例，“贞顺传”4例，“节义传”3例，“辩通传”2例，“孽嬖传”0例。据此，我们简要分析如下：

一是刘向《列女传》女性美德类型。首先为母仪，其次为贤明、仁智，继之以贞顺、节义，殿之以辩通，这是刘向在他那个时代总结出来的对于女性美德的主要追求。这当中，母仪排第一，突出表明女性最根本的价值体现首先是作为“母亲”，而不是妻子、女儿、姐妹等等，所以这方面的美德自然要居首位。像“辩通”，后世完全不再讲求，这里居然作为一种类型出现，已算不易。

二是孝道孝文化具体人物。“贞顺传”、“节义传”，这两类加起来，共有7例，等于其他4类总和，这充分说明，孝道作为女性美德出现的时候，更多地是从“贞顺”、“节义”这两个方面着眼，换句话说，孝道之于女性的个人品性，要从属于“贞顺”、“节义”的群体属性，孝道本身不是女性足以自立的美德保障，它要依附于“贞顺”、“节义”的名目下，才能体现其价值。这一点，值得我们注意。不妨来看其中的一例：

> 孝妇者，陈之少寡妇也。年十六而嫁，未有子。其夫当行戍，夫且行时，属孝妇曰：“我生死未可知，幸有老母，无他兄弟，若吾不还，汝肯养吾母乎？”妇应曰：“诺。”夫果死不还。妇养姑不衰，慈爱愈固，纺绩以为家业，终无嫁意。居丧三年，其父母哀其年少无子而早寡

也，将取而嫁之，孝妇曰："妾闻之：'信者人之干也，义者行之节也。'妾幸得离襁褓，受严命而事夫。夫且行时，属妾以其老母，既许诺之，夫受人之托，岂可弃哉！弃托不信，背死不义，不可也。"母曰："吾怜汝少年早寡也。"孝妇曰："妾闻：'宁载于义而死，不载于地而生。'且夫养人老母而不能卒，许人以诺而不能信，将何以立于世？夫为人妇，固养其舅姑者也。夫不幸先死，不得尽为人子之礼，今又使妾去之，莫养老母，是明夫之不肖而著妾之不孝。不孝不信且无义，何以生哉？"因欲自杀，其父母惧而不敢嫁也，遂使养其姑二十八年。姑死，葬之，终奉祭祀。淮阳太守以闻，汉孝文皇帝高其义，贵其信，美其行，使使者赐之黄金四十斤，复之终身，号曰孝妇。君子谓孝妇备于妇道。《诗》云："匪直也人，秉心塞渊。"此之谓也。颂曰：孝妇处陈，夫死无子。妣将嫁之，终不听母。专心养姑，一醮不改。圣王嘉之，号曰孝妇。

陈孝妇是西汉时期的一位女性，"养姑不衰，慈爱愈固，纺绩以为家业，终无嫁意"，并以死明志，正如她自己所说，"夫为人妇，固养其舅姑者也"，这里的"贞顺"，显然是着眼于媳妇的妇道（"君子谓孝妇备于妇道"），[1] 和上面的母仪一

---

[1] 《汉书·于定国传》："东海有孝妇，少寡，亡子，养姑甚谨，姑欲嫁之，终不肯。姑谓邻人曰：'孝妇事我勤苦，哀其亡子守寡。我老，久累丁壮，奈何？'其后姑自经死，姑女告吏：'妇杀我母。'吏捕孝妇，孝妇辞不杀姑。吏验治，孝妇自诬服。具狱上府，于公以为此妇养姑十余年，以孝闻，必不杀也。太守不听，于公争之，弗能得，乃抱其具狱，（转下页）

起构成古代女性最重要的两种身份与角色。《华阳国志》记载广汉王遵之妻“叔纪婉娩，士媛仰风”，“至有贤训，事姑以礼”，“广汉周干、古朴、彭勰、汉中祝龟为作颂曰：‘少则为室之孝女。长则为家之贤妇。老则为子之慈亲。终温且惠。秉心塞渊。宜谥曰孝明惠母。’”① “少则为室之孝女。长则为家之贤妇。老则为子之慈亲”，可谓女性一生三个阶段伦理使命的承接转换，概括得言简意赅。有学者说：“应当提到的是，尽管‘贞’的观念在当时已广泛存在，但社会上婚姻伦理的主流观念更为强调的是‘孝’，而不是‘贞’。汉代妇女最早不改嫁的个例是《列女传》卷四《贞顺传》‘陈寡孝妇’条所载

(接上页)哭于府上，因辞疾去。太守竟论杀孝妇。郡中枯旱三年。后太守至，卜筮其故，于公曰：‘孝妇不当死，前太守强断之，咎党在是乎？’于是太守杀牛自祭孝妇冢，因表其墓，天立大雨，岁孰。郡中以此大敬重于公。”这个“少寡，亡子，养姑甚谨，姑欲嫁之，终不肯”的孝妇，虽经于定国据理力争，终为太守冤杀，“郡中枯旱三年”与“天立大雨，岁孰”的灵异对比，意在说明孝妇含冤而死，而孝妇的“养姑十余年，以孝闻”，其实也是《列女传》中“贞顺”的妇道体现。

① ［晋］常璩著，任乃强校注：《华阳国志校补图注》，上海古籍出版社 1987 年 7 月第 1 版，第 550 页。叔纪之后，紧跟着的是：“公乘会妻，广都张氏女也。夫早亡，无子。姑及兄弟欲改嫁之。张誓不许，而言之不止，乃断发割耳。养会族子，事姑终身。”“助陈，临邛陈氏女，犍为杨凤珪妻也。凤珪亡，养遗生子守节，兄弟必欲改嫁，乃引刀割咽，宗族骇之，几死，遂全其义。”“贡罗，郫罗倩女，景奇妻也。奇早亡，无子。父愍其年壮，以许同郡何诗。贡罗白书誓父，不还家。父使诗白州，州告县，逼遣之。罗乃诉州，刺史高而许之。”“玹何，郫何氏女，成都赵宪妻也。宪早亡，无子。父母欲改嫁。何恚愤自幽，不食，旬日而死。郡县为立石表。”数例女性，均是夫亡不听姑、父、兄弟改嫁之逼，遂为世人所称，也说明女性出嫁后，亲情孝道中止，或者说让位于妻媳妇道。参见《华阳国志校补图注》，第 550—551 页。

陈地寡妇事，时当汉高祖至文帝时，但其守寡并非出于贞节而是为尽孝于婆婆，故文帝赐号‘孝妇’，刘向赞云：‘专心养姑，一醮不改。’在《后汉书·列女传》收录的有关故事中，‘孝女’的数量超过了‘贞女’。”① 其实，正如我们上面所分析的，中国古代社会，女性孝道作为女性美德出现的时候，更多地是从“贞顺”、“节义”这两个方面着眼，孝道之于女性的个人品性，要从属于其“贞顺”、“节义”的群体属性，孝道本身不是女性足以自立的美德保障，它要依附于“贞顺”、“节义”的名目下，才能体现其价值。这也就可以理解，为什么每一部正史中的“孝子传”、“孝义传”、“孝行传”，基本都是男性居多，女性只是陪衬而已。

相比之下，陶大夫荅子妻的表现，虽不如陈孝妇那样壮烈，却也可圈可点：

> 陶大夫荅子妻也。荅子治陶三年，名誉不兴，家富三倍，其妻数谏不用。居五年，从车百乘归休，宗人击牛而贺之，其妻独抱儿而泣。姑怒曰：“何其不祥也？”妇曰：“夫子能薄而官大，是谓婴害；无功而家昌，是谓积殃。昔楚令尹子文之治国也，家贫国富，君敬民戴，故福结于子孙，名垂于后世。今夫子不然，贪富务大，不顾后害。妾闻南山有玄豹，雾雨七日而不下食者，何也？欲以泽其毛而成文章也，故藏而远害。犬彘不择食以肥其身，坐而

① 彭卫、杨振红：《中国风俗通史·秦汉卷》，上海文艺出版社 2002 年 3 月第 1 版，第 349 页。

须死耳。今夫子治陶，家富国贫，君不敬，民不戴，败亡之征见矣。愿与少子俱脱。”姑怒，遂弃之。处期年，答子之家果以盗诛，唯其母老以免。妇乃与少子归养姑，终卒天年。君子谓答子妻能以义易利，虽违礼求去，终以全身复礼，可谓远识矣。《诗》曰：“百尔所思，不如我所之。”此之谓也。颂曰：答子治陶，家富三倍。妻谏不听，知其不改。独泣姑怒，送厥母家。答子逢祸，复归养姑。

陶大夫答子妻对于丈夫的所作所为“数谏不用”，反而为其姑婆怒而弃之，后来，果然不出所料，“答子之家果以盗诛，唯其母老以免。妇乃与少子归养姑，终卒天年”。这种行为，应该说毫无瑕疵，可是，我们注意到，所谓“君子”评论为“虽违礼求去，终以全身复礼”，一往一复这一回合，算是一正一负的功过抵消了，无怪乎将其列入“贤明传”，而不是百依百顺舍己为人的“贞顺传”。

三是案例本身内容。尧帝的两个女儿，也就是舜帝的两个妻子，“思尽妇道”，这完全可以放置于后世“贞顺”栏下，大约只是因为舜贵为天子，所以将其归于“母仪”一类。周南之妻匡夫所说的“家贫亲老，不择官而仕”、“父母在，当与时小同，无亏大义，不罹患害”，曲沃负“君臣、父子、夫妇三者，天下之大纲纪也，三者治则治，乱则乱”（包括“贞顺传”傅妾的“忠臣事君无懈倦时，孝子养亲患无日也”），则是通过她们的口述，反映了世人普通的孝道共识，尤其是曲沃负的“君臣、父子、夫妇三者，天下之大纲纪也”，俨然和董仲舒三纲说吻合。刘向《列女传》将其堂而皇之地标举，自然表明刘向个人的认识倾向。

再者，“辩通”中的赵简子夫人津女娟、汉太仓令淳于公少女缇萦，究其实，亦可以置于“贞顺”、“节义”。我们对比“贞顺”、“节义”两栏发现，“贞顺”，主要侧重于礼制的遵守，“节义”，则是具体事件上的抗争，往往以死明志，如珠崖令之后妻及前妻之女争死，“君子谓二义慈孝”。召南申女、齐孝公夫人孟姬，都是坚持婚嫁礼制，赢得世人称赞。这和先秦时期宗法礼制下的婚姻孝文化元素是相印证的；而“仁孝厚于恩义”的京师节女不孝不义两难境地，和先秦以来的忠孝两难问题相似，不能两全的情况下，自杀成了最完美的终结：

> 京师节女者，长安大昌里人之妻也。其夫有仇人，欲报其夫而无道径，闻其妻之仁孝有义，乃劫其妻之父，使要其女为中谲。父呼其女告之，女计念不听之则杀父，不孝；听之则杀夫，不义；不孝不义，虽生不可以行于世。欲以身当之，乃且许诺，曰：“旦日，在楼上新沐，东首卧则是矣。妾请开户牖待之。”还其家，乃告其夫，使卧他所，因自沐居楼上，东首开户牖而卧。夜半，仇家果至，断头持去，明而视之，乃其妻之头也。仇人哀痛之，以为有义，遂释不杀其夫。君子谓节女仁孝厚于恩义也。夫重仁义轻死亡，行之高者也。《论语》曰：“君子杀身以成仁，无求生以害仁。”此之谓也。颂曰：京师节女，夫仇劫父。要女间之，不敢不许。期处既定，乃易其所。杀身成仁，义冠天下。

京师节女面临的问题是，“不听之则杀父，不孝；听之，则杀夫，不义；不孝不义，虽生不可以行于世”，最终决定“以身当之”，一死了之。故事的结局，也符合了她的“如意算盘”，可是，这真的就是最好的选择吗？假如仇人当时不是“哀痛之，以为有义”，继续杀害其夫、父，是否能算得上是“君子杀身以成仁”呢？①

同样无辜而又无谓自尽的还有鲁秋胡子妻洁妇：

洁妇者，鲁秋胡子妻也。既纳之五日，去而官于陈，五年乃归。未至家，见路旁妇人采桑，秋胡子悦之，下车谓曰：“若暴采桑，吾行道远，愿托桑荫下餐，可齐休焉。”妇人采桑不辍，秋胡子谓曰：“力田不如逢丰年，力桑不如见国卿，吾有金，愿以与夫人。”妇人曰：“嘻！夫采桑力作，纺绩织纴，以供衣食，奉二亲，养夫子，吾不愿金，所愿卿无有外意，妾亦无淫泆之志，收子之赍与笥金。”秋胡子遂去，至家，奉金遗母，使人唤妇至，乃向采桑者也，秋胡子惭。妇曰：“子束发辞亲，往视五年乃还，当所驰骤，扬尘疾至舍。今也乃悦路傍妇人，下子之粮，以金予之，是忘母也，忘母不孝；好色淫泆，是污行也，污行不义。夫事亲不孝，则事君不忠；处家不义，则

① 《左传·桓公十五年》“祭仲专，郑伯患之，使其婿雍纠杀之。将享诸郊。雍姬知之，谓其母曰：‘父与夫孰亲？’其母曰：‘人尽夫也，父一而已，胡可比也？’遂告祭仲曰：‘雍氏舍其室而将享子于郊，吾惑之，以告。’祭仲杀雍纠，尸诸周氏之汪。公载以出，曰：‘谋及妇人，宜其死也。’”雍姬的故事，和京师节女有可相比照处，都是父、夫的不可兼顾，只不过雍姬面临的是父、夫矛盾，京师节女面临的是保全父、夫的难题。

> 治官不理，孝义并忘，必不遂矣。妾不忍见，子改娶矣，妾亦不嫁！”遂去而东走，投河而死。君子曰：“洁妇精于善。夫不孝莫大于不爱其亲而爱其妇人，秋胡子有之矣。”君子曰：“见善如不及，见不善如探汤，秋胡子妇之为也。”《诗》云：“惟是褊心，是以为刺。”此之谓也。

秋胡子娶妻“五日，去而官于陈，五年乃归”，居然不认得自己的妻子了，一再调戏，到家后，才发现是自己的妻子，用今天的话来说，“这就尴尬了”，怎一个“囧”字可说。“忘母不孝”、“污行不义”，秋胡子妻斥责丈夫的道理诚然没错，然而“去而东走，投河而死”，这样的结局，实在是令人咋舌。类似这些案例当中，矛盾的无解、偏执的愚昧，都已经有不可理喻的荒谬色彩。不妨说，伦理的纠结，毁誉的褒贬，也正像一把隐藏的枷锁、无形的暗器，逐渐向偏激极端的“吃人的礼教”转化着，涌动着。①

① 又如“贞顺传”中的鲁宣公之女、成公之妹、宋恭公之妻伯姬，在婚礼上的守礼抗命，是值得肯定的，虽然最终无效，然而遇夜失火时犹一而再再而三地“妇人之义，保傅不俱，夜不下堂，待保傅来也”，这种“越义求生，不如守义而死”，实在是死板愚昧。可是史书“善之”、“贤之”，“详录其事，为贤伯姬，以为妇人以贞为行者也，伯姬之妇道尽矣”、“伯姬可谓不失仪矣”，包括刘向在内的这种妇道价值观，透视出来的“吃人礼教”和女性活泼泼生命比起来，真是令人叹息悲愤。石光瑛《新序校释》于伯姬之事的梳理评点，可参看。(中华书局 2001 年 1 月第 1 版，第 37—38 页)而《华阳国志》中：“县吏赵璌妻姬。夜，黄巾贼至。璌入侍，令邻人呼姬曰：‘贼至矣！可急走。’姬曰：‘妇人之义，夜不下堂。况令男女无别乎。’乃与女英自杀舍中。时英方年十三。郡邑叹之。”〔[晋]常璩著，任乃强校注：《华阳国志校补图注》，第 558—559 页〕便是东汉末年“妇人之义，夜不下堂”活生生的案例。

第五章　儒家四子的孝道学说

学术研究是立体式综合全面的考察和呈现，尽管学者们都清楚不可能百分百真实地做到恢复，然而“虽不能至，心向往之”，这也是学者永远难以割舍的理想化情愫。就先秦孝文化而言，如果说前面几章是纵向的历史的现象的梳理，那么这一章我更倾向于将其定位为孝道学说本身纵深的理论的思想的解读，两者交相辉映，相辅相成。时至今日，前者作为文化遗存大约只留有一些基本的方面，后者作为文化精神却仍然值得我们弘扬光大。

中国传统思想文化，以儒家的伦理道德为核心体系，这是大多数学者的共识。在春秋战国之世，充实和修正传统孝道的新观念，也主要来自儒家。所谓“儒家四子”，指的是孔子、曾子、孟子、荀子。他们相继对孝道伦理提出了深刻、系统的认识与阐述，构成了先秦儒家乃至后世中国孝文化的主要内容，值得我们认真看待。孔、孟、荀三子，一般人都很熟悉，一个是儒家开创宗师，两个是战国儒家大师，儒家学派在孔子之后继续争鸣于诸子百家并胜出的有突出贡献者，而知道并了解曾子的人则不多。从儒学传承角度而言，曾子可谓“一以贯之”的衣钵正统，从孝文化角度来讲，他也不可或缺。这里以“儒家四子”并列，适可令我们系统地认知先秦时期儒家的孝道学说。在先秦诸子百家中，儒家无疑是最注重孝道的，其孝道学说无论是在理论深度上还是在实践层面上都是其他诸子所难以比拟的，可以说，儒家的孝道学说在某种程度上是先秦诸子百家孝道学说的集大成式阐述，对孝道观念向孝道伦理转构的过程作出了决定性的贡献。中国古代传统社会的孝道孝文化，其基本内容大都出于儒家。特别是经孔子、曾子、孟子、荀子，孝道学说俨然已经发展为一套完整的体系。他们对孝道伦理有着怎样充分完整、深刻精辟的论述？他们和先秦诸子之间形成怎样的中国孝文化谱系呢？下面，我们走近“儒家四子”，进行一番全面的学习和了解。

第一节　孔子

孔子是先秦儒家学派的创始人，也是后世儒家学者乃至中国文化最理想的圣人，《论语》一书则是把握孔子思想的最基本材料。我们单从《论语》所记载的孔子孝道学说，便可以对孔子的孝道理论有一个大体的了解。这里面，最主要的则是第一篇《学而》和第二篇《为政》。

一、《论语·学而》：行孝为仁

《学而》作为一书之开篇，有五处谈及孝道，分别是有子、孔子(两处)、子夏、曾子。我们先看第一处。

有子曰："其为人也孝弟，而好犯上者，鲜矣；不好犯上，而好作乱者，未之有也。君子务本，本立而道生。孝弟也者，其为仁之本与！"朱熹《论语集注》："善事父母为孝，善事兄长为弟。犯上，谓干犯在上之人。鲜，少也。作乱，则为悖逆争斗之事矣。此言人能孝弟，则其心和顺，少好犯上，必不好作乱也。""言君子凡事专用力于根本，根本既立，则其道自生。若上文所谓孝弟，乃是为仁之本，学者务此，则仁道自此而生也。"①

有子认为，孝顺父母、尊敬兄长是实行仁道的根本，这实际上就是孔子"君子笃于亲，则民兴于仁"(《论语·泰伯》)、《大学》"修身齐家治国平天下"的道理，简言之，只有爱自己的亲人，才能爱别人，相反，一个连自己的亲人都不能敬爱的人，是不能敬爱别人的。从有子的话，我们可以看出，儒家对于孝道是极为看重的。儒家最突出的、最根本的主张便是"仁"，而在这里，有子把孝看作为仁之本，应该说是符合孔子本义的，② 且更可见孝道在儒家学者心目中的重要

---

① "为仁之本"有两种较通行的解释：一说孝弟是仁的根本，把"为"字解作判断词"是"；一说孝弟是为仁、行仁的根本，把"为"字解作动词"行为、实践"，程(颐)朱(熹)是强调第二义的，笔者从之。

② 西汉刘向《说苑·建本》："孔子曰：君子务本，本立而道生。"把这话冠在孔子身上。又："孔子曰：行身有六本，本立焉，然后为君子。立体有义矣，而孝为本；处丧有礼矣，而哀为本；战阵有队矣，而勇为本；政治有理矣，而能为本；居国有礼矣，而嗣为本；生才有时矣，而力为本。置本不固，无务丰末；亲戚不悦，无务外交；事无终始，无务多业；闻记不言，无务多谈；比近不说，无务修远。是以反本修迩，君子之道也。天之所生，地之所养，莫贵乎人人之道，莫大乎父子之亲，君臣之义；父道圣，子道仁，君道义，臣道忠。贤父之于子也，慈惠以生之，教（转下页）

性。《中庸》“仁者，人也，亲亲为大”，孟子“事孰为大？事亲为大”、“仁之实，事亲是也”（《孟子·离娄上》），皆是秉此理念。儒家学说总是强调由点及面、由内而外、由小到大、由易到难，无论是它的具体学说，还是践行这些学说的具体做法，都强调层次的逐渐提升，步骤的逐渐递进，境界的逐渐圆满，所谓“修齐治平”便是最好的说明。所以，按照有子的说法，我们如果有志于儒家圣人的仁的理想追求，那么从孝道开始，便是最好的起点。

其次，我们再看一下子夏是怎么说的。子夏曰：“贤贤易色，事父母能竭其力，事君能致其身，与朋友交言而有信，虽曰未学，吾必谓之学矣。”

子夏所讲，突出了儒家一向所强调的道德学问、生命学问、实践学问。用今天的话来说，衡量学习与否的标准，不是看学历，也不是看文凭，而是看你的言谈举止，看你的待人接物，看你的为人处世。《说苑·反质》载：

（接上页）诲以成之，养其谊，藏其伪，时其节，慎其施；子年七岁以上，父为之择明师，选良友，勿使见恶，少渐之以善，使之早化。故贤子之事亲，发言陈辞，应对不悖乎耳；趣走进退，容貌不悖乎目；卑体贱身，不悖乎心。君子之事亲以积德，子者亲之本也，无所推而不从命，推而不从命者，惟害亲者也，故亲之所安子皆供之。贤臣之事君也，受官之日，以主为父，以国为家，以士人为兄弟；故苟有可以安国家利人民者，不避其难，不惮其劳，以成其义，故其君亦有助之以遂其德。夫君臣之与百姓，转相为本，如循环无端。夫子亦云，人之行莫大于孝，孝行成于内而嘉号布于外，是谓建之于本而荣华自茂矣。君以臣为本，臣以君为本，父以子为本，子以父为本，弃其本，荣华槁矣。”可见孔子对于“孝为本”、“人之行莫大于孝”的意见。

> 子贡问子石：“子不学《诗》乎？”子石曰：“吾暇乎哉？父母求吾孝，兄弟求吾悌，朋友求吾信。吾暇乎哉？”子贡曰：“请投吾《诗》，以学于子！”
>
> 公明宣学于曾子，三年不读书。曾子曰：“宣，而居参之门，三年不学，何也？”公明宣曰：“安敢不学？宣见夫子居宫庭，亲在，叱咤之声未尝至于犬马，宣说之，学而未能；宣见夫子之应宾客，恭俭而不懈惰，宣说之，学而未能；宣见夫子之居朝廷，严临下而不毁伤，宣说之，学而未能。宣说此三者，学而未能，宣安敢不学而居夫子之门乎？”曾子避席谢之曰：“参不及宣，其学而已！”

这里，子石、公明宣都是重在孝悌友信等身体力行层面的“学做人”、“学做事”，《说苑》以“反质”（返归本质、反向质朴）为题，可谓点出其中三昧。作为孔子的高足之一，子夏可以说是深得老师的真传，因为就在这一篇中，孔子便说：“行有余力，则以学文。”而子夏说：“虽曰未学，吾必谓之学矣。”可见都是教人求实务本，学以致用：先做人，后做学问。而这里面，“事父母能竭其力”，无疑是对于孝道方面的严格要求了。

第三，我们看一下曾子的说法。曾子曰：“慎终追远，民德归厚矣。”

曾子是孔子弟子中的代表性传人，他对于孝道有着仅次于孔子的系统阐述，我们后面会专门来谈他的孝道学说。“慎终追远，民德归厚矣。”这是儒家对于丧葬、祭祀之礼的认识，“亦即经由慎终的丧礼与追远的祭礼，可以使抽象的‘仁’透过较具体的形式表现于社会群体生活之中，使每个人在潜移默化中真正感受‘仁’是一种人与人之间永恒的关怀、长远的感恩，因此可借由丧礼与祭祖礼的一脉相传，而敦厚民情风俗。”① 古代社会生活节奏慢，古人丧礼隆重而繁琐，一方面体现对孝道的重视，另一方面安顿人心、抒发悲哀。如今丧葬程序太快太略，使悲情迅速结束，伤感得不到循序渐“退”，这对于人心情感、孝道伦理，不能不说是很大的解构。

最后，我们来看孔子的两处论述。第一处，子曰：“弟子入则孝，出则弟，谨而信，泛爱众，而亲仁。行有余力，则以学文。”这几句话，有的朋友可能很熟悉，是的，清人李毓秀编的一本著名童蒙读物《弟子规》，一开头便是用的这几句话，只不过稍加整齐、使之三字一句易于押韵诵读而已：“弟子规，圣人训，首孝悌，次谨信，泛爱众，而亲仁，有余力，则学文。”孔子在这一条中，对一般年轻子弟的要求，首先是做人的品德修养，其次才是学习文化知识，德育第一，智育第二，这两者的关系，是非常明确的，和子夏所说“虽曰未学，吾必谓之学矣”可谓异曲同工。在我们今天，教育口号依然为“德智体”或者“德智体美劳”全面发展，和孔子的理念并无二致。“行有余力”的“行”，摆在前两位的便是“入则孝，出则弟”，说明了孔子对于孝道的看重。

第二处，则是专门针对子女。子曰：“父在，观其志；父没，观其行；三年无改于父之道，可谓孝矣。”古代实行父权家长制，父亲在世，子女不得擅作主张，故只能“观其志”，观察

---

① 林素英：《丧服制度的文化意义——以〈仪礼·丧服〉为讨论中心》，第4—5页。

其内在志向、想法；父亲去世，可以自己做主，这时“观其行”，观察他的行为，如果“三年无改于父之道”，可以说得上是孝了。对于这句话，学者们有不同的理解，我在比对《十三经注疏》、《四书章句集注》后，感觉问题并不是太大。《论语·子张第十九》载：“曾子曰：‘吾闻诸夫子，孟庄子之孝也，其他可能也；其不改父之臣与父之政，是难能也。’”这为我们理解孔子的“三年无改于父之道”提供了一则材料。《中庸》：“子曰：践其位，行其礼，奏其乐，敬其所尊，爱其所亲，事死如事生，事亡如事存，孝之至也。”也是“三年无改于父之道”的一种诠释。不过，这还不够直接透彻。我们来比对《十三经注疏》、《四书章句集注》，对此就豁然明晰了。《论语注疏》：“孔曰：孝子在丧，哀慕犹若父存，无所改于父之道。”邢昺疏曰：“此章论孝子之行。‘父在观其志’者，在心为志，父在，子不得自专，故观其志而已；‘父没观其行’者，父没可以自专，乃观其行也。‘三年无改于父之道，可谓孝矣’者，言孝子在丧三年，哀慕犹若父存，无所改于父之道，可谓为孝也。”这里，“孝子在丧”、“孝子在丧三年”，说得很明确，是指三年之丧守孝期间。所以，此“三年”，并不可作为概数，它明白无误地是指三年之丧守孝期间。《礼记·坊记》也有此内容：“《论语》曰：‘三年无改于父之道，可谓孝矣。’”郑注：“不以己善，驳亲之过。”观此处上下文，主旨是“善则称亲，过则称己”、“君子弛其亲之过，而敬其美”，① 特别是紧接着便是

① 《礼记·坊记》：“子云：‘善则称亲，过则称己，则民作孝。’《大誓》曰：‘予克纣，非予武，惟朕文考无罪；纣克予，非朕文考有罪，惟予小子无良。’子云：‘君子弛其亲之过，而敬其美。’”

“高宗云，三年其惟不言，言乃欢”，因此可证《礼记·坊记》也是意在三年之丧守孝期间，且这个“道”字不可视作一般意义上褒义的“道”，也包括“亲之过”等不好的“道”。所以，“三年无改于父之道”，实际上就是三年之丧守孝期间对于父亲生前一切的一种维系、延续、纪念。然而，到朱熹《四书章句集注》那里，就变味走样了。朱熹说：“父在，子不得自专，而志则可知；父没，然后其行可见。故观此足以知其人之善恶，然又必能三年无改于父之道，乃见其孝，不然，则所行虽善，亦不得为孝矣。”又引“尹氏曰：‘如其道，虽终身无改可也。如其非道，何待三年。然则三年无改者，孝子之心有所不忍故也。’游氏曰：‘三年无改，亦谓在所当改而可以未改者耳。’”不能说完全没有道理，但是，泛泛为“观此足以知其人之善恶”，则难逃蹈空之讥，何如“孝子在丧”、“孝子在丧三年”这般忠实？本来，孔子这里就是“父在”、“父没”前后对举，则紧接着的“三年”，自然是以三年之丧守孝期间为言，叙述逻辑连贯，应不至于难理解。

总之，在《论语·学而》开篇中，即有五处论及孝道，并且夫子、曾子、有子皆有，[①] 如果像宋儒所说此篇乃“笃学之本”，[②] 那么孝道可谓“笃学之本”的根本。孔子入则孝、出

---

① 《论语》中除了孔子“子曰”外，只有有子、曾子称子，故学者认为《论语》或成于有子、曾子门人之手，若是，其门人于首篇中即将老师（有子、曾子）关于孝道的阐述摆出，盖亦有看重孝道之考虑欤？

② 《论语》开篇第一即为《学而》，《论语》全书的第一个字除了“子曰”外便是“学”：“学而时习之，不亦说乎？”朱熹《论语集注》认为此正体现了儒家对于“学”（实践性的学做人与知识性的学技艺，前者为根本）的高度重视。颇有理。

则弟“而亲仁”（行），有子孝弟“为仁之本”（为），都说明儒家对于孝道的看重，以及行孝为仁的合理性内在关系。

二、《论语·为政》：因材施教的四子问孝与“道之以德”的“孝亦为政”

《论语》第二篇《为政》，又有四子问孝，分别是孟懿子、孟武伯、子游、子夏。从中可以对孔子孝道思想有更丰富的认识。问答从另一个方面体现出孔子因材施教的教育风格。比如，孟懿子与孟武伯，父子两人，先后问孝，得到的答案不一，可知孔子回答问题都是根据问者的情况因材施教，针对性极强，并能对孝道的内容、精神作深入浅出的阐发。

我们先看第一个：“孟懿子问孝。子曰：‘无违。’樊迟御，子告之曰：‘孟孙问孝于我，我对曰“无违”。’樊迟曰：‘何谓也？’子曰：‘生，事之以礼；死，葬之以礼，祭之以礼。’”

这段对白式材料很有意思，可以给我们很多启示。第一，《论语》一书，大量的是孔子语录的编集，如今人所说是“孔氏微博体”，并且相当部分是没有前后语境的，因此我们了解孔子有些言论的内容便生发许多障碍，乃至歧义丛出。以此处为例，倘若也像其他的材料一样，“无违”之后便无下文，则何谓“无违”，怕是一般人都会理解为不违背父母意愿、命令，所幸的是，在后面与樊迟的对话中，孔子有了进一步的阐释，这才使我们对于“无违”有了正确的认识。第二，《论语·述而》：“不愤不启，不悱不发，举一隅不以三隅反，则不复也。”从孔子与孟懿子、樊迟的对答中，我们可以发现，他正是如此“不愤不启，不悱不发”的：孟懿子问孝，孔子说“无违”，他也没再问，似乎是明白了“无违”的意思，孔子也没进一步解释。樊迟为孔子赶马车，于是，孔子又把这事跟樊迟说：“孟孙问孝于我，我对曰‘无违’。”说完，又停了下来，樊迟进一步问道：“何谓也?”这时，孔子乃详尽道来：“生，事之以礼；死，葬之以礼，祭之以礼。”《礼记·学记》说：“善待问者如撞钟，叩之以小者则小鸣，叩之以大者则大鸣，待其从容，然后尽其声。不善答问者反此。此皆进学之道也。”善于答问的人，对待发问如同对待撞钟一样，撞得轻其响声就弱，即提的问题小，以相应的方式简要解答；撞得重其声响就大，即提的问题大，以相应的方式详细解答；等问者理解后再深入解说，尽可能使问者深切体会，产生共鸣。不善于答问的人恰恰与此相反。这是我国古代教育思想与实践中，关于答问原则的精辟阐述，对我们今天的教学工作仍有十分宝贵的参考价值。孔子与孟懿子、樊迟的对答，正体现出这种“善待问者如撞钟”的进学之道，稍后探讨的他和宰我“三年之丧”的问答，也是这一教育手法的展示。

接下来，我们再看一下孔子所说的“无违”。

“生，事之以礼；死，葬之以礼，祭之以礼。”显然，孔子所说的“无违”，乃是不违背礼。从字面上来看，它包括生、死两方面：在父母活着的时候，以礼孝亲，在父母去世及之后，以礼葬亲、祭亲。从礼的要求上来说，这种不违背，又包含两个方面的意思：一是要虔诚恭敬尽到礼数，不能敷衍塞责；二是要按照既定的礼制，即天子、诸侯、大夫、士、庶人各有差等，不得僭越。《国语·楚语上》，左史倚相对“欲以妾为内子”的司马子期说：“子夕嗜芰，子木有羊馈而无芰荐。君子曰：违而道。（中略）君子之行，欲其道也，故进退周旋，唯道是从。夫子木能违若敖之欲，以之道而去芰荐。”楚大夫子夕爱吃菱角（芰），临终遗命，一定要用菱角祭奠他，其子子木坚持祭奠大夫用羊的礼制规定，没有用菱角祭奠其父。君子认为，子木虽然违背父亲遗命，但是合乎礼道。子木这个案例，就是“祭之以礼”的最好说明。

我们不妨再举两个例子，以见孔子对于“无违”的主张。

孔子的得意弟子颜回去世，他极为悲恸：“噫！天丧予，天丧予！”（《论语·先进》）一方面，是表示对颜回不幸去世的悲痛，一方面，是对老天爷说，老天爷这样做就等于是要了我的命啊，反映出了师生之间的感情之深、默契之密。“颜渊死，子哭之恸。从者曰：‘子恸矣！’曰：‘有恸乎？非夫人之为恸而谁为？’”（《论语·先进》）就是如此钟爱、如此怜惜的一个传道高徒，在去世后，当其父颜路请求孔子卖掉车子，给颜回买个外椁下葬时：“子曰：‘才不才，亦各言其子也。鲤也死，有棺而无椁；吾不徒行以为之椁，以吾从大夫之后，不可徒行也。’”（《论语·先进》）也就是说，尽管孔子万分悲痛，但他却不愿意卖掉车子，因为，他曾经担任过大夫一级的官员，而大夫必须有自己的车子，不能步行，否则就违背了礼的规定。这真是反映了孔子对礼的严谨态度。然而，孔子这种“克己复礼”的精神，不要说一般人，即便是他的学生，都已有所不及：“颜渊死，门人欲厚葬之，子曰：‘不可。’门人厚葬之。子曰：‘回也视予犹父也，予不得视犹子也！非我也，夫二三子也。’”（《论语·先进》）从孔鲤、颜回的“不徒行以为之椁”到颜回的不可厚葬，这里面体现出来的，正是“葬之以礼”的严格无违。[①]《礼记·王制》：“自天子达于庶人，丧从死者，祭从生者。”所谓“丧从死者”，正是“葬之以礼”的意思。[②]

有人或攻击孔子在孔鲤、颜回之事上自私迂腐，实则大不然。《论语·子罕》：“子疾病，子路使门人为臣。病间，曰：“久矣哉，由之行诈也！无臣而为有臣。吾谁欺，欺天乎？且予与其死于臣之手也，无宁死于二三子之手乎？且予纵不得大葬，予死于道路乎？”这再次说明，儒家对于葬礼十分重视，尤其重视葬礼的等级规定，要严格按照周礼的有关规定加以埋葬，不同等级的人有不同的安葬仪式，违反了这种规定，就是自欺欺人。显然，即便是对于自己，孔子也反对学生们违礼为他办理丧事，这自是为了恪守礼的规定。所以，在讲到孝道

---

① 然而《礼记·檀弓上》又记载：“孔子之卫，遇旧馆人之丧，入而哭之哀。出，使子贡说骖而赙之。子贡曰：‘于门人之丧，未有所说骖，说骖于旧馆，无乃已重乎？’夫子曰：‘予乡者入而哭之，遇于一哀而出涕。予恶夫涕之无从也。小子行之。’”孔疏：“《论语》云：‘颜回之丧，子哭之恸。’恸比出涕，恸则为甚矣。又旧馆之恩，不得比颜回之极。而说骖于旧馆，惜车于颜回者，但旧馆情疏，厚恩待我，须有赗赙，故说骖赙之。颜回则师徒之恩亲，乃是常事，则颜回之死，必当以物与之。颜路无厌，更请卖车为椁，以其不知止足，故夫子抑之。”不知是否，可参考。

② 《礼记·檀弓下》：“延陵季子适齐，于其反也，其长子死，葬于嬴、博之间。孔子曰：‘延陵季子，吴之习于礼者也。’往而观其葬焉。其坎深不至于泉，其敛以时服，既葬而封，广轮掩坎，其高可隐也。既封，左袒，右还其封，且号者三，曰：‘骨肉归复于土，命也，若魂气则无不之也，无不之也。’而遂行。孔子曰：‘延陵季子之于礼也，其合矣乎。’”延陵季子的长子死后，孔子“往而观其葬焉”，称道“延陵季子之于礼也，其合矣乎”，也是孔子“葬之以礼”精神的反映。

时，孔子强调“生，事之以礼；死，葬之以礼，祭之以礼”的“无违”，突出的乃是不违背礼的精神与要求，有着高度的内在一致性。东汉扬雄《法言·孝至》：“或问‘子’。曰：‘死生尽礼，可谓能子乎！’”便是对孔子此义的如实承继与诠释。

我们再来看第二问：“孟武伯问孝。子曰：父母唯其疾之忧。”

此处，和《孝经·开宗明义章第一》中的“身体发肤，受之父母，不敢毁伤，孝之始也”正相通。张舜徽先生在他而立之年的《壮议轩日记》中，记载了当年与夫人含辛茹苦照料其子痢疾一月有余的情况，于1942年10月14日这一天写道：“诚儿泻痢如旧，而进食视前为多，精神亦渐振，朝食后能自扶起，磨墨作方寸大字十余，盖医药之效也。连日为护视儿疾，食不甘味，眠不安枕，与内子形容同其枯槁，今日始稍豫怿，深悟‘父母唯其疾之忧’一章，至为亲切！为人子者虽不能体认，及为人父母，则亲涉其境，莫之获爽矣！”① 这是先生纸上学问与生命学问二合一的真实体验。我现在也初为人父十三年、再为人父五年了，可以说，凡为人父母者，对此皆深有体会。当看着纯真娇弱无助、感冒发烧咳嗽拉肚子却又说不出道不来的哭着喊着吃药打吊瓶的儿子（女儿）时，真是无以言表、惟愿代受的所谓“父母之心”了。由此，反过来想想当年的父母之于生病的我们，则以自己的“父母之心”

---

① 张舜徽：《壮议轩日记》，国家图书馆出版社2010年11月第1版，第46—47页。

比父母的“父母之心”，对父母的养育之恩还能无动于衷吗？我想，已为人父母的为人子女者，都可以用心地想想这个问题吧。

再看第三问：“子游问孝。子曰：‘今之孝者，是谓能养。至于犬马，皆能有养；不敬，何以别乎？’”“至于犬马，皆能有养”，通行的有两说可参考：一说认为，如果只是物质上的赡养，而不尊敬父母，就和饲养狗、马没什么区别；一说认为，狗、马也可以养父母（凡可供使用者皆可谓养），但是它们没有尊敬之心，如果只是物质上的赡养，而对父母不尊敬，那就和狗、马养父母没什么区别。兹取前说。《礼记·坊记》：“子云：‘小人皆能养其亲，君子不敬，何以辨？’”说得很明确了。《礼记·内则》：“曾子曰：孝子之养老也，乐其心不违其志，乐其耳目，安其寝处，以其饮食忠养之。孝子之身终，终身也者，非终父母之身，终其身也；是故父母之所爱亦爱之，父母之所敬亦敬之，至于犬马尽然，而况于人乎？”孔颖达疏曰：“‘至于犬马尽然，而况于人乎’者，言父母所敬爱犬马之属，尽须敬爱，而况于父母所敬爱人乎。”我认为，孔疏此处不确，“父母之所爱亦爱之，父母之所敬亦敬之”，当为人事，如《礼记·内则》所说父母之爱婢妾云，孔疏“父母所敬爱犬马之属”，犬马有爱则可，有何可敬？孙希旦解“忠养”曰：“忠养，谓尽其心以养之，非徒养口体而已也。”① 适与《论语》孔子答子游此处相呼应，可从。

这一问一答，是孔子关于孝道学说中的经典语句之一，特

① ［清］孙希旦撰，沈啸寰、王星贤点校：《礼记集解》（中），第755页。

别是这句话揭示出孝道内在的要求，无论古今都适用，所以为人们所熟知。在儒家看来，对父母的尽孝体现于物质和精神两个层面，前者，也就是物质层面的衣食住行是最起码的基础，也可以说是从消极方面强调其(物质)“不能少”；后者，也就是精神层面的尊敬呵护是最主要的标准，也可以说是从积极方面强调其(精神)“必须要”。如果仅是物质层面的尽孝，而没有精神层面或者说精神层面做得不好，在儒家看来根本就不能算是孝，所以古人在讲孝的时候，强调“论心不论迹”，“迹”是痕迹、踪迹，是面上可以看得到的物质方面，“心”则是情感、态度，是看不见摸不着的但却可以感受得到的精神方面。孝道的根本，不在于物质赡养父母，而在于要有孝心。没有孝心，仅仅是无可奈何地尽责任、“装样子”，那所谓的赡养就与饲养家禽牲畜没有什么区别了。《战国策·楚三》，苏秦谓楚王“孝子之于亲也，爱之以心，事之以财”，“爱之以心，事之以财”，就是物质(“事之以财”)和精神(“爱之以心”)这两个层面。《荀子·子道》载：

子路问于孔子曰：“有人于此，夙兴夜寐，耕耘树艺，手足胼胝，以养其亲，然而无孝之名，何也?”孔子曰：“意者身不敬与？辞不逊与？色不顺与？古之人有言曰：‘衣与缪与不女聊。’今夙兴夜寐，耕耘树艺，手足胼胝，以养其亲，无此三者，则何以为而无孝之名也?”孔子曰：“由！志之，吾语汝。虽有国士之力，不能自举其身，非无力也，势不可也。故入而行不修，身之罪也；出而名不彰，友之过也。故君子入则笃行，出则友贤，何为而无

孝之名也?”(《韩诗外传》卷九基本同此)

“身不敬与?辞不逊与?色不顺与?”都是主观精神情感上的东西。可以说,把孝养提高到孝敬,是先秦孝道观念上的一个重大进步,也是后世孝道中永不可缺少的一部分,对于孝道伦理体系的形成有着重要意义。

最后,第四问:“子夏问孝。子曰:‘色难。有事弟子服其劳,有酒食先生馔,曾是以为孝乎!”朱熹《论语集注》:“色难,谓事亲之际,惟色为难也。盖孝子之有深爱者,必有和气;有和气者,必有愉色;有愉色者,必有婉容;故事亲之际,惟色为难耳,服劳奉养未足为孝也。旧说,承顺父母之色为难,亦通。”

朱熹所说,源自《礼记·祭义》:“孝子之有深爱者必有和气,有和气者必有愉色,有愉色者必有婉容。”我们前面分析祭礼时已经论述过,这里用于父母健在时的日常孝道,也是可以的。《弟子规》“入则孝”部分说“父母教,须敬听,父母责,须顺承”,一个“敬”、一个“顺”,精辟地抓住了孝道孝文化中最为核心的两点。我们现在说孝最常用的两个词就是“孝敬”、“孝顺”,原因也就在此。这一点尤其值得今天的年轻人注意。孝道要求使父母得到人格的尊重和精神的慰藉,对父母,内心要有敬爱的情意,外观才有温馨的态度,《礼记·祭义》所阐述的“深爱→和气→愉色→婉容”,可谓层层推进、丝丝入扣,值得我们细细品味。

二程以为:“对孟懿子问孝,告众人者也;对孟武伯者,以武伯多可忧之事也;子游能养,而或失于敬;子夏能直义,而或少温润之色；各因其人材高下与其所失而告之也。”① 斯即四子问孝的因材施教。除此之外，《论语 · 为政》中，还有“道之以德”的“孝亦为政”，也值得我们注意。《论语 · 为政》开篇即说：“子曰：为政以德，譬如北辰，居其所而众星共之。”“子曰：道之以政，齐之以刑，民免而无耻；道之以德，齐之以礼，有耻且格。”这里的“为政以德”、“道之以德”，自然含有孝道教化这一德政。② 就在本篇，“季康子问：‘使民敬忠以劝，如之何？’子曰：‘临之以庄则敬，孝慈则忠，举善而教不能则劝。’”这是《论语》提到“忠”的十五篇十七处中，忠、孝相连的唯一一处。《礼记 · 坊记》中，“子云：‘君子贵人而贱己，先人而后己，则民作让。’”随后有系列排比：“子云：‘善则称人，过则称己，则民不争。’”“子云：‘善则称人，过则称己，则民让善。’”“子云：‘善则称人，过则称己，则民作忠。’”“子云：‘善则称人，过则称己，则民作孝。’”这一系列排比，重点强调“善则称人，过则称己”的儒家礼敬思想、恕道精神，但也着眼于执政者的政教垂范，所以屡屡提及“君子”、“民”如何，且亦自忠孝处考

---

① ［宋］程颢、程颐著，王孝鱼点校：《二程集》（上），中华书局 2004 年 2 月第 2 版，第 106 页。

② 《荀子 · 宥坐》曾记载一件有趣的事：“孔子为鲁司寇，有父子讼者，孔子拘之，三月不别。其父请止，孔子舍之。季孙闻之不说，曰：‘是老也欺予，语予曰：为国家必以孝。今杀一人以戮不孝，又舍之。’冉子以告。孔子慨然叹曰：‘呜呼！上失之，下杀之，其可乎！不教其民而听其狱，杀不辜也。三军大败，不可斩也；狱犴不治，不可刑也。罪不在民故也。’”孔子认为，民间的孝道沦丧，父不父子不子，其因盖出于上层，故罪不在民，不可不教而诛，此即“为政以德”、“道之以德”的孝道教化。

量，申明“君子弛其亲之过，而敬其美”，“长民者，朝廷敬老，则民作孝”。孔子认为，以孝慈德政化民，可以导致臣民忠顺于君上。他虽然很少谈忠君，但他将忠与孝联系起来，却具有不容忽视的意义，后世儒家、法家对忠孝的二位一体、糅合混同，都可看作是孔子“孝慈则忠”观点的发展和改造。紧接此章，《论语·为政》：“或谓孔子曰：‘子奚不为政？’子曰：‘《书》云：“孝乎惟孝，友于兄弟，施于有政”，是亦为政，奚其为为政？’”可见，孔子认为践履和推行孝道也是为政，或者说间接为政。这一思想实际上来源于西周，① 是对“郁郁乎文哉，吾从周”传统的忠实继承，对后世影响极大。《孝经》当中、西汉之后孝治天下的强调与重视，都是孔子“孝亦为政”的发展与体现。

三、三年之丧

最后，我们来探讨一下三年之丧的问题。这也是孔子孝道学说中非常经典的一个案例。

《论语·阳货》：

宰我问：“三年之丧，期已久矣。君子三年不为礼，礼

---

① 《尚书·君陈》篇：“惟尔令德孝恭，惟孝友于兄弟，克施有政。”周成王任用臣子君陈去成周治政的理由，即认为君陈有孝顺父母、友爱兄弟的美德。《孟子·尽心上》：“公孙丑曰：‘诗曰：“不素餐兮。”君子之不耕而食何也？’孟子曰：‘君子居是国也，其君用之，则安富尊荣，其子弟从之，则孝弟忠信。不素餐兮，孰大于是！’”孟子所说的“不素餐兮”即有“子弟从之，则孝弟忠信”的功用在其内，这也可视为孔子“孝亦为政”思想的呼应。

必坏；三年不为乐，乐必崩。旧谷既没，新谷既升，钻燧改火，期可已矣。”子曰：“食夫稻，衣夫锦，于女安乎？”曰：“安。”“女安则为之！夫君子之居丧，食旨不甘，闻乐不乐，居处不安，故不为也。今女安，则为之！”宰我出。子曰：“予之不仁也！子生三年，然后免于父母之怀。夫三年之丧，天下之通丧也。予也有三年之爱于其父母乎！”

在宰我质疑的三年之丧问题上，孔子曾对子夏、闵子骞、少连、大连守孝三年都予以了赞赏。① 因此，他对宰我“不仁”的否定性态度，就不难理解了。孔子这里说的“心安”的“心”，如《礼记·祭统》所云：“贤者之祭也，致其诚信，与其忠敬，奉之以物，道之以礼，安之以乐，参之以时，明荐之而已矣！不求其为，此孝子之心也。”“不求其为”就是“不求鬼神福祥为己之报”，只求思亲之心情得到安慰而已，孔子认为，无论是侍奉父母，还是祭祀祖先，其目的都不是祈求福佑、功利，而是以满足人的内在需要为底蕴的一种人文精神与情怀。所以孔子说“非其鬼而祭之，谄也”（《论语·为

① 《孔子家语·六本》：“子夏三年之丧毕，见于孔子。子曰：‘与之琴，使之弦。’侃侃而乐。作而曰：‘先王制礼，不敢不及。’子曰：‘君子也。’闵子三年之丧毕，见于孔子。子曰：‘与之琴，使之弦。’切切而悲。作而曰：‘先王制礼，弗敢过也。’子曰：‘君子也。’子贡曰：‘闵子哀未尽，夫子曰君子也，子夏哀已尽，又曰君子也。二者殊情而俱曰君子，赐也惑，敢问之。’孔子曰：‘闵子哀未忘尽，能断之以礼，子夏哀已尽，能引之及礼，虽均之君子，不亦可乎？’”准此，则子夏、闵子骞均守孝三年之丧。《礼记·杂记下》：“孔子曰：‘少连、大连善居丧，三日不怠，三月不解，期悲哀，三年忧，东夷之子也。’”这是孔子对少连、大连三年之丧的称赞。

政》)，“敬鬼神而远之”(敬之而不亲近)，“季路问事鬼神。子曰：‘未能事人，焉能事鬼?’‘敢问死。’曰：‘未知生，焉知死?’”(《论语·先进》)引导子路把注意力和重心放在人生实际中。西汉刘向《说苑·辨物》载：“子贡问孔子：‘死人有知无知也?’孔子曰：‘吾欲言死者有知也，恐孝子顺孙妨生以送死也；欲言无知，恐不孝子孙弃不葬也。赐，欲知死人有知将无知也?死徐自知之，犹未晚也。’”这一充满思虑、苦心并貌似幽默的回答，体现了孔子对此问题的中庸斟酌。

我们不妨再从历史文化角度梳理下三年之丧。

《礼记·三年问》：“三年之丧，人道之至文者也，夫是之谓至隆。是百王之所同，古今之所壹也，未有知其所由来者也。”可见，连《礼记》当年的作者都已弄不清楚三年之丧的来历了。其实，很多事物和现象压根就没有起源问题，不过约定俗成、沉淀加工而定型，想要截然分明的指定，是极其困难的。根据目前的传世文献材料，孔子并没有说过三年之丧起源的时间上限，孟子开始说尧舜禹驾崩后有三年之丧，而清儒毛奇龄、焦循与近人傅斯年、胡适以及当代学者杨朝明等则认为是殷商之旧，清儒王念孙又说是周武王之为，宋儒朱熹说是周公之法，晚清今文经学家廖平、康有为和近人钱玄同说是孔子之制，现代著名历史学家顾颉刚及其女儿顾洪说是叔向之倡，① 可谓众说纷纭，莫衷一是。目前，比较妥当的说法，只能讲孔子之前就有源远流长的三年之丧，经过孔子等儒家学者的理论加工、

① 《左传·昭公十五年》叔向说：“王一岁而有三年之丧二焉……三年之丧，虽贵遂服，礼也。”这可见知叔向之前早已有三年之丧礼制。

义理阐发，三年之丧逐渐成为中国人的丧礼定制，并绵延至今。《礼记·檀弓上》：“孔子之丧，门人疑所服。子贡曰：昔者夫子之丧颜渊，若丧子而无服，丧子路亦然，请丧夫子若丧父而无服。”看来，孔子去世后，师父弟子之间如何服丧，也是第一次遭遇到的难题。《孟子·滕文公上》：“昔者，孔子没，三年之外，门人治任将归，入揖于子贡，相向而哭，皆失声，然后归。子贡反，筑室于场，独居三年，然后归。”《史记·孔子世家》：“孔子葬鲁城北泗上，弟子皆服三年。三年心丧毕，相诀而去，则哭，各复尽哀，或复留。唯子赣庐于冢上，凡六年，然后去。”可见，提出心丧说(“若丧父而无服”)的子贡，对老师的感情有不可言说之深厚。

然而，三年之丧时期太长，有诸多不便，宰我说的就是这方面的顾虑，后来的墨子对此也大加批评。《墨子·节葬下》：

> 若法若言，行若道，使王公大人行此，则必不能蚤朝，五官六府，辟草木，实仓廪；使农夫行此，则必不能蚤出夜入，耕稼树艺；使百工行此，则必不能修舟车为器皿矣；使妇人行此，则必不能夙兴夜寐，纺绩织纴。细计厚葬，为多埋赋之财者也；计久丧，为久禁从事者也。财以成者，扶而埋之；后得生者，而久禁之，以此求富，此譬犹禁耕而求获也，富之说无可得焉。
>
> 是故求以富家而既已不可矣，欲以众人民，意者可邪？其说又不可矣。今唯无以厚葬久丧者为政，君死，丧之三年；父母死，丧之三年；妻与后子死者，五皆丧之三年；然后伯父叔父兄弟孽子其；族人五月；姑姊甥舅皆有

> 月数。则毁瘠必有制矣，使面目陷陬，颜色黧黑，耳目不聪明，手足不劲强，不可用也。又曰上士操丧也，必扶而能起，杖而能行，以此共三年。若法若言，行若道，苟其饥约，又若此矣，是故百姓冬不仞寒，夏不仞暑，作疾病死者，不可胜计也。此其为败男女之交多矣。以此求众，譬犹使人负剑，而求其寿也，众之说无可得焉。

墨子亦认为，如果按照三年之丧说的道理去做，上至王公大人不能处理政事，下至农夫、百工、妇人不能从事生产，百姓毁伤而疾病死亡，男女不交而人口减少，“以此求富，此譬犹禁耕而求获也，富之说无可得焉”，“以此求众，譬犹使人负剑，而求其寿也”，都是缘木求鱼。

这确实是个问题。

“可能是有鉴于当时社会各界反对‘三年之丧’的呼声，于是《礼记·三年问》与《荀子·礼论》便提出了‘三年之丧，二十五月而毕’的主张；《公羊传·闵公二年》亦云：‘三年之丧，实以二十五月。’质言之，这种‘二十五月’的主张就是旨在对当时存在的以为‘三年’丧期过长的意见与呼声做出的让步、妥协和调和。为了不违背古制又便于世人接受与实行，于是便巧妙地将‘三年之丧’缩短为‘二十五月’，既跨越了3个年头，又比实足3年缩短了11个月，便于人们实行。”① 到了汉代，经学大师戴德、郑玄等人又将三年之丧改定为二十七月，并引发了长期的争论。这大约是为了解决丧期遇闰的问题：二

① 丁鼎：《〈仪礼·丧服〉考论》，第49—50页。

十五月，若遇闰月，岁首开始服丧者有可能丧期首尾不满三年，而延至二十七月，便无须虑及是否逢闰，实际月数均可达到首尾3年的时长。但这一主张遭到三国时期经学家王肃的有力抵制。王肃主张丧期仍维持在二十五月，他批评郑玄的二十七月之说“其岁末遭丧，则出入四年”，就是说在岁末遭遇三年之丧，二十七月便会出现跨越4个年头的丧期。由于王肃之经学无论是在文字训诂还是在经义理据上都不比郑玄之说逊色，而晋武帝司马炎又是他的外孙，晋代曾一度遵行王肃所主张的二十五月丧制，到南北朝刘宋时方改行二十七月丧制。其后，历代丧服制度基本上都采用二十七月制，但王肃对郑说的诘难又确实不无道理，若于岁末遭丧，二十七月制必然会导致出入四年的丧期，因而有人为了避免这种情况会临时改行二十五月制。

关于三年之丧的义理，《荀子·礼论》有专门论述：

> 三年之丧，何也？曰：称情而立文，因以饰群别、亲疏、贵贱之节而不可益损也。故曰：无适不易之术也。创巨者，其日久；痛甚者，其愈迟。三年之丧，称情而立文，所以为至痛极也。齐衰、苴杖、居庐、食粥、席薪、枕块，所以为至痛饰也。三年之丧，二十五月而毕，哀痛未尽，思慕未忘，然而礼以是断之者，岂不以送死有已、复生有节也哉？凡生乎天地之间者，有血气之属必有知，有知之属莫不爱其类。今夫大鸟兽则失亡其群匹，越月逾时，则必反沿；过故乡，则必徘徊焉，鸣号焉，踯躅焉，踟蹰焉，然后能去之也。小者是燕爵犹有啁噍之顷焉，然

后能去之。故有血气之属莫知于人，故人之于其亲也，至死无穷。将由夫愚陋淫邪之人与？则彼朝死而夕忘之；然而纵之，则是曾鸟兽之不若也，彼安能相与群居而无乱乎？将由夫修饰之君子与？则三年之丧，二十五月而毕，若驷之过隙；然而遂之，则是无穷也。故先王圣人安为之立中制节，一使足以成文理，则舍之矣。

这一内容，在《礼记·三年问》有着基本相同的文字论述，孙希旦即谓："此篇设问，以发明丧服年月之义，又见于荀卿之书，盖其所作也。"① 可以视作儒家对于三年之丧含义的权威解释。《孟子·滕文公上》记有滕文公居丧一事，也颇可说明问题：

滕定公薨，世子谓然友曰："昔者孟子尝与我言于宋，于心终不忘。今也不幸至于大故，吾欲使子问于孟子，然后行事。"然友之邹问于孟子。孟子曰："不亦善乎！亲丧，固所自尽也。曾子曰：'生，事之以礼；死，葬之以礼，祭之以礼，可谓孝矣。'诸侯之礼，吾未之学也；虽然，吾尝闻之矣。三年之丧，齐疏之服，飦粥之食，自天子达于庶人，三代共之。"然友反命，定为三年之丧。父兄百官皆不欲，曰："吾宗国鲁先君莫之行，吾先君亦莫之行也，至于子之身而反之，不可。且志曰：'丧祭从先祖。'曰：'吾有所受之也。'"谓然友曰："吾他日未尝学问，好驰马试剑。

① ［清］孙希旦撰，沈啸寰、王星贤点校：《礼记集解》（下），第1372页。

今也父兄百官不我足也，恐其不能尽于大事，子为我问孟子。”然友复之邹问孟子。孟子曰：“然，不可以他求者也。孔子曰：‘君薨，听于冢宰，歠粥，面深墨，即位而哭，百官有司莫敢不哀，先之也。’上有好者，下必有甚焉者矣。‘君子之德，风也；小人之德，草也。草尚之风，必偃。’是在世子。”然友反命。世子曰：“然，是诚在我。”五月居庐，未有命戒。百官族人可，谓曰知。及之葬，四方来观之。颜色之戚，哭泣之哀，吊者大悦。

滕文公笃于周礼，欲行三年丧制，遭到同族及百官的反对。这里说他守丧五个月，至下葬而止，未知是否最终守丧三年，但从社会效果来看，滕文公即位前守丧五月的效果是很好的。这件事也表明，孟子时代丧礼早已崩坏，连鲁、滕这样的礼乐之邦几代之前就已不行三年的丧制了。滕文公坚持居丧以礼，在当时只能算作偶然的复旧，并不具有普遍的意义。孟子一面坚持丧礼的制度规定，谴责“不能三年之丧，而缌小功之察，放饭流歠，而问无齿决，是之谓不知务”（《孟子·尽心上》），一面亦加以权变，在守丧期限不足的前提下，认为守丧时间长比守丧时间短以及不守丧更接近于丧礼规定，有被迫顺应时代趋势的倾向。《孟子·尽心上》：

齐宣王欲短丧，公孙丑曰：“为期之丧，犹愈于已乎。”孟子曰：“是犹或紾其兄之臂，子谓之姑徐徐云尔，亦教之孝悌而已矣。”王子有其母死者，其傅为之请数月之丧，公孙丑曰：“若此者何如也？”曰：“是欲终之而不可得也，虽加一日愈于已，谓夫莫之禁而弗为者也。”

不过，这也只是古时繁琐的三年之丧“不行”、“不能”，简化的象征意义的三年之丧实际上一直延续到今天。汉代以后的丁忧制自不待言，[1] 就是今日我的家乡山东烟台招远农村，三年之丧依然存在，它当然不是像古代那样有严格的限制、禁止事项，而是体现在祭祀活动的“烧周年”、“烧二年”、“烧三年”上，烧三年后，过年才可以贴对联，[2] 这显然是三年之丧的保留，虽然已经极简化为一种符号。

总而言之，自恨自己未尝拥有孝道实践的孔子，[3] 对先秦孝道的承接延续确是起了极其重要的作用。最难能可贵的是，他对先秦孝道有发展，有更正，有补充，所以他并非只是一个“述而不作”的述者，而是一位能够承先启后、熔铸

---

① 丁忧，是中国古代官员在父母去世后，必须离职回家守丧三年，以尽孝道，服丧期满再回朝续职。当然，因政治、军事或其他特殊原因，丧期未满的官员也可由朝廷强令其出仕，谓之夺情、夺服或起复。有的朝代，为避免官员服丧影响公务，曾提出过变通的办法，如汉文帝遗诏节丧，以日易月，缩短丧期，不过这是个别现象，而且仅仅是变通，不是废除。《礼记·王制》：“八十者一子不从政，九十者其家不从政，废疾非人不养者一人不从政。父母之丧，三年不从政。齐衰、大功之丧，三月不从政。将徙于诸侯，三月不从政。自诸侯来徙家，期不从政。”“父母之丧，三年不从政”，联想到殷高宗武丁的“谅阴”，这应当是丁忧古制的源头。

② 因此，春节期间看到有人家不贴春联，即可断定其前三年内有重要亲人去世；另外，小时候，有人家“烧三年”之前，过年也贴春联，只不过是紫色的。现在则几乎没有了。

③ 《中庸》：“子曰：君子之道四，丘未能一焉。所求乎子，以事父，未能也；所求乎臣，以事君，未能也；所求乎弟，以事兄，未能也；所求乎朋友，先施之，未能也。”

创新的伟大思想家。孔子在对传统孝道“述”的过程中，赋予了传统孝道以新的精神和活力，并使之发生了某些本质性的变化，成为后世儒家孝道观、中国孝文化的基本内容。先秦的孝道观念到了孔子的时候，已经被深入地贯彻到普通人的日常生活要求中（而不仅是之前商周宗法政治下的宏观抽象名目），这是孔子对先秦孝道和中国孝文化的最大贡献。就这一意义来说，孔子实为传统孝道从观念向伦理“转构”过程中继往开来的关键人物。至西汉方始完成的以孝道为核心的新型伦理秩序，其中心的或重要的内容无不来源于孔子。从孔子开始，孝道作为儒家伦理的道德要求被学者们极力宣扬，最终成为中国文化的一个根本特征。在后世《二十四孝》中，孔门弟子就占了三个，① 尚不包括高柴等人，② 这是先秦

① 在《二十四孝》中，孔门弟子占了三个，分别是曾子的“啮指痛心”、子路的“百里负米”和闵子骞的“芦衣顺母”。曾子的“啮指痛心”我们将在介绍曾子孝道学说时再讲。若子路，古人传有“菽水承欢”的成语，即出自《礼记·檀弓下》：“子路曰：‘伤哉贫也！生无以为养，死无以为礼也。’孔子曰：‘啜菽饮水，尽其欢，斯之谓孝；敛首足形，还葬而无椁，称其财，斯之谓礼。’”闵子骞，也是孔子的得意弟子，在孔门中，以德行与颜回并称。孔子曾赞扬他说：“孝哉，闵子骞！人不间于其父母昆弟之言。”（《论语·先进》）宋儒程颐谓“闵子之于父母昆弟，尽其道而处之，故人无非间之言”。〔[宋]程颢、程颐著，王孝鱼点校：《二程集》(上)，第385页〕

② 高柴，字子皋，春秋时期卫国人。《礼记·檀弓上》：“高子皋之执亲之丧也，泣血三年，未尝见齿。君子以为难。”后来他投奔孔子门下求学，鲁国的执政者看重他的贤德，委任他为成县县令。《礼记·檀弓上》：“成人有其兄死而不为衰者，闻子皋将为成宰，遂为衰。成人曰：‘蚕则绩而蟹有匡，范则冠而蝉有緌，兄则死而子皋为之衰。”孔疏曰：“成人不为兄服，闻子皋至孝，来为成宰，必当治不孝之人，故惧而制服。”沈德潜谓：“此嗤兄死者，其衰之不为兄也。”（《古诗源》，中华书局2006年4月第2版，第15页）

诸子百家其他任何一家都没有的。这也可见孔子及其弟子对于孝道的看重。

《韩诗外传》卷九载：

> 孔子出行，闻哭声甚悲。孔子曰：“驱之驱之，前有贤者。”至，则皋鱼也，被褐拥镰，哭于道旁。孔子辟车与之言曰：“子非有丧，何哭之悲也?”皋鱼曰：“吾失之三矣：少而好学，周游诸侯，以殁吾亲，失之一也；高尚吾志，简吾事，不事庸君，而晚事无成，失之二也；与友厚而中绝之，失之三也。夫树欲静而风不止，子欲养而亲不待。往而不可追者，年也；去而不可得见者，亲也。吾请从此辞矣。”立槁而死。孔子曰：“弟子识之，足以诫矣。”于是门人辞归而养亲者十有三人。（刘向《说苑》则记为丘吾子）

皋鱼以“树欲静而风不止”来比喻痛失双亲的无奈：树，希望能够静止不动，但是风却不停止，风吹不止，树也就无法静止；儿女长大了，希望能够奉养双亲，报答父母的养育之情，但二老却早已离世，子女的心愿无法实现，留下终生遗憾。可以说，风不止是树的无奈，而亲不在则是孝子孝女的无奈。皋鱼的故事，令人感到说不出的酸楚。《论语·里仁》中：“子曰：父母之年，不可不知也，一则以喜，一则以惧。”朱熹《论语集注》：“常知父母之年，则既喜其寿，又惧其衰，而于爱日之诚，自有不能已者。”我想，除了前面提到的孝敬、色难等精神上的要求外，这一条对我们每个人在今天依然适用。

第二节　曾子

自宋代朱熹整理“四书”，“四书”从此与儒家五经并列，甚或称为“四书五经”。“四书”，指《论语》、《大学》、《中庸》、《孟子》。一般认为，《大学》的作者是曾子，《中庸》的作者是子思，因此，“四书”实际上囊括了孔孟道统中的孔子、曾子、子思、孟子四人。从孔子到曾子，从曾子到子思，从子思到孟子，被后世儒者视作孔子儒学的正统，我们平时所说的孔孟之道，就是这么建立起来的。《论语》中，曾子是两位被始终冠以“子”称号的孔门弟子之一，另一位是有子。可以说，在孔子儒学的继承发扬上，曾子占有极为重要的地位。

曾子是孔子晚年的弟子，他的父亲曾皙(也称曾点)是孔子早年弟子。以孝著称的曾子，根据古书记载，其孝道孝行情况如下：

第一，及时行孝。奉养父母应有一种紧迫感，“亲戚既没，虽欲孝，谁为孝？年既耆艾，虽欲弟，谁为弟？故孝有不及，弟有不时，其此之谓与！”(《大戴礼记·曾子疾病》)《韩诗外传》卷七载：

> 曾子曰：“往而不可还者，亲也；至而不可加者，年也。是故孝子欲养而亲不待也，木欲直而时不待也。是故

椎牛而祭墓，不如鸡豚逮存亲也。故吾尝仕为吏，禄不过钟釜，尚犹欣欣而喜者，非以为多也，乐其逮亲也；既没之后，吾尝南游于楚，得尊官焉，堂高九仞，榱题三围，转毂百乘，犹北乡而泣涕者，非为贱也，悲不逮吾亲也。故家贫亲老，不择官而仕，若夫信其志、约其亲者，非孝也。”《诗》曰：“有母之尸雍。”

《庄子·寓言》也有类似记载：“曾子再仕而心再化，曰：吾及亲仕，三釜而心乐；后仕，三千钟而不洎亲，吾心悲。”为了奉养双亲，曾子提出了一个入仕原则：父母在世，子女应“不择官而仕”，和前面的皋鱼恰好形成对比。《战国策·齐四》载“齐人有冯谖者，贫乏不能自存，使人属孟尝君，愿寄食门下”，冯谖成为孟尝君的门客后，一而再再而三地倚柱弹剑(铗)歌唱“食无鱼”、“出无车”、“无以为家”，“左右皆恶之，以为贪而不知足。孟尝君问：‘冯公有亲乎？’对曰：‘有老母。’孟尝君使人给其食用，无使乏。于是冯谖不复歌。”“贫乏不能自存”的冯谖“无以为家”，这也是曾子“家贫亲老”式的尽孝。① 《论语·里仁》中，孔子说过一句话：“子曰：

① 曾子的这一认识和感触与子路同。西汉刘向《说苑·建本》载：“子路曰：负重道远者，不择地而休；家贫亲老者，不择禄而仕。昔者由事二亲之时，常食藜藿之实而为亲负米百里之外，亲没之后，南游于楚，从车百乘，积粟万钟，累茵而坐，列鼎而食，愿食藜藿负米之时不可复得也；枯鱼衔索，几何不蠹，二亲之寿，忽如过隙，草木欲长，霜露不使，贤者欲养，二亲不待，故曰：家贫亲老，不择禄而仕也。”《新序·杂事五》也载：“齐有闾丘卬，年十八，道遮宣王，曰：‘家贫亲老，愿得小仕。’”可见，“家贫亲老”而仕以孝养父母，是当时人普遍的理念。《后汉（转下页）

父母在，不远游，游必有方。”记得读硕士研究生的时候，业师张新民先生教授我等读《论语》，读至此处讨论，我说：“这是古代的情况，现在我们从读大学开始，便可能出省到外地，不可能不远游，但是，远游之后，一定最终返乡，在父母身旁，所以，这句话可以改为：父母在，不远游，游必归乡。”新民师听后莞尔，众同门亦皆一笑。那时的我，回山东老家工作的愿望（包括所谓从政的志向）明确而坚定，可是博士研究生毕业后，综合权衡，还是留在了母校华中师范大学历史文献所，“游必归乡”，也没做到。而今，成家立业生子，要父母从北方农村到南方都市来帮忙照顾，反使父母背井离乡远游了，真是大不孝。曾子可以说是彼时“父母在，不远游”的典范，一生一世都是围绕着父母的影子转移，“义不离亲一夕宿于外”（《战国策·燕一》苏秦语）。《孔子家语》载：“齐尝聘（曾子）欲以为卿，而不就。曰：吾父母老，食人之禄，则扰人之事，吾不忍远亲而为人役。”《韩诗外传》卷一说：

> 曾子仕于莒，得粟三秉，方是之时，曾子重其禄而轻其身；亲没之后，齐迎以相，楚迎以令尹，晋迎以上卿，

（接上页）书》卷三十九：“庐江毛义少节，家贫，以孝行称。南阳人张奉慕其名，往候之。坐定而府檄适至，以义守令，义奉檄而入，喜动颜色。奉者，志尚士也，心贱之，自恨来，固辞而去。及义母死，去官行服。数辟公府，为县令，进退必以礼。后举贤良，公车征，遂不至。张奉叹曰：‘贤者固不可测。往日之喜，乃为亲屈也。斯盖所谓“家贫亲老，不择官而仕”者也。’建初中，章帝下诏褒宠义，赐谷千斛，常以八月长吏问起居，加赐羊酒。寿终于家。”这可谓汉代“家贫亲老，不择官而仕”的毛义演绎版。

方是之时，曾子重其身而轻其禄。怀其宝而迷其国者，不可与语仁；窘其身而约其亲者，不可与语孝；任重道远者，不择地而息；家贫亲老者，不择官而仕。故君子桥褐趋时，当务为急。传云：不逢时而仕，任事而敦其虑，为之使而不入其谋，贫焉故也。《诗》曰："夙夜在公，实命不同。"

这当中的"重其禄而轻其身"、"重其身而轻其禄"，一重一轻，其实蕴含着曾子对于孝道的深刻体认。

第二，一切以父母的喜怒哀乐为转移。《礼记·祭义》："父母爱之，嘉而弗忘；父母恶之，惧而无怨。"《礼记·内则》："曾子曰：孝子之养老也，乐其心，不违其志，乐其耳目，安其寝处，以其饮食忠养之。孝子之身终，终身也者，非终父母之身，终其身也。是故父母之所爱亦爱之，父母之所敬亦敬之，至于犬马尽然，而况于人乎？"《大戴礼记·曾子事父母》也说"无私忧，无私乐。父母所忧忧之，父母所乐乐之"，这样的孝道，在人们看来甚至有点愚。《韩诗外传》卷八载：

曾子有过，曾皙引杖击之，仆地，有间乃苏，起曰："先生得无病乎？"鲁人贤曾子，以告夫子。夫子告门人："参来，勿内也！"曾参自以为无罪，使人谢夫子，夫子曰："汝不闻昔者舜为人子乎？小棰则待，大杖则逃。索而使之，未尝不在侧；索而杀之，未尝可得。今汝委身以待暴怒，拱立不去，汝非王者之民邪？杀王者之民，其罪何如?”

刘向《说苑》也记载这一故事，并议论道：“以曾子之材，又居孔子之门，有罪不自知处义，难乎！”显然，孔子认为曾子没有像舜帝那样“善事父母”，坚决反对他一味听命于父亲的行为。《淮南子·齐俗》说“公西华之养亲也，若与朋友处；曾参之养亲也，若事严主烈君；其于养，一也”，看来是言之有据的。我们在后面的《孝经》一节中，将会看到，曾子专门就此请教于孔子，“敢问子从父之令，可谓孝乎”，说明在这一点上曾子的确有过许多考虑。

《淮南子·说山》谓：“曾子立孝，不过胜母之闾。”《新序·节士》：“县名胜母，曾子不入。”原因正像南北朝颜之推《颜氏家训·文章第九》所云：“里名胜母，曾子敛襟：盖忌夫恶名之伤实也。”① 地名“不孝不敬”，都深恶痛绝，更别说现实人事了。比如曾子孝敬亲生父母，对后母也竭尽全力孝顺：“参后母遇之无恩，而供养不衰。及其妻以藜蒸不熟，因出之，人曰：‘非七出也。’参曰：‘藜蒸，小物耳，吾欲使熟而不用吾命，况大事乎?’遂出之，终身不娶妻。其子元请焉，告其子曰：‘高宗以后，妻杀孝己，尹吉甫以后，妻放伯奇。吾上不及高宗，中不及吉甫，庸知其得免于非乎?”（《孔子家语·七十二弟子解》）因为蒸藜不熟，曾子休掉妻子，终身没有再娶，这在当时人和今天人看来都怕是有些过了。《礼

① 王利器撰：《颜氏家训集解》（增补本），中华书局 1993 年 12 月第 1 版，第 274 页。

记·檀弓上》:“曾子谓子思曰:‘伋,吾执亲之丧也,水浆不入于口者七日。’”以后“每读丧礼,泣下沾襟”(《尸子》)。《孟子·尽心下》载:

> 曾晳嗜羊枣,而曾子不忍食羊枣。公孙丑问曰:“脍炙与羊枣孰美?”孟子曰:“脍炙哉!”公孙丑曰:“然则曾子何为食脍炙而不食羊枣?”曰:“脍炙所同也,羊枣所独也。讳名不讳姓,姓所同也,名所独也。”

忌食羊枣,乃是因为睹物思人,伤心不已,是孝道情思深切者的一种自然流露,这在历朝历代都有很多的孝讳事例。《礼记·玉藻》说:“父殁而不能读父之书,手泽存焉尔;母殁而杯圈不能饮焉,口泽之气存焉尔。”郑玄注曰:“孝子见亲之器物,哀恻不忍用也。”孔颖达疏曰:“‘父没而不能读父之书,手泽存焉尔’者,此孝子之情,父没之后,而不忍读父之书,谓其书有父平生所持手之润泽存在焉,故不忍读也。‘母没而杯圈不能饮焉,口泽之气存焉尔’者,言孝子母没之后,母之杯圈,不忍用之饮焉,谓母平生口饮润泽之气存在焉,故不忍用之,经云‘不能’者,谓不能忍为此事。书是男子之所有,故父言‘书’。杯圈是妇人所用,故母言‘杯圈’也。”曾子不食羊枣,正与《礼记·玉藻》此处义同。

道家《庄子》、法家《韩非子》、纵横家《战国策》等非儒家经典亦都曾提及曾子,并感慨其孝行(《战国策·燕一》苏秦谓燕王曰:“信如尾生,廉如伯夷,孝如曾参,三者天下之高行。”其弟苏代亦谓燕昭王曰:“孝如曾参、孝己。”),《淮南子·泰族》谓“法能杀不孝者，而不能使人为孔、曾之行”。正如西汉陆贾《新语·慎微》所说：“曾子孝于父母，昏定晨省，调寒温，适轻重，勉之于糜粥之间，行之于衽席之上，而德美重于后世。”

曾子对孝道有没有重要的论述呢？不仅有，而且相当重要、丰富。先秦古书文献中记载的很多，主要体现在以下几方面。

第一，孝道“放诸四海而皆准”。《礼记·祭义》：

> 曾子曰：“夫孝，置之而塞乎天地，溥之而横乎四海，施诸后世而无朝夕。推而放诸东海而准，推而放诸西海而准，推而放诸南海而准，推而放诸北海而准。”

> 曾子曰：“树木以时伐焉，禽兽以时杀焉。夫子曰：‘断一树，杀一兽，不以其时，非孝也。’”

孝道孝行本来只限于人类的事亲，曾子则把孝的内容扩大到自然界的其他品类：凡是违反人性的爱心，违背社会公认的道德行为，都是不孝。不按季节砍伐树木、猎杀野兽,① 都是不孝的行为；人的行走坐卧，一言一行，无不是孝的体现：可见孝道范围之广。儒家主张的所有的道德规范都是孝的表

---

① 砍伐树木、猎杀野兽要“以其时”、按季节，这是我国古代天人合一、重视自然法则的显著表现，我们熟知的“秋后问斩”也是这个道理：秋后，是万物萧条、生命衰败之时，此时行刑结束一个人的生命，既与自然万物法则同理，也和秋季肃杀之气相应，可渲染刑法效果。

示，孝被泛化为一切道德的体现。在曾子看来，孝不仅是个人道德和社会伦理，而且是放诸四海皆准的普遍真理。在空间上，孝充塞宇宙而没有尽头；在时间上，无限延续而没有终点。孝是人类永恒的行为准绳、根本法则。先秦儒家的孝道学说和理论，到了曾子，就其包含的内涵和外延来说，已经发展到无以复加的地步。

第二，“身体发肤，受之父母”的身体观。曾子曰：“父母生之，子弗敢杀；父母置之，子弗敢废；父母全之，子弗敢阙。故舟而不游，道而不径，能全支体，以守宗庙，可谓孝矣。”(《吕氏春秋·孝行》)就是说，每一个人生下来的时候，父母给了我们一个完完整整的肉身，把这具身体爱惜、保护好，“弗敢阙”，不让父母难过忧伤，即是对父母行孝。明末清军入关之后，坚决执行“留头不留发，留发不留头”的“剃发令”，遭遇强烈抵抗，内在原因即在这里。2008 年，我到陕西师范大学开会，其间参观学校的女性文化博物馆，看到一幅图片，叫“头发夹子”，像个绣袋，是陕西合阳一带旧时妇女的用品，介绍文字说当地妇女平日里梳头化妆，会把掉下的头发放在这个头发夹子里，逝后随主人一起掩埋，其中原因待考。我感觉这可能与中国孝文化“身体发肤，受之父母”的“父母全之，子弗敢阙”这一道理有关。

曾子是这么说的，也是这么做的。《论语·泰伯》：“曾子有疾，召门弟子曰：启予足！启予手！《诗》云：‘战战兢兢，如临深渊，如履薄冰。’而今而后，吾知免夫！小子。”《礼记·檀弓上》：“子张病，召申祥而语之曰：‘君子曰终，小人曰死；吾今日其庶几乎！’”孙希旦曰：“盖深明夫全受全归

之不易，以示申祥，使知为善之不可以一日而殆也。与曾子启手足以示门人同意。”①《吕氏春秋》记载曾子弟子乐正子春的故事：②

> 乐正子春下堂而伤足，瘳而数月不出，犹有忧色。门人问之曰：“夫子下堂而伤足，瘳而数月不出，犹有忧色，敢问其故？”乐正子春曰：“善乎而问之！吾闻之曾子，曾子闻之仲尼：父母全而生之，子全而归之，不亏其身，不损其形，可谓孝矣。君子无行咫步而忘之。余忘孝道，是以忧。”故曰，身者非其私有也，严亲之遗躬也。

“身者非其私有也，严亲之遗躬也”，换句话说，把身体视为父母的财产，个人虽可使用，却没有损伤的权利。可见，在曾子的言传身教下，他的弟子们也都能恪守教诲，身体力行，足证从孔子那里传授下来的“身体发肤，不敢毁伤”（《孝经·开宗明义章第一》）之义在曾子孝道学说中的重要位置。③

---

① [清]孙希旦撰，沈啸寰、王星贤点校：《礼记集解》（上），第187页。

② 乐正子春，曾子学生，孝子。关于他的孝行，文献记载很多，《礼记·檀弓下》有其丧母后“五日而不食”的故事。曾子临终时，他和曾子的两个儿子曾元、曾申守在病榻边，可谓曾子的得意高徒。其伤足故事，《礼记·祭义》亦载。

③ 乐正子春说“吾闻之曾子，曾子闻之仲尼”，与先秦儒家经典《孝经》第一章所述相合（详后《孝经》一节）。这一孝道学说，孔子已有所注重，而曾子更是将其发扬光大。

第三，“孝有三，大孝尊亲，其次弗辱，其下能养”。这一点和后世的光宗耀祖理念紧密相关。《礼记·祭义》：

> 曾子曰：“孝有三，大孝尊亲，其次弗辱，其下能养。”公明仪问于曾子曰：“夫子可以为孝乎？”曾子曰：“是何言与！是何言与！君子之所为孝者，先意承志，谕父母于道。参直养者也，安能为孝乎？”
>
> 曾子曰：“身也者，父母之遗体也。行父母之遗体，敢不敬乎？居处不庄，非孝也；事君不忠，非孝也；莅官不敬，非孝也；朋友不信，非孝也；战陈无勇，非孝也。五者不遂，灾及于亲。敢不敬乎？亨孰膻芗尝而荐之，非孝也，养也。君子之所谓孝也者，国人称愿然曰：‘幸哉有子如此！’所谓孝也已。众之本教曰孝，其行曰养。养可能也，敬为难；敬可能也，安为难；安可能也，卒为难。父母既没，慎行其身，不遗父母恶名，可谓能终矣！仁者仁此者也，礼者履此者也，义者宜此者也，信者信此者也，强者强此者也。乐自顺此生，刑自反此作。”

“孝有三”，《礼记·祭义》记载了曾子的两种说法，另一处为：“孝有三：小孝用力，中孝用劳，大孝不匮。思慈爱忘劳，可谓用力矣；尊仁安义，可谓用劳矣；博施备物，可谓不匮矣。”孔颖达疏认为这两种说法是一样的，彼此可以对应：“‘孝有三’者，大孝尊亲，一也，即是下文云‘大孝不匮，圣人为天子者’也。尊亲，严父配天也。‘其次弗辱’，二也，谓贤人为诸侯及卿大夫士也，各保社稷宗庙祭祀，不使倾危以辱亲也。即与下文‘中孝用劳’亦为一也。‘其下能养’，三也，谓庶人也，与下文云‘小孝用力’为一。能养，谓用天分地，以养父母也。”我们不妨将其看作曾子对自己孝道品行的高度要求。① 而“居处不庄，非孝也；事君不忠，非孝也；莅官不敬，非孝也；朋友不信，非孝也；战陈无勇，非孝也”，则是孝道泛化的阐论，“五者不遂，灾及于亲。敢不敬乎?”正表明“大孝尊亲”是“五者不遂，灾及于亲”的反面，也就是说，居处庄，孝也；事君忠，孝也；莅官敬，孝也；朋友信，孝也；战阵勇，孝也。五者遂，灾不及于亲，尊敬与赞誉乃及于亲，故推而广之，子女的一切言行都要体现出好的道德品性，这样才可谓大孝，才是“大孝尊亲”。“亨孰膻芗尝而荐之，非孝也，养也”，说明只是物质上的赡养在曾子看来不能算孝，只是“养”，这和孔子所说“今之孝者，是谓能养，至于犬马，皆能有养”的“养”是同样的涵义；而“君子之所谓孝也者，国人称愿然曰：‘幸哉有子如此！’所谓孝也已”，其中

---

① 曾子本人对于“先意承志”做得相当到位，《孟子·离娄上》便曾以曾子的事迹来说明敬亲“养志”：“孟子曰：事孰为大？事亲为大。守孰为大？守身为大。不失其身而能事其亲者，吾闻之矣。失其身而能事其亲者，吾未之闻也。孰不为事？事亲，事之本也。孰不为守？守身，守之本也。曾子养曾皙，必有酒肉；将撤，必请所与；问有余，必曰有。曾皙死，曾元养曾子，必有酒肉；将撤，不请所与；问有余，曰亡矣，将以复进也。此所谓养口体者也。若曾子，则可谓养志也。事亲若曾子者，可也。”“守孰为大？守身为大”是孔子、曾子“敬身”原则的继承，而“养志”说更是曾子“先意承志”的发扬。《吕氏春秋》曰：“养有五道：修宫室，安床笫，节饮食，养体之道也；树五色，施五采，列文章，养目之道也；正六律，和五声，杂八音，养耳之道也；熟五谷，烹六畜，和煎调，养口之道也；和颜色，说言语，敬进退，养志之道也。此五者，代进而厚用之，可谓善养矣。”（《吕氏春秋·孝行览》）发展至此，“养志”、“善养”说已极为清晰明白。

“国人称愿然曰：‘幸哉有子如此！’”更表明了“大孝尊亲”是何所指。当然，这也非易事，“养可能也，敬为难；敬可能也，安为难；安可能也，卒为难”。孝道深化，是层层推进的，“父母既没，慎行其身，不遗父母恶名，可谓能终矣”，即使做不到“大孝尊亲”，但起码应该做到“其次弗辱”、“不遗父母恶名”。所以，曾子最后强调“仁者仁此者也，礼者履此者也，义者宜此者也，信者信此者也，强者强此者也。乐自顺此生，刑自反此作”，仁、礼、义、信、强都以此孝道为核心，而“乐自顺此生，刑自反此作”更是从正反两面指明路径。

总之，曾子强调，能赡养父母是最低级的孝行，不使父母受到屈辱是中等的孝行，最高级的孝道是“尊亲”。“尊亲”既包括了主观上的敬，更包括了客观上为父母带来的显荣。从理论上说，“尊亲”是上至天子诸侯、下至平民百姓都应该做到的最高层次，而“弗辱”和“能养”则是每一个人都能够和必须做到的基本层次。

综上所述，曾子对于孔子的孝道学说确有独到的阐发与相当的发展。他的最大贡献，就是使得孔子承述西周孝道的成果更系统化和理论化，并进一步得到社会的重视与承认。为宣传孝道不遗余力的曾子，同闵子骞、子路一起被列入《二十四孝》，可谓当之无愧！①

---

① 《二十四孝》之“啮指痛心”：“周曾参，字子舆，事母至孝。参曾采薪山中，家有客至，母无措，参不还，乃啮其指。参忽心痛，负薪以归，跪问其母。母曰：‘有客忽至，吾啮指以悟汝耳。’后人系诗颂之：母指方才啮，儿心痛不禁。负薪归未晚，骨肉至情深。”这个故事，在王充《论衡·感虚》中就有记载，不过，王充对此感虚之事予以否定。

第三节　孟子

一般认为，孔门以曾子最能传孝道，而子思是曾子的学生，孟子又就学于子思的门人，所以，孟子对孝道的重视程度也应当先天优越于其他儒者。由现存史料和《孟子》一书的内容来考察，上述认识是有可能的，孟子对孔子、曾子以来的儒家孝道学说确有直接的传承和发扬。在中国孝文化史上，他是一个极为重要的人物。

首先，是“性善论”中“良能”、“良知”的孝。孔子曾经讲过人性问题，如人人皆知的《三字经》开篇所说“性相近，习相远”，但究竟人性是善的还是恶的，孔子并未直截了当地说出来。孟子则提出了人的本质是性善的理论，作为其伦理学说、政治学说的哲学基础，对后世产生了深远的影响。①

人之性，就是人之所以为“人”的本质，在孟子看来，就是人所特有的仁、义、礼、智四种道德心理，即恻隐之心、羞恶之心、辞让之心、是非之心。“凡有四端于我者，知皆扩而充之矣，若火之始然，泉之始达。苟能充之，足以保四海；苟不充之，不足以事父母。”（《孟子·公孙丑上》）

要注意的是，孟子认为人性之所以是善的，是因为人生而具有善端，即恻隐之心、羞恶之心、辞让之心、是非之心，这“四心”是仁、义、礼、智四种善良品德的开端，故“四心”

① 此处参考王长坤《先秦儒家孝道研究》第三章《孔门后学对孔子孝道思想的丰富与发展》第三节《思孟学派的孝道思想》。

又称“四端”，是“我固有之也”。孟子通过他那气势磅礴、才华横溢的善辩、能辨，不厌其烦地论证“人性善”这一根本主张，这是“亚圣”的突出贡献。“四端”中，“恻隐之心，仁之端也”是最根本的。相应地，在“四德”中，仁德也是最根本的。“孔子曰：道二，仁与不仁而已矣。”(《孟子·离娄上》)在孟子看来，爱父母、敬兄长的孝悌之道自然就是仁、义或者说是仁、义的起点。

> 孟子曰：“人之所不学而能者，其良能也；所不虑而知者，其良知也。孩提之童无不知爱其亲者，及其长也，无不知敬其兄也。亲亲，仁也；敬长，义也；无他，达之天下也。”(《孟子·尽心上》)

再扩展开来，也可以说就是仁、义的根本，礼、智的中心。

> 孟子曰：“仁之实，事亲是也；义之实，从兄是也；智之实，知斯二者，弗去是也；礼之实，节文斯二者是也；乐之实，乐斯二者。乐则生矣，生则恶可已也；恶可已，则不知足之蹈之，手之舞之。”(《孟子·离娄上》)

可以这样理解：人之初，性本善，所以仁爱是人性的体现，所谓仁者爱人；爱人不能不有先后远近轻重，所以要从亲情关系最密切的父母兄弟开始，所谓爱有差等。因此，孝道是践行仁德仁爱仁义的开始。《孝经》中，孔子将其称为“德之本，教之所由生也”，古往今来，名之曰“百善孝为先”。这就是儒家仁爱孝道学说的逻辑思辨体系。至此可知，孝道在孟子那里是人天生具有的自然本性。其性善论思想与孝道学说的融合，为先秦儒家乃至今天的“新儒家”们提供了人性论基础。这一理论以人性善为出发点，致力于对仁、义、礼、智等德性存在合理性哲学论证，也使孝道的存在获得理论上的印证，为这一基于人类血缘亲情之爱的自然情感赋予了道德来源和价值基础。《孟子·离娄上》：“孟子曰：居下位而不获于上，民不可得而治也。获于上有道：不信于友，弗获于上矣；信于友有道：事亲弗悦，弗信于友矣；悦亲有道：反身不诚，不悦于亲矣；诚身有道：不明乎善，不诚其身矣。是故诚者，天之道也；思诚者，人之道也。至诚而不动者，未之有也；不诚，未有能动者也。”这里是阐发强调“诚者，天之道也；思诚者，人之道”，而“诚身有道：不明乎善，不诚其身矣”，“悦亲”、“诚身”、“明善”这三者的关联，正有曾子《大学》“三纲领”、“八条目”中“诚意正心”、“修身齐家”、“明德至善”的意味。

其次，是“君子有三乐”中的“父母俱存，兄弟无故”。《孟子·尽心上》：“孟子曰：君子有三乐，而王天下不与存焉。父母俱存，兄弟无故，一乐也；仰不愧于天，俯不怍于人，二乐也；得天下英才而教育之，三乐也。君子有三乐，而王天下不与存焉。”

孟子“三乐”非常有名，如同曾子的“谏亲”为“君子三乐”，鲜明地体现出孟子的个性特色。《尽心上》记载孟子与桃应的问答，从道德两难的角度展开探讨：

桃应问曰："舜为天子，皋陶为士，瞽瞍杀人，则如之何？"孟子曰："执之而已矣！""然则舜不禁与？"曰："夫舜恶得而禁之？夫有所受之也。""然则舜如之何？"曰："舜视弃天下犹弃敝蹝也！窃负而逃，遵海滨而处，终身欣然，乐而忘天下。"

通过孟子所给出的进为天子、退为逃犯，隐居海滨而"终身欣然，乐而忘天下"、"视弃天下犹弃敝蹝"的气度，能够看出孟子在此问题上的主观态度，它与"君子有三乐，而王天下不与存焉"在情理上显然是相通的。

第一乐"父母俱存，兄弟无故"，毫无疑问是孟子孝道学说的一个体现，父母都在，兄弟也都无恙，再进一步说，家人亲友都安好，这是人生最值得庆幸、快乐的事，明显体现出儒家学说重视人伦、重视现实家庭生活的特点。我们每个人都不是只为自己生活着，都是层层人伦关系中的一个重要组成部分，在你没有出生前，这个世界上的人都与你无关，一旦出生，你便成了父母心头上永远的牵挂，成了兄弟姐妹从小一起玩耍、陪伴的亲情手足，成了亲戚朋友交往时愿意倾诉互助的对象，再到后来，成了老师期望并加以培育的栋梁，成了妻子的依靠、丈夫的依赖，成了儿女们的照顾者，可以说，从生到死无时无刻不在人伦关系中生存。如果出现意外、不幸，无论是父母，还是兄弟姐妹亲友，谁离开我们，都会是我们心中永远的遗憾！所以，孟子把"父母俱存，兄弟无故"作为君子"三乐"的第一乐。明白这一点，作为子女，自然也就明白照顾好父母，使他们与我们相伴随时间更长的珍贵了，自然也就能够激发自己的孝心。

再次，“父母之命、媒妁之言”中的父母之心。《孟子·滕文公下》：“丈夫生而愿为之有室，女子生而愿为之有家。父母之心，人皆有之。不待父母之命、媒妁之言，钻穴隙相窥，逾墙相从，则父母国人皆贱之。古之人未尝不欲仕也，又恶不由其道。不由其道而往者，与钻穴隙之类也。”

这段话讲的是父母在子女婚姻上扮演的角色。孟子说的，实为先秦时期礼制的寻常规定，渊源有自，《诗经·齐风·南山》“娶妻如之何？必告父母；娶妻如之何？匪媒不得”，《诗经·豳风·伐柯》“娶妻如何？匪媒不得”，《诗经·郑风·将仲子》“畏我父母”、“父母之言亦可畏也”、“畏我诸兄”、“诸兄之言亦可畏也”，《诗经·鄘风·柏舟》“母也天只，不谅人只”，《礼记·曲礼上》“男女非有行媒，不相知名，非受币，不交不亲”，《礼记·坊记》“男女无媒不交，无币不相见”，《孔子家语·嫁娶》“男不自专娶，女不自专嫁，必由父母，须用媒妁”，《孔子家语·致思》“士不中间见，女嫁无媒，君子不以交礼也”，《管子·形势解》“妇人只求夫家也，必用媒而后家事成，求夫家而不用媒，则丑耻而人不信也。故曰：自媒之女，丑而不信”，和孟子的“父母之命，媒妁之言”全然一致。《战国策·燕一》：“燕王谓苏代曰：‘寡人甚不喜訑者言也。’苏代对曰：‘周地贱媒，为其两誉也。之男家曰‘女美’，之女家曰‘男富’，然而周之俗，不自为取妻。且夫处女无媒，老且不嫁；舍媒而自衒，弊而不售。顺而无败，售而不弊者，唯媒而已矣。且事非权不立，非势不成。夫使人坐受成事者，唯訑者耳。’王曰：‘善矣。’”苏代这里用媒人为例，说明“两誉”也就是两头骗的可恶手法有助于“坐受成事”，其中“处女无媒，老且不嫁”正可见媒妁之言在男女婚嫁中的必要性。《战国策·齐六》更记载：

> 齐闵王之遇杀，其子法章变姓名，为莒太史家庸夫。太史敫女奇法章之状貌，以为非常人，怜而常窃衣食之，与私焉。莒中及齐亡臣相聚求闵王子，欲立之。法章乃自言于莒，共立法章为襄王。襄王立，以太史氏女为王后，生子建。太史敫曰：“女无谋而嫁者，非吾种也，污吾世矣。”终身不睹。君王后贤，不以不睹之故失人子之礼也。

这个故事，几乎一字不差地被司马迁收入《史记·田敬仲完世家》，太史敫因为“女无谋(媒)而嫁，非吾种也，污吾世也”，“终身不睹”，即因女儿与人私奔而断绝父女关系，一辈子不见面，说明媒妁之言于婚姻礼制之重要性。

最后，孟子在解释舜帝“不告而娶”时所说的，也是其阐述孝道最有名最为后人熟悉的一句话：“不孝有三，无后为大。”朱熹《孟子集注》：“赵氏曰：‘于礼有不孝者三事：谓阿意曲从，陷亲不义，一也；家贫亲老，不为禄仕，二也；不娶无子，绝先祖祀，三也。三者之中，无后为大。’”① 目前所

---

① 《孟子·离娄下》：“世俗所谓不孝者五：惰其四支，不顾父母之养，一不孝也；博奕好饮酒，不顾父母之养，二不孝也；好货财，私妻子，不顾父母之养，三不孝也；从耳目之欲，以为父母戮，四不孝也；好勇斗狠，以危父母，五不孝也。”可能反映了当时一般民众用以评价日常生活中亲子关系的道德观念，而“无后为大”反不在其列。

见先秦典籍中，孟子最先提出“无后”乃最大不孝，充分体现出古代宗法、继嗣的重要性，向来被古人视作真理。其实，这并非孟子一人之私见，而是先秦人们的普遍性观念。比如，男子休妻，古有“七出之条”：“七出者：无子，一也；淫佚，二也；不事舅姑，三也；口舌，四也；盗窃，五也；妒忌，六也；恶疾，七也。”（《仪礼·丧服》）①七出之条以“无子”为首，尤可说明问题。正如我们前面讲宗法婚礼制度中的孝道时所说，某种程度上，中国古代，男子娶妻是为了祖先、为了父母、为了家族，爱情是不占重要地位的。从“多子多孙”的喜庆祝福，到“断子绝孙”的刻毒诅咒，从民间婚俗的枣子、花生、石榴、莲子(寓意“早生贵子”、“子孙满堂”)，到寺庙宗教的送子观音，以及养儿是防老、嫁女是泼水，无不可见“生子”思想带给中国人的深刻影响。这一思想在很大程度上支配着国人的婚姻和生育观念，使中国古代女性深受其害，因为古时“无后”、不育的过错全由女性承担，致使很多女性被冷落、被抛弃、被惩罚。但是，“不孝有三”，前面两个还是具有合理性元素的，第一个是对子女品性的要求，如果父母有错，不能一味地听从、附合，导致父母陷于不义之境，犯下过错；第二个，是赡养父母最基本的物质要求，当家中贫困、父母年老的时候，自己不努力工作，养家糊口，这自然是不孝。

正如宋儒张九成所论：

① 《大戴礼记·本命》则为：“妇有七去：不顺父母，去；无子，去；淫，去；妒，去；有恶疾，去；多言，去；窃盗，去。”排在第一位的是不孝敬父母，第二位的是无子。

孟子之学所以造圣王之阃域者，自事亲之道而入也。其所以得事亲之道者，以其学出于曾子。曾子之论孝曰：夫孝置之则植乎天地，溥之则横乎四海，推而放诸东海而准，推而放诸南海而准，推而放诸西海而准，推而放诸北海而准。惟曾子自事亲而入，故孟子亦自事亲而入；惟孟子自事亲而入，所以见舜之用心；惟见舜之用心，所以拳拳以舜为说而不已也。……至为之说曰：舜为法于天下，可传于后世，我犹未免于乡人也，是则可忧也。其平居所存，概可知矣。若夫轩然立论曰：仁之实在乎事亲时，是也。义之实在乎从兄时，是也。知知斯二者，礼节文斯二者，乐乐斯二者，反覆考之。其所得于圣王之道，为仁，为义，为知，为礼，为乐，皆自事亲处得之。推事亲下气怡色之心，推有深爱有和气有婉容之心，推善则称亲、过则称己之心于天下，所以待人以恕，而不责横逆之侵；责己以忠，而自反而求仁，自反而求礼，自反而求忠。①

张九成对孟子孝道学说的总结，我是赞成的。《孟子·告子下》，记载了这么一件事：

曹交问曰：“人皆可以为尧舜，有诸？”孟子曰：“然。”“交闻文王十尺，汤九尺，今交九尺四寸以长，食粟而已，如何则可？”曰：“奚有于是？亦为之而已矣。徐

① ［宋］张九成《孟子传》卷十七，转引自万里、刘范弟辑录点校《虞舜大典》（上），第555页。

行后长者谓之弟，疾行先长者谓之不弟。夫徐行者，岂人所不能哉？所不为也。尧舜之道，孝弟而已矣。子服尧之服，诵尧之言，行尧之行，是尧而已矣；子服桀之服，诵桀之言，行桀之行，是桀而已矣。”曰：“交得见于邹君，可以假馆，愿留而受业于门。”曰：“夫道，若大路然，岂难知哉？人病不求耳。子归而求之，有余师。”

这里涉及孟子著名的“人皆可以为尧舜”命题，“尧舜之道，孝弟而已矣”的孝道论断，从曹交之所问答，看得出其思路、认知之愚昧，不从知行合一的身体力行上求，而从身高等着眼，所以孟子怪道“奚有于是”，不愿收下这个学生，“子归而求之，有余师”，婉转地谢绝了曹交的请求。现在，我们已经知道，“尧舜之道，孝弟而已矣”并不是那么确实，但无论如何，亚圣孟子的孝道思想及其在中国孝文化史上的影响，还是值得我们深入研究的。

第四节　荀子

荀子名况，战国末期赵国人。荀子并不以传孝道而著名，他也以继承孔子自居，但后来儒家认为其学不够纯粹，将其置于儒家道统体系之外。平心而论，荀子对于孝道亦有许多好的论述，可与孟子相提并论。

首先是“性恶论”中的“妻子具而孝衰于亲”。在先秦儒家，孔子之后，孟子、荀子分别代表了儒家的两种人性主张，那就是孟子的人性善，荀子的人性恶。荀子“性恶论”，正是对孟子“性善论”的反驳，他在《荀子·性恶》篇中说人性是恶的，而善则是后天人为的：

> 今人之性，饥而欲饱，寒而欲暖，劳而欲休，此人之情性也。今人饥，见长而不敢先食者，将有所让也；劳而不敢求息者，将有所代也。夫子之让乎父，弟之让乎兄，子之代乎父，弟之代乎兄，此二行者，皆反于性而悖于情也，然而孝子之道，礼义之文理也。故顺情性则不辞让矣，辞让则悖于情性矣。用此观之，然则人之性恶明矣，其善者伪也。

这段文字中，荀子提出“性伪之分”，认为人的本性是天生的，不需要学习和修饰，人性饥则欲食，寒则欲暖，劳则欲休，但在礼义的约束下，就能做到节制和辞让，所以善是后天的、人为的。

我对荀子性恶论，最主要的疑问在于荀子说“化性而起伪”的圣人制定了礼仪，但为什么与桀纣、与小人“其性一也”的“圣人之于礼义积伪”可以发生呢？他说是“积思虑，习伪故”，“人之所积而致也”，这似乎有点同义重复，并未有力地点出何以可能之根本原因与关键。性恶论为荀子的伦理政治思想奠定了理论基础，由此，荀子认为人性、人情、人伦“甚不美”，包括同样由君子圣人制作编定而成的父母子女之间的孝道亲情也不美：“尧问于舜曰：‘人情何如？’舜对曰：‘人情甚不美，又何问焉！妻子具而孝衰于亲，嗜欲得而信衰于友，爵禄盈而忠衰于君。人之情乎！人之情乎！甚不美，又何问焉！唯贤者为不然。’”（《荀子·性恶》）这几句话真是太深刻了。小时候，我妈跟我开玩笑常讲一句话，她说：“小喜鹊，尾巴长，娶了媳妇忘了娘。”这不正是“妻子具而孝衰于亲”吗？前几年，我看到过一幅漫画，叫“一加一蹬（等）二”，一对青年男女，结婚后抱在一起，却把左右两个老人蹬开了，也可以说是对“妻子具而孝衰于亲”的辛辣讽刺。

其次是“礼有三本”中的隆君重于孝父。荀子把孝道看作家庭伦理的一般道德，这与孔子、孟子的看法不同。他说：

> 入孝出弟，人之小行也；上顺下笃，人之中行也；从道不从君，从义不从父，人之大行也。若夫志以礼安，言以类使，则儒道毕矣，虽舜，不能加毫末于是矣。（《荀子·子道》）

在荀子看来，“入孝出弟，人之小行也”，这和孔子“入则孝，出则弟，行有余力，则以学文”的认识有明显差别。宋人员兴宗《辩言》谓：“荀子曰：入孝出悌，人之小行也。辩曰：充匹夫之所以诚身者，此二物而已，及其至也，超然尧、舜矣，故孟子曰‘尧、舜之道孝悌而已矣’。尧、舜之道不过此，卿如何其小之也。”① 实际上，荀子看重的是礼，“夫行也

① ［宋］员兴宗《辩言》，转引自万里、刘范弟辑录点校《虞舜大典》（下），第1063页。

者，行礼之谓也。礼也者，贵者敬焉，老者孝焉，长者弟焉，幼者慈焉，贱者惠焉。”（《荀子·大略》）《荀子·王制》论述道：

> 水火有气而无生，草木有生而无知，禽兽有知而无义；人有气、有生、有知，亦且有义，故最为天下贵也。力不若牛，走不若马，而牛马为用，何也？曰：人能群，彼不能群也。人何以能群？曰：分。分何以能行？曰：义。故义以分则和，和则一，一则多力，多力则强，强则胜物，故宫室可得而居也。故序四时，裁万物，兼利天下，无它故焉，得之分义也。
>
> 故人生不能无群，群而无分则争，争则乱，乱则离，离则弱，弱则不能胜物，故宫室不可得而居也，不可少顷舍礼义之谓也。能以事亲谓之孝，能以事兄谓之弟，能以事上谓之顺，能以使下谓之君。君者，善群也。群道当则万物皆得其宜，六畜皆得其长，群生皆得其命。故养长时则六畜育，杀生时则草木殖，政令时则百姓一，贤良服。

这里指出人类与水火、草木、禽兽之间的差别在于“人能群，彼不能群也”，人与人之间有相互依存的关系。用君子礼义治理协调百姓，“不可少顷舍礼义”。“群道当则万物皆得其宜”，关键要依靠推行“圣王之制”的“善群”之“君者”。在《荀子·君道》中，荀子更强调道：

> 请问为人君？曰：以礼分施，均遍而不偏。请问为人臣？曰：以礼侍君，忠顺而不懈。请问为人父？曰：宽惠而有礼。请问为人子？曰：敬爱而致文。请问为人兄？曰：慈爱而见友。请问为人弟？曰：敬诎而不苟。请问为人夫？曰：致功而不流，致临而有辨。请问为人妻？曰：夫有礼则柔从听侍，夫无礼则恐惧而自竦也。此道也，偏立而乱，俱立而治，其足以稽矣。请问兼能之奈何？曰：审之礼也。

荀子重视礼，孝道只是礼制、礼法中的一个内容，它不是人性的自然发扬，而是践行礼义的结果，历史上，孝子的典型都是君子圣人制定的礼义限制、教化而成；① 并且，按照礼的要求，家庭孝道的亲子之情还要让位于政治伦理的君臣之义，隆君要重于孝父。这和孔子、曾子、孟子根本有别。在《荀子·礼论》中，荀子简明扼要地指出："礼有三本：天地者，生之本也；先祖者，类之本也；君师者，治之本也。无天地，恶生？无先祖，恶出？无君师，恶治？三者偏亡焉无安人。故礼，上事天，下事地，尊先祖而隆君师，是礼之三本也。"(《大戴礼记·礼三本》文字基本同此)这里，已明确指出后世

---

① 《荀子·性恶》："天非私曾、骞、孝己而外众人也，然而曾、骞、孝己独厚于孝之实，而全于孝之名者，何也？以綦于礼义故也；天非私齐鲁之民而外秦人也，然而于父子之义，夫妇之别，不如齐鲁之孝具敬父者，何也？以秦人之从情性，安恣睢，慢于礼义故也，岂其性异矣哉！"

供奉牌位时必备的内容“天地君亲师”,① 只不过君、亲的位置换了一下。而君、亲位置的互换，正和秦汉以后君主专制的巩固和加强相应。《荀子·礼论》进一步指出：

> 君之丧所以取三年，何也？曰：君者，治辨之主也，文理之原也，情貌之尽也，相率而致隆之，不亦可乎？《诗》曰：“恺悌君子，民之父母。”彼君子者，固有为民父母之说焉。父能生之，不能养之；母能食之，不能教诲之；君者，已能食之矣，又善教诲之者也，三年毕矣哉！乳母，饮食之者也，而三月；慈母，衣被之者也，而九月；君，曲备之者也，三年毕乎哉！得之则治，失之则乱，文之至也；得之则安，失之则危，情之至也。两至者俱积焉，以三年事之犹未足也，直无由进之耳！故社，祭社也；稷，祭稷也；郊者，并百王于上天而祭祀之也。

荀子强调君恩高于父母之恩，以三年之丧报之犹未可毕。

---

① 《国语·晋语一》:“武公伐翼，杀哀侯，止栾共子曰:‘苟无死，吾以子见天子，令子为上卿，制晋国之政。’辞曰:‘成闻之:“民生于三，事之如一。”父生之，师教之，君食之。非父不生，非食不长，非教不知生之族也，故壹事之。唯其所在，则致死焉。报生以死，报赐以力，人之道也。臣敢以私利废人之道，君何以训矣？且君知成之从也，未知其待于曲沃也。从君而贰，君焉用之?’遂斗而死。”栾共子这里说“‘民生于三，事之如一。’父生之，师教之，君食之。非父不生，非食不长，非教不知生之族也，故壹事之”，这和荀子所说的“礼有三本”理念相合，可知春秋时期“君亲师”相提并论的思想观念已经成熟。

这一说法与孔子、曾子、孟子相去甚远。孔子、曾子、孟子只是讲由孝及忠、忠孝一本，但忠与孝还是有异的，血缘亲情是大于政治原则的，并未将君主置于父母之上，而荀子明确提出隆君的唯一性与至上性："君者，国之隆也；父者，家之隆也。隆一而治，二而乱，自古及今，未有二隆争重而能长久者。"(《荀子·致士》)因此，讲求礼法的荀子的两个学生韩非、李斯成为法家代表人物，强调君主专制，从荀子君恩高于亲恩这里似乎也可以看出其内在理路。康学伟指出，荀子君主重于父母的隆君思想直接影响了韩非，更为后世执政者所喜，以孝道助成专制政治的最早理论雏形即来自荀子。我认为，这一认识是相当深刻的。

最后，"戒斗"中的"忘其身者也，忘其亲者也"。荀子对于孝道的阐发，站在今天的角度上看，"戒斗"是极具现实意义的。

请看《荀子·荣辱》的论述：

> 斗者，忘其身者也，忘其亲者也，忘其君者也。行其少顷之怒，而丧终身之躯，然且为之，是忘其身也；家室立残，亲戚不免乎刑戮，然且为之，是忘其亲也；君上之所恶也，刑法之所大禁也，然且为之，是忘其君也。忧忘其身，内忘其亲，上忘其君，是刑法之所不舍也，圣王之所不畜也。乳彘不触虎，乳狗不远游，不忘其亲也。人也，忧忘其身，内忘其亲，上忘其君，则是人也，而曾狗彘之不若也！
>
> 凡斗者，必自以为是，而以人为非也。己诚是也，人

诚非也，则是己君子，而人小人也；以君子与小人相贼害也，忧以忘其身，内以忘其亲，上以忘其君，岂不过甚矣哉？是人也，所谓以狐父之戈钃牛矢也。将以为智邪？则愚莫大焉。将以为利邪？则害莫大焉。将以为荣邪？则辱莫大焉。将以为安邪？则危莫大焉。人之有斗，何哉？我欲属之狂惑疾病邪，则不可，圣王又诛之；我欲属之鸟鼠禽兽邪，则不可，其形体又人，而好恶多同。人之有斗，何哉？我甚丑之！（又见《说苑·善说》）

荀子的这番论证形象有力，妙趣横生。对于我们今天的血气方刚、好勇斗狠的青少年（包括一言不合大打出手的成年人、“路怒族”），尤其具有警醒意义。道理其实并不难懂，关键在于平时的体悟、克制工夫，这里就不展开了。

总之，孝道并不是荀子思想的主体。儒家孝道学说经过荀子的演绎，血缘亲情色彩减退，与现实君臣政治联系则加强。荀子认为人性恶，所以特别强调礼的作用，提倡用礼来约束人的恶习，养成好的品行。

至此，我们了解了先秦儒家四子孔子、曾子、孟子、荀子的有关孝道学说。可以毫不夸张地说，在先秦诸子百家中，儒家是最重视人伦亲情的，是最讲孝道的。作为一个学派，早期几位大师级的人物都对孝道给予了充分的重视和强调，这在其他诸子百家中是看不到的。随着历史的发展，当孝道理论学说被儒家学者系统整理、完整阐述时，一部简明而又精要的孝道经典《孝经》也便顺理成章地出现在儒家著作中。这部著作不到两千字，却成了儒家十三经之一，在秦汉以下的古代社会受到政府、学者、民众的极大重视，它所强调的孝道精神更是融入中国文化中，成为中国文化极其鲜明的一个特色。这些，都是儒家孝道学说对中国孝文化的突出贡献。

第六章　诸子百家的孝道争鸣

春秋战国时期的诸子百家争鸣，是我国学术、思想第一次灿烂辉煌的呈现，中国文化所有的范畴、命题几乎在这当中都有过讨论。那么，从伦理哲学思想角度，先秦春秋战国时期的诸子百家对于孝道的探讨和阐发又是怎样的呢？

第一节　墨家

墨家是先秦诸子百家中极有影响的一个学派，创始人墨子先习儒而后非儒，抛弃儒学，另创新说。《孟子·滕文公下》说“杨朱、墨翟之言盈天下”，《韩非子·显学》说“世之显学，儒墨也”，足见其当时之规模势力颇可与儒家相抗衡。我们谈起墨家，经常会提到“兼爱、非攻”、“节葬、明鬼”等观点，仔细阅读《墨子》，我们会发现，在这些观点中明显可以看到墨家对于孝道伦理的主张。

一、兼爱：君臣父子皆能孝慈，若此，则天下治

墨家的兼爱，大约是大家对于墨家的第一印象。那么，何谓兼爱？它的逻辑是怎样的呢？《墨子》说：

> 圣人以治天下为事者也，必知乱之所自起，焉能治之，不知乱之所自起，则不能治。譬之如医之攻人之疾者然，必知疾之所自起，焉能攻之，不知疾之所自起，则弗能攻。治乱者何独不然？必知乱之所自起，焉能治之，不知乱之所自起，则弗能治。圣人以治天下为事者也，不可不察乱之所自起。
>
> 当察乱何自起？起不相爱。臣子之不孝君父，所谓乱也。子自爱，不爱父，故亏父而自利；弟自爱，不爱兄，故亏兄而自利；臣自爱，不爱君，故亏君而自利，此所谓乱也。虽父之不慈子，兄之不慈弟，君之不慈臣，此亦天下之所谓乱也。父自爱也，不爱子，故亏子而自利；兄自爱也，不爱弟，故亏弟而自利；君自爱也，不爱臣，故亏臣而自利。是何也？皆起不相爱。
>
> 虽至天下之为盗贼者亦然：盗爱其室，不爱其异室，故窃异室以利其室；贼爱其身，不爱人，故贼人以利其身。此何也？皆起不相爱。虽至大夫之相乱家，诸侯之相攻国者亦然：大夫各爱其家，不爱异家，故乱异家以利其家；诸侯各爱其国，不爱异国，故攻异国以利其国，天下之乱物，具此而已矣。察此何自起？皆起不相爱。
>
> 若使天下兼相爱，爱人若爱其身，犹有不孝者乎？视

父兄与君若其身，恶施不孝？犹有不慈者乎？视弟子与臣若其身，恶施不慈？故不孝不慈亡有。犹有盗贼乎？故视人之室若其室，谁窃？视人身若其身，谁贼？故盗贼亡有。犹有大夫之相乱家、诸侯之相攻国者乎？视人家若其家，谁乱？视人国若其国，谁攻？故大夫之相乱家、诸侯之相攻国者亡有。若使天下兼相爱，国与国不相攻，家与家不相乱，盗贼无有，君臣父子皆能孝慈，若此，则天下治。

故圣人以治天下为事者，恶得不禁恶而劝爱？故天下兼相爱则治，交相恶则乱。故子墨子曰："不可以不劝爱人者，此也。"（《墨子·兼爱上》）

上述引文中，墨家兼爱的逻辑论述已经十分显豁。从孝文化上来看，父慈子孝是一种互利，并由此互利而达到彼此皆利，这从兼爱的角度上讲，也带有责任、义务色彩，无可厚非，但当这种父慈子孝的亲情伦理扩展到人与人之间的兼爱，具体化到现实生活中，便跟儒家孝道学说有了根本差异。钱宗范说："墨子虽也主张孝，但这个孝是'利亲也'（《经上》），近乎后世'王祥卧冰'、'郭巨埋儿'式的封建个体家长制家庭内的孝。"① 我认为并非如此，墨子墨家的孝道包括兼爱，是"交相利"，和儒家孔子"君君，臣臣，父父，子子"的要求相通，只不过墨家更偏重物质之利，儒家更倾向情感之利。墨家的伦理关系要求彼此对等。儒家的伦理关系则强调彼此对应，但问自己做得如何，不求对方做得如何，在君、父、夫

① 钱宗范：《周代宗法制度研究》，第307—308页。

主导下，难免会抑制损害臣、子、妇的权益。《墨子》所强调的兼爱，富有极高理想期望，但正如《墨子·大取》所强调的“爱人之亲若爱其亲”，墨家的兼爱与儒家“老吾老，以及人之老；幼吾幼，以及人之幼”的仁爱在本质上是有区别的。最大的区别，便是墨家兼爱的操作和实践对人性要求极高，难度很大，在后世无法得到普遍推行。人出于血缘关系也好，出于日常感情也好，都是对自己的父母、亲友感情要深厚于他人，这是最普遍的现象。其实这也很好理解，因为自己的父母养育自己，亲友们关爱自己，自然感情就深厚于别人。儒家所推崇的孝道，本身即讲究差等，按血缘关系之远近表现出种种区别，如丧服制度就非常明显。而墨家强调兼爱，主张“爱无差等”和“不避亲疏”，力图达到爱别人的父母像爱自己的父母那样，力求对每一个人的爱都无深厚疏远之别，甚至认为应先从他人之亲考虑，只有“吾先从事乎爱利人之亲，然后人报我以爱利吾亲也”（《墨子·兼爱下》），这种倒转的“交孝子”观点和方式刚好与儒家相反，变由近及远为由远及近，先施而后求报，这在现实中是有极大难度的。由此，孝道在墨家思想体系中并不占有儒家那般重要的地位，它作为社会的普通伦理之一，只不过是“兼爱”之下一个小的德目，是“兼爱”表现于亲子之间的一个名词而已。按照墨子兼爱之说，具有血缘关系的亲子之间也并不比其他的人际关系近，孟子之所以斥其为“无父”、“禽兽”（《孟子·滕文公下》：“圣王不作，诸侯放恣，处士横议，杨朱墨翟之言，盈天下，天下之言，不归杨则归墨。杨氏为我，是无君也；墨氏兼爱，是无父也。无父无君，是禽兽也。”），就是因为这种无差别的兼爱把自己的父(母)亲和别人的父(母)亲等同起来，遂致无所谓自己的父(母)亲了。东汉史学家班固《汉书·艺文志》亦辩证地指出，墨家“以孝视天下，是以上同，此其所长也。及蔽者为之，见俭之利，因以非礼，推兼爱之意，而不知别亲疏”。从哲学思辨上讲，墨家的这种博爱情怀貌似值得钦佩，但是从一般的人伦实际上来看，有悖于人情，所以难以为人接受。后来墨家在中国历史上几乎销声匿迹，这与它的陈义过高不能说没有关系。同样是讲博爱，儒家的仁爱主张由近及远，由父母到亲友，到一般人乃至天地万物，便很受人们的欢迎和认可，所以成为历代仁人志士汲汲以求的生命道德模式。

二、“孝，利亲也”的物质功利与“节葬，不失死生之利者”的三日之丧

在墨家孝道学说中，“兼相爱”、“交相利”目的性很明确，人和人之间如此，父母子女之间亦如此。可惜的是，墨家的“交相利”太看重物质功利而排斥精神情感，这同样和儒家针锋相对。

墨家对于孝有一个简明的界定：“孝，利亲也。”(《墨子·经上》)从这个“利”字着眼，墨家自正反两面阐述了葬礼与孝道的关系，主张“节葬，不失死生之利者”的三日之丧。这一思想主要体现在《墨子·节葬下》。它的逻辑是：

> 今逮至昔者三代圣王既没，天下失义，后世之君子，或以厚葬久丧以为仁也，义也，孝子之事也，或以厚葬久丧以为非仁义，非孝子之事也。曰二子者，言则相非，行

即相反，皆曰："吾上祖述尧舜禹汤文武之道者也。"而言即相非，行即相反，于此乎后世之君子，皆疑惑乎二子者言也。若苟疑惑乎之二子者言，然则姑尝传而为政乎国家万民而观之。计厚葬久丧，奚当此三利者？我意若使法其言，用其谋，厚葬久丧实可以富贫众寡，定危治乱乎？此仁也，义也，孝子之事也，为人谋者不可不劝也。仁者将兴之天下，谁贾而使民誉之，终勿废也。意亦使法其言，用其谋，厚葬久丧实不可以富贫众寡，定危理乱乎？此非仁非义，非孝子之事也，为人谋者不可不沮也。仁者将求除之天下，相废而使人非之，终身勿为。

在抨击当时厚葬久丧，种种不利现象后，给出了节葬之法、节丧之政：

故古圣王制为葬埋之法，曰："棺三寸，足以朽体；衣衾三领，足以覆恶。以及其葬也，下毋及泉，上毋通臭，垄若参耕之亩，则止矣。死则既已葬矣，生者必无久哭，而疾而从事，人为其所能，以交相利也。"此圣王之法也。

今执厚葬久丧者言曰："厚葬久丧，果非圣王之道，夫胡说中国之君子，为而不已，操而不择哉？"子墨子曰：此所谓便其习而义其俗者也。昔者越之东有輆沭之国者，其长子生，则解而食之，谓之"宜弟"；其大父死，负其大母而弃之，曰鬼妻不可与居处。此上以为政，不以为俗，为而不已，操而不择，则此岂实仁义之道哉？此所谓便其习而义其俗者也。楚之南有炎人国者，其亲戚死朽其肉而弃之，然后埋其骨，乃成为孝子。秦之西有仪渠之国者，其亲戚死，聚柴薪而焚之，熏上，谓之登遐，然后成为孝子。此上以为政，下以为俗，为而不已，操而不择，则此岂实仁义之道哉？此所谓便其习而义其俗者也。若以此若三国者观之，则亦犹薄矣；若以中国之君子观之，则亦犹厚矣。如彼则大厚，如此则大薄，然则葬埋之有节矣。故衣食者，人之生利也，然且犹尚有节；葬埋者，人之死利也，夫何独无节于此乎？子墨子制为葬埋之法曰："棺三寸，足以朽骨；衣三领，足以朽肉；掘地之深，下无菹漏，气无发泄于上，垄足以期其所，则止矣。哭往哭来，反从事乎衣食之财，佴乎祭祀，以致孝于亲。"故曰子墨子之法，不失死生之利者，此也。

故子墨子言曰："今天下之士君子，中请将欲为仁义，求为上士，上欲中圣王之道，下欲中国家百姓之利，故当若节丧之为政，而不可不察此者也。"（《墨子·节葬下》）

我们通过以上引文，充分了解了墨家对于节葬的观点及其论述思路，也领略了墨子能言善辩的智慧。张舜徽先生在《周秦道论发微》中指出："墨子之学，与儒家异趣，其持论尤与儒者不同而致后世讥弹者，则在短丧薄葬。然细绎墨子节葬之说，实亦有为而发，盖墨子目视当时天子诸侯淫侈用殉之酷，不胜愤嫉，欲以除其弊。"① 有相当的合理性。从《墨子·

① 张舜徽：《周秦道论发微》，中华书局1982年11月第1版，第304页。

节葬下》来看，墨子的节葬思想是以利民思想作为出发点的，其理论是以厚葬久丧是否合于国家或天下之“三利”——“富贫”、“众寡”、“定危治乱”为准则的，如果合于这三利，便是仁、义、孝子之事，值得提倡，使其永久不废，反之，则应该加以禁止，永远废弃。

然而，这只是问题的一个方面。

其实，通过上述材料，我们更赫然发现，墨家的节葬思想、利民思想过于重视物质之利，对儒家寓于孝道丧礼中的精神情感、道德文化内涵则一概否定。《墨子·公孟》记载墨子与公孟子的对话，清楚说明这一问题：

> 公孟子谓子墨子曰：“子以三年之丧为非，子之三日之丧亦非也。”子墨子曰：“子以三年之丧非三日之丧，是犹倮谓撅者不恭也。”

> 公孟子曰：“三年之丧，学吾之慕父母。”子墨子曰：“夫婴儿子之知，独慕父母而已。父母不可得也，然号而不止，此亓故何也？即愚之至也。然则儒者之知，岂有以贤于婴儿子哉？”

从上述有点狡辩的话可确证，墨子所反对的不仅是三年之丧这一礼制形式，还包括礼制所体现的子女思恋父母之情及相关的精神文化意蕴，所以，他的三日之丧不仅是礼制上的短丧，更是鼓吹心理情感层面的短丧。“哭往哭来，反从事乎衣食之财”，即子女送葬路上哭一个来回，一回到家，就擦干眼泪投入生活中，要做到这一点，势必要求子女因丧亲而产生的悲痛、忧郁、精神恍惚等心理现象在送葬返家后即迅速消失干净，使心理情绪恢复如常。《墨子·大取》说："圣人不得为子之事。圣人之法，死亡亲，为天下也。厚亲，分也；以死亡之，体渴兴利。"圣人为了替天下人谋利，往往不能事奉父母左右，圣人的丧法，父母死后节葬短丧，是为了整个天下兴利。厚葬父母，是人子应尽的本分，但父母死后，之所以要节葬短丧，是想竭尽自己的力量，为天下谋大利。可见，只有情感上做到"死亡亲"、"以死亡之"，才能在行动上真正地"反从事乎衣食之财"、"体渴兴利"。此即心理情感层面的短丧，"在这种功利主义的孝观念中，冷峻的理智(兴利、利益计较是理性行为)将人的情感需求扫荡无余，其薄葬短丧之说就是典型的例证。"① 简单来说，跟兼爱一样，节葬在墨家看来可行、必行，即在于"不失死生之利者"也，② 对生死二者都有利，对治理天下有益，并且，在兼爱的原则之下已经不复存在亲疏之别，既然如此，为什么要厚葬无益，而不节葬有利呢?

---

① 查昌国：《先秦"孝"、"友"观念研究——兼汉宋儒学探索》，安徽大学出版社 2006 年 12 月第 1 版，第 151 页。

② 《礼记·檀弓上》："成子高寝疾，庆遗入，请曰：'子之病革矣，如至乎大病，则如之何?'子高曰：'吾闻之也：生有益于人，死不害于人。吾纵生无益于人，吾可以死害于人乎哉? 我死，则择不食之地而葬我焉。'""国子高曰：'葬也者，藏也；藏也者，欲人之弗得见也。是故，衣足以饰身，棺周于衣，椁周于棺，土周于椁，反壤树之哉。'"孙希旦曰："子高之为人，薄葬尚俭，盖近于墨氏之意。然以视夫乐瑕丘而欲葬，为石椁而三年者，不亦贤乎!"是也。子高之"生有益于人，死不害于人"，即墨子"不失死生之利者"意。

该如何应对墨家的这一思辨呢？[①] 我想，儒家的孝道学说中或有解答此一问题的内容。

前述先秦丧葬、祭祖以及孔子的三年之丧时，已经透露相关的密码信息，这里再继续补充些材料。

《孟子·滕文公上》记载了一段孟子与墨者夷子关于丧葬的对话，其中就提到这一点，不仅如此，孟子还从儒家礼的角度阐发了儒者关于丧葬的看法：

> 墨者夷子，因徐辟而求见孟子。孟子曰："吾固愿见，今吾尚病，病愈，我且往见，夷子不来！"他日又求见孟子。孟子曰："吾今则可以见矣。不直，则道不见，我且直之。吾闻夷子墨者，墨之治丧也，以薄为其道也。夷子思以易天下，岂以为非是而不贵也？然而夷子葬其亲厚，则是以所贱事亲也。"徐子以告夷子。夷子曰："儒者之道，古之人'若保赤子'，此言何谓也？之则以为爱无差等，施由亲始。"徐子以告孟子。孟子曰："夫夷子，信以

---

① 《墨子·公孟》："子墨子谓程子曰：'儒之道足以丧天下者，四政焉。儒以天为不明，以鬼为不神，天鬼不说，此足以丧天下；又厚葬久丧，重为棺椁，多为衣衾，送死若徙，三年哭泣，扶后起，杖后行，耳无闻，目无见，此足以丧天下；又弦歌鼓舞，习为声乐，此足以丧天下；又以命为有，贫富寿夭，治乱安危有极矣，不可损益也，为上者行之，必不听治矣，为下者行之，必不从事矣，此足以丧天下。'程子曰：'甚矣！先生之毁儒也。'子墨子曰：'儒固无此若四政者，而我言之，则是毁也；今儒固有此四政者，而我言之，则非毁也，告闻也。'程子无辞而出。"这可以看出，墨子对于儒家的厚葬久丧极为否定，将其作为"儒之道足以丧天下者，四政焉"，故程子谓其"甚矣！先生之毁儒也"。"程子无辞而出"，墨子占了上风。

为人之亲其兄之子为若亲其邻之赤子乎？彼有取尔也。赤子匍匐将入井，非赤子之罪也，且天之生物也，使之一本，而夷子二本故也。盖上世尝有不葬其亲者，其亲死，则举而委之于壑。他日过之，狐狸食之，蝇蚋姑嘬之，其颡有泚，睨而不视。夫泚也，非为人泚，中心达于面目，盖归反蘽梩而掩之。掩之诚是也，则孝子仁人之掩其亲，亦必有道矣。”徐子以告夷子。夷子怃然为间曰：“命之矣。”

按照孟子的说法，葬埋始于人类爱亲之心，是人性发展的必然结果，尤其当孝观念产生以后，亲子之间的权利与义务已经明确，则子女丧葬父母实为天经地义之事；且埋葬习俗一经纳入礼的范畴，便有了特定的程式和度数，并非掩埋了就算完事。人们每以贵族对自己地位与荣誉的炫耀解释丧葬之礼的铺张和浪费，其实这并非最重要的原因，根本上还是在于孝道观念的促使作用。然而不可否认的是，随着时代的推移，厚葬之举开始逐渐有标榜生者富贵荣华的意味。《吕氏春秋》之《节丧》、《安死》篇对厚葬的记载、分析尤为慷慨，揭示了战国时期丧主厚葬之目的、丧葬之靡费，世俗如此，竞相奢华，乃至“宋未亡而东冢扫”,① 盗墓之风盛行，逝者不得安宁，这与周礼中丧葬以尽孝心的原理格格不入。

① “宋未亡而东冢扫”，《左传·成公二年》：“八月，宋文公卒，始厚葬，用蜃炭，益车马，始用殉，重器备。椁有四阿，棺有翰桧。”杨伯峻《春秋左传注》(修订本)二：“《吕氏春秋·安死篇》云：‘宋未亡而东冢扬。’高诱《注》以为‘东冢’即宋文公墓。如可信，宋文公墓终因厚葬而被盗发。”（第802页）

实际上，儒家并非就是主张厚葬的。《论语·八佾》："林放问礼之本。子曰：大哉问！礼，与其奢也，宁俭；丧，与其易也，宁戚。"这反映了孔子对于丧祭之礼的明确态度。"子路曰：吾闻诸夫子：丧礼，与其哀不足而礼有余也，不若礼不足而哀有余也；祭礼，与其敬不足而礼有余也，不若礼不足而敬有余也"（《礼记·檀弓上》），"为礼不敬，临丧不哀，吾何以观之哉？"（《论语·八佾》）都可见孔子是着眼于内在的尽心志哀为主，而非外在的文饰。《礼记·檀弓上》载："子游问丧具。夫子曰：'称家之有无。'① 子游曰：'有无恶乎齐？'夫子曰：'有，毋过礼；苟无矣，敛首足形，还葬，县棺而封。人岂有非之者哉？"'毋过礼"、"人岂有非之者哉？"也说明了，自孔子始的儒家正统观念是抵制厚葬的。所以，孔子才会说，宋桓魋"自为石椁，三年而不成"，"若是其靡也，死不如速朽之愈也"。② 刘明认

① 后来孟子厚葬其母即是因此，赵岐注曰："无财以供，则度而用之。礼：丧事不外求，不可称贷而为悦也。"

② 《礼记·檀弓上》："有子问于曾子曰：'问丧于夫子乎？'曰：'闻之矣：丧欲速贫，死欲速朽。'有子曰：'是非君子之言也。'曾子曰：'参也闻诸夫子也。'有子又曰：'是非君子之言也。'曾子曰：'参也与子游闻之。'有子曰：'然，然则夫子有为言之也。'曾子以斯言告于子游。子游曰：'甚哉，有子之言似夫子也。昔者夫子居于宋，见桓司马自为石椁，三年而不成。夫子曰："若是其靡也，死不如速朽之愈也。"死之欲速朽，为桓司马言之也。南宫敬叔反，必载宝而朝。夫子曰："若是其货也，丧不如速贫之愈也。"丧之欲速贫，为敬叔言之也。'曾子以子游之言告于有子，有子曰：'然，吾固曰：非夫子之言也。'曾子曰：'子何以知之？'有子曰：'夫子制于中都，四寸之棺，五寸之椁，以斯知不欲速朽也。昔者夫子失鲁司寇，将之荆，盖先之以子夏，又申之以冉有，以斯知不欲速贫也。'"《孔子家语·曲礼子夏问》又云："季平子卒，将以君之玙璠敛，赠以珠玉。孔子初为中都宰，闻之历级而救焉，曰：'送而以宝玉，是犹曝尸于中原也，其示民以奸利之端，而有害于死者，安用之？且孝子不顺情以危亲，忠臣不兆奸以陷君。'乃止。"亦可参考。

为："墨子对儒家的责难好像是一个辩者只抓住对方的某一方面来进行攻讦，而不去全面地看待对方，这似有贬低对方抬高自己之嫌。事实上，春秋战国时期的各家学派之间的争鸣，确实存在着这样的情况。因此，墨子批评儒家的这一主张，有夸大之嫌"，并指出：

> 无论儒家倡导的是"孝"还是"礼"都不足以一定要去实行厚葬。厚葬的实行者要么是没有真正理解儒家的丧葬观，要么只不过是以此作为争相攀比、满足活人面子的借口罢了。在孝的名义下，人们争先恐后地把丧事办得风光体面，即使死者生前实际没有受到足够的孝敬。因此，厚葬观点并不能真正代表儒家的孝道观念。
>
> 这种厚葬之风从商周时代就已经大行其道，儒家又是以继承维护周礼而自居的，主张隆礼、重孝，因此客观上助长了厚葬之风气。在尊礼、重孝的名义之下，厚葬之风在春秋战国时代更是愈演愈烈。而反对厚葬的墨家、道家等学派把这种厚葬之风的罪魁祸首直接归到儒家的头上，显然是有失公允的。①

上述分析非常精到。儒家坚持适当地按照礼制养老送终，借助一定的仪式寄托子女、亲友的哀思，使其在心理上、情感上得到宽慰，所以对于墨家强调的过简节葬很是不以为然。

---

① 刘明：《周秦时代生死观研究》，人民出版社 2013 年 11 月第 1 版，第 150—151、153 页。

《荀子·礼论》对此批评道：

礼者，谨于治生死者也。生，人之始也，死，人之终也，终始俱善，人道毕矣。故君子敬始而慎终，终始如一，是君子之道，礼义之文也。夫厚其生而薄其死，是敬其有知，而慢其无知也，是奸人之道而倍叛之心也。君子以倍叛之心接臧谷，犹且羞之，而况以事其所隆亲乎！故死之为道也，一而不可得再复也，臣之所以致重其君，子之所以致重其亲，于是尽矣。故事生不忠厚，不敬文，谓之野；送死不忠厚，不敬文，谓之瘠。君子贱野而羞瘠。故天子棺椁十重，诸侯五重，大夫三重，士再重，然后皆有衣衾多少厚薄之数，皆有翣菨文章之等，以敬饰之，使生死终始若一；一足以为人愿，是先王之道，忠臣孝子之极也。天子之丧动四海，属诸侯；诸侯之丧动通国，属大夫；大夫之丧动一国，属修士；修士之丧动一乡，属朋友；庶人之丧合族党，动州里；刑余罪人之丧，不得合族党，独属妻子，棺椁三寸，衣衾三领，不得饰棺，不得昼行，以昏殣，凡缘而往埋之，反无哭泣之节，无衰麻之服，无亲疏月数之等，各反其平，各复其始，已葬埋，若无丧者而止，夫是之谓至辱。

故丧礼者，无它焉，明死生之义，送以哀敬，而终周藏也。故葬埋，敬藏其形也；祭祀，敬事其神也；其铭诔系世，敬传其名也。事生，饰始也；送死，饰终也；终始具，而孝子之事毕，圣人之道备矣。刻死而附生谓之墨，刻生而附死谓之惑，杀生而送死谓之贼。大象其生以送其死，使死生终始莫不称宜而好善，是礼义之法式也，儒者是矣。

荀子强调，儒家主张的“大象其生以送其死，使死生终始莫不称宜而好善，是礼义之法式也”，“终始具，而孝子之事毕，圣人之道备矣”，对于死生终始都有好处，至于所谓薄葬、防止盗墓云云，荀子斥责其“奸人之误于乱说，以欺愚者而潮陷之，以偷取利焉，夫是之谓大奸”，措辞态度极为严厉。

世俗之为说者曰：“太古薄葬，棺厚三寸，衣衾三领，葬田不妨田，故不掘也；乱今厚葬饰棺，故扫也。”是不及知治道，而不察于扫不扫者之所言也。凡人之盗也，必以有为，不以备不足，则以重有余也，而圣王之生民也，使皆当厚优犹知足，而不得以有余过度。故盗不窃，贼不刺，狗豕吐菽粟，而农贾皆能以货财让。风俗之美，男女自不取于涂，而百姓羞拾遗。故孔子曰：“天下有道，盗其先变乎！”虽珠玉满体，文绣充棺，黄金充椁，加之以丹矸，重之以曾青，犀象以为树，琅玕、龙兹、华觐以为实，人犹且莫之扫也。是何也？则求利之诡缓，而犯分之羞大也。夫乱今然后反是。上以无法使，下以无度行，知者不得虑，能者不得治，贤者不得使。若是，则上失天性，下失地利，中失人和。故百事废，财物诎，而祸乱起。王公则病不足于上，庶人则冻馁羸瘠于下，于是焉桀纣群居，而盗贼击夺以危上矣。安禽兽行，虎狼贪，故脯

> 巨人而炙婴儿矣。若是则有何尤扣人之墓抉人之口而求利矣哉！虽此裸而薶之，犹且必扣也，安得葬薶哉！彼乃将食其肉而龁其骨也。夫曰太古薄葬，故不扣也，乱今厚葬，故扣也，是特奸人之误于乱说，以欺愚者而潮陷之，以偷取利焉。夫是之谓大奸。传曰："危人而自安，害人而自利。"此之谓也。

《庄子·天下》："今墨子独生不歌，死不服，桐棺三寸而无椁，以为法式。以此教人，恐不爱人，以此自行，固不爱己。"虽然其语气意味颇不类庄子口吻，和《庄子》的孝道思想很有出入，不过它也表达出对墨子墨家丧葬理念的异见。《韩非子·显学》说："墨者之葬也，冬日冬服，夏日夏服，桐棺三寸，服丧三月，世以为俭而礼之；儒者破家而葬，服丧三年，大毁扶杖，世主以为孝而礼之。夫是墨子之俭，将非孔子之侈也，是孔子之孝，将非墨子之戾也。"清代学者孙诒让《墨学通论》认为："墨氏兼爱，固谆谆以孝慈为本，其书具在，可以勘验（班固论墨家亦云"以孝视天下，是以尚同"），而孟子斥之，至同之无父之科，则亦少过矣。"有一定道理。无论如何，作为先秦诸子百家之一的墨家孝道学说还是值得我们深入研究和分析的。

第二节　法家

先秦法家的著作，著录于《汉书·艺文志》，而今尚存者仅有《商君书》、《慎子》、《韩非子》三种，其中《慎子》只有很短的辑本，所以讨论法家的思想包括孝道学说当以商鞅、韩非子二人及其著作为代表。

依据《商君书》及其他史料，可知商鞅思想的核心即是以发展变化的眼光来看待天地自然和人类社会，主张人类的行为要随着自然与社会的变化而变化。《商君书·开塞》说：

> 天地设而民生之，当此之时也，民知其母而不知其父，其道亲亲而爱私。亲亲则别，爱私则险，民众，而以别、险为务，则民乱。当此时也，民务胜而力征。务胜则争，力征则讼，讼而无正，则莫得其性也，故贤者立中正，设无私，而民说仁。当此时也，亲亲废，上贤立矣。凡仁者以爱为务，而贤者以相出为道，民众而无制，久而相出为道，则有乱，故圣人承之，作为土地、货财、男女之分。分定而无制，不可，故立禁；禁立而莫之司，不可，故立官；官设而莫之一，不可，故立君。既立君，则上贤废而贵贵立矣。然则上世亲亲而爱私，中世上贤而说仁，下世贵贵而尊官。上贤者以道相出也，而立君者使贤无用也；亲亲者以私为道也，而中正者使私无行也。此三者非事相反也，民道弊而所重易也，世事变而行道异也。故曰：王道有绳。

“民知其母而不知其父，其道亲亲而爱私”，乃是上古原始社会的亲情伦理状况，“上世亲亲而爱私，中世上贤而说（悦）仁，下世贵贵而尊官”则是上古人类社会发展的三个阶段。这一段话集中表现了商鞅的历史观。所谓“世事变而行道异”即是说不同的时代有不同的情况，治民之法亦当与时变革，而不能因循旧规。由这一基本认识出发，商鞅反对固守古来的礼制，要求变古变法。这种变古变法主张，不同于儒家的托古改制，而是把礼乐、诗书、修善、孝悌、诚信、仁义看成“六虱”：“六虱：曰礼乐，曰《诗》、《书》，曰修善，曰孝弟，曰诚信，曰贞廉，曰仁义，曰非兵，曰羞战。”（《商君书·靳令》）他说如果让这些东西蔓延滋生，国家“必贫至削”，如果不讲这一套，国家就能富强。《商君书·去强》又将孝悌并列为削弱国亡国贫的“十者”：“国有礼、有乐、有《诗》、有《书》、有善、有修、有孝、有弟、有廉、有辩。国有十者，上无使战，必削至亡；国无十者，上有使战，必兴至王。国以善民治奸民者，必乱至削；国以奸民治善民者，必治至强。国用《诗》、《书》、礼、乐、孝、弟、善、修治者，敌至，必削国；不至，必贫国。”商鞅实际上是不承认仁义、孝悌之类道德规范的作用。他认为“治主无忠臣，慈父无孝子”（《商君书·画策》），父母之爱并不足以教育儿子。换言之，商鞅并不是从根本上反对孝道，只不过他对孝道作用的理解与儒家大不相同：儒家推行孝道，并以此化民，将孝道作为礼乐教化的重要内容；商鞅不相信礼教，认为空讲孝悌道德无助于教导百姓，还是依法治国为上。这种对道德教育作用的否定，直接影响到后来儒家“性恶论”大师荀子的学生韩非，并由其发展为非道德主义的伦理思想。

韩非是战国末期法家思想的代表性人物与集大成者。人们多认为，韩非的人性论直接来源于荀子。这并不错，但他与荀子又不尽相同。荀子之性恶出乎自然的本能，但通过后天的教育，齐之以礼，可以使人得到改造；韩非则否认这一认知之心、变化之性，认为人心俱恶，道德的规范和教育都不足以使之由恶转善，唯有依靠法令的手段和君主的权威来规范。这样，韩非就在荀子性恶论的基础之上又进了一步，形成了极端的人性论观点，有人称其为极端性恶论。由极端性恶论出发，韩非蔑视人间慈孝道德的存在，把家庭中父子、夫妻的关系也说成是纯粹的利害关系：

> 人为婴儿也，父母养之简，子长而怨，子盛壮成人，其供养薄，父母怒而诮之。子父至亲也，而或谯或怨者，皆挟相为而不周于为己也。夫卖庸而播耕者，主人费家而美食，调布而求易钱者，非爱庸客也，曰：如是，耕者且深，耨者熟耘也。庸客致力而疾耘耕者，尽巧而正畦陌畦畤者，非爱主人也，曰：如是，羹且美，钱布且易云也。此其养功力，有父子之泽矣，而心调于用者，皆挟自为心也。故人行事施予，以利之为心，则越人易和，以害之为心，则父子离且怨。(《韩非子·外储说左上》)

> 且父母之于子也，产男则相贺，产女则杀之，此俱出父母之怀衽，然男子受贺，女子杀之者，虑其后便，计之长利也。故父母之于子也，犹用计算之心以相待也，而况无父子之泽乎？今学者之说人主也，皆去求利之心，出相爱之道，是求人主之过于父母之亲也，此不熟于论恩，诈而诬也，故明主不受也。(《韩非子·六反》)

夫妻者，非有骨肉之恩也，爱则亲，不爱则疏。(《韩非子·备内》)

毋庸讳言，韩非的看法反映了一定的实际情况，不是没有道理；但是，也很显然，韩非所指出的这些人之劣性并不能否定亲子以及人与人之间的真善美等正面情感。

由极端性恶论所决定，韩非提倡非道德主义的伦理观念，否定一切道德准则，甚至不承认必备的社会公德，把人与人之间的关系完全等同于弱肉强食的动物界的禽兽关系。他认为道德是虚伪的，就孝道来说，“孝子爱亲，百数之一也”(《韩非子·难二》)，所谓真正爱父母的孝子是百不及一的。“人之情性莫爱于父母”，“今先王之爱民，不过父母之爱子，子未必不乱也，则民奚遽治哉?”(《韩非子·五蠹》)最亲近者，莫过于父母与子女，其真正相爱者尚如此之少，何况君民之间、其他人与人之间呢？所谓仁义之类，完全都是骗人的。据此，韩非不相信道德教化的作用，认为“父母之爱不足以教子”。他说：

今有不才之子，父母怒之弗为改，乡人谯之弗为动，师长教之弗为变。夫以父母之爱、乡人之行、师长之智，三美加焉，而终不动，其胫毛不改；州部之吏，操官兵，推公法，而求索奸人，然后恐惧，变其节，易其行矣。故父母之爱不足以教子，必待州部之严刑者，民固骄于爱、听于威矣。(《韩非子·五蠹》)

> 夫严家无悍虏，而慈母有败子，吾以此知威势之可以禁暴，而德厚之不足以止乱也。(《韩非子·显学》)

> 母之爱子也倍父，父令之行于子者十母；吏之于民无爱，令之行于民也万父。母积爱而令穷，吏威严而民听从，严爱之策亦可决矣。且父母之所以求于子也，动作则欲其安利也，行身则欲其远罪也。君上之于民也，有难则用其死，安平则尽其力。亲以厚爱关子于安利而不听，君以无爱利求民之死力而令行。明主知之，故不养恩爱之心而增威严之势。故母厚爱处，子多败，推爱也；父薄爱教笞，子多善，用严也。(《韩非子·六反》)

这里，我们看不到道德对于一个社会的调节作用。在韩非看来，专任刑法就可以使天下为治，道德教化则可以完全不要。他以孝道亲情和君上威严的两相对照，强调“棍棒之下出孝子”、“严刑之下出顺民”，兜售其“法术势”的帝王专制秘笈。

要特别注意的是，韩非及其法家政治哲学的总目标，是为了君主专制服务。《韩非子·忠孝》对忠、孝道德作出了与儒家完全不同的解说。该篇开头即称：“天下皆以孝悌忠顺之道为是也，而莫知察孝悌忠顺之道而审行之，是以天下乱；皆以尧舜之道为是而法之，是以有弑君，有曲父。”认为尧舜禅让不可取，“故至今为人子者，有取其父之家；为人臣者，有取其君之国者矣。父而让子，君而让臣，此非所以定位一教之道也。”对于忠，臣事君的秩序，决不容许紊乱；对于孝，父尊子卑的伦理，决不允许反对：

> 臣以为人生必事君养亲，事君养亲不可以恬淡，之人必以言论忠信法术，言论忠信法术不可以恍惚。恍惚之言，恬淡之学，天下之惑术也。孝子之事父也，非竞取父之家也；忠臣之事君也，非竞取君之国也。夫为人子而常誉他人之亲曰："某子之亲，夜寝早起，强力生财以养子孙臣妾。"是诽谤其亲者也；为人臣常誉先王之德厚而愿之，诽谤其君者也。非其亲者知谓不孝，而非其君者天下此贤之，此所以乱也。（《韩非子·忠孝》）

韩非是君主专制、父权家长的鼓吹者。他说"臣事君，子事父，妻事父，三者顺则天下治，三者逆则天下乱，此天下之常道也"，其忠孝观中心乃是尊奉君父的绝对权威。他认为，有利于君父便是忠孝。他攻击儒家的忠孝理论，说"孔子本未知孝悌忠顺之道也"，儒家的贤臣、贤子"适足以为害耳"：

> 父之所以欲有贤子者，家贫则富之，父苦则乐之；君之所以欲有贤臣者，国乱则治之，主卑则尊之。今有贤子而不为父，则父之处家也苦；有贤臣而不为君，则君之处位也危。然则父有贤子，君有贤臣，适足以为害耳，岂得利焉哉？所谓忠臣，不危其君，孝子，不非其亲。（《韩非子·忠孝》）

> 博闻辩智如孔墨，孔墨不耕耨，则国何得焉？修孝寡欲如曾史，曾史不攻战，则国何利焉？(《韩非子·八说》)

基于这样的认识，韩非反对孔子的孝道学说，认为礼治不如法治。他主张摒弃以孝道治国化民的传统。一个十分有助于我们比照儒、法两家这一差异的公案，是“亲亲互隐”。

《论语·子路》:“叶公语孔子曰:‘吾党有直躬者，其父攘羊，而子证之。’孔子曰:‘吾党之直者异于是，父为子隐，子为父隐，直在其中矣。’”① 这表明信奉“君子笃于亲，则民兴于仁”(《论语·泰伯》)的孔子对于直躬的态度。②《春秋穀

---

① 《吕氏春秋·当务》亦有记载，《庄子·盗跖》中也提到“直躬证父，尾生溺死，信之患也”，“此上世之所传”，可见，直躬证父在当时是一个世人尽知的著名事件。至西汉《淮南子·氾论训》，也是将直躬与尾生相提并论:“直躬其父攘羊而子证之，尾生与夫人期而死之。直而证父，信而溺死，虽有直信，孰能责之?”

② 《左传·昭公十四年》:“晋邢侯与雍子争赂田，久而无成。士景伯如楚，叔鱼摄理，韩宣子命断旧狱，罪在雍子。雍子纳其女于叔鱼，叔鱼蔽罪邢侯。邢侯怒，杀叔鱼与雍子于朝。宣子问其罪于叔向。叔向曰:‘三人同罪，施生戮死可也。雍子自知其罪而赂以买直，鲋也鬻狱，刑侯专杀，其罪一也。己恶而掠美为昏，贪以败官为墨，杀人不忌为贼。《夏书》曰:“昏、墨、贼，杀。”皋陶之刑也。请从之。’乃施邢侯而尸雍子与叔鱼于市。仲尼曰:‘叔向，古之遗直也。治国制刑，不隐于亲，三数叔鱼之恶，不为末减。曰义也夫，可谓直矣！平丘之会，数其贿也，以宽卫国，晋不为暴。归鲁季孙，称其诈也，以宽鲁国，晋不为虐。邢侯之狱，言其贪也，以正刑书，晋不为颇。三言而除三恶，加三利，杀亲益荣，犹义也夫!’”对于“治国制刑，不隐于亲”、“杀亲益荣”的叔向，孔子称赞其“古之遗直也”、“义也夫，可谓直矣”，表现出来的是对“直”的赞赏，当然，这里涉及的是叔向、叔鱼兄弟之间，而不是父子孝道亲情，又或者孔子本人前后观点也曾有过变化。

梁传·隐公元年》谓“孝子扬父之美，不扬父之恶”，《礼记·檀弓上》也说“事亲有隐而无犯，左右就养无方，服勤至死，致丧三年；事君有犯而无隐，左右就养有方，服勤至死，方丧三年；事师无犯无隐，左右就养无方，服勤至死，心丧三年”,① 即承孔子之义。后来，在汉代、唐朝的法律里，掩盖父母过错在原则上可以得到保护，此即孔子“亲亲互隐”思想的一脉相承。如西汉宣帝地节四年(前66)诏曰：“父子之亲，夫妇之道，天性也。虽有祸患，犹蒙死而存之，诚爱结于心，仁厚之至也，岂能违之哉！自今子首匿父母，妻匿夫，孙匿大父母，皆勿坐。”(《汉书·宣帝纪》)用今天的话说，包庇犯罪的父母、丈夫，是可以原谅的；相反，如果不为父母隐，倒要受到惩罚，那些举告父母过失或罪行的人，每每为人们所不齿，且常常被视为对父母的侵犯而以不孝罪予以惩处。可见，“‘相隐’发展为‘首匿’”，“‘隐’的范围也扩大了。而且实行倾斜，以父子为例，对子较宽而对父较严：子隐父，无罪；父隐子，死罪，但要上报最高法庭，可望减刑。这样倾斜，当是鼓励子行孝道，实行‘以孝治天下’。”②

---

① 郑玄注曰：“隐，谓不称扬其过失也。无犯，不犯颜而谏。《论语》曰：‘事父母，几谏。’”孔颖达疏曰：“亲有寻常之过，故无犯。若有大恶，亦当犯颜，故《孝经》云‘父有争子，则身不陷于不义’是也。《论语》曰：‘事父母几谏。’是寻常之谏也。”辨析得很有道理。孙希旦进一步解释道：“愚谓几谏谓之隐，直谏谓之犯。父子主恩，犯则恐其责善而伤于恩，故有几谏而无犯颜。君臣主义，隐则恐其阿谀而伤于义，故必勿欺也而犯之。师者道之所在，有教则率，有疑则问，无所谓隐，亦无所谓犯也。”参见《礼记集解》，第165页。

② 涂又光：《楚国哲学史》，第261页。

韩非对于儒家的这一立场显然不认同。

《韩非子·五蠹》:“楚之有直躬，其父窃羊，而谒之吏。令尹曰:‘杀之’，以为直于君而曲于父，报而罪之。以是观之，夫君之直臣，父之暴子也。鲁人从君战，三战三北，仲尼问其故，对曰:‘吾有老父，身死，莫之养也。’仲尼以为孝，举而上之。以是观之，夫父之孝子，君之背臣也。故令尹诛而楚奸不上闻，仲尼赏而鲁民易降北。”在具体事实记载与认识态度上，韩非都与孔子明显不同，实质上是指出在一定情况下的不可调和性，并赞成直躬的公正无私，反对以人情乱法和借孝道之名而对君主和国家不负责任。如同孟子探讨的瞽瞍杀人一样，简言之，这还是反映了儒家礼治、亲情伦理为本和法家法治、君主利益为先的内在思路之差异。① 涂又光《楚国哲学史》也把楚直躬这个案例视为“楚国法治精神”的体现。他还表示:“中国古代文明社会，无论南方北方，皆有父有君，皆有如何事父、如何事君的问题，此南北文化之所同。但在处

① 《吕氏春秋·去私》:“墨者有钜子腹䵍，居秦。其子杀人，秦惠王曰:‘先生之年长矣，非有它子也；寡人已令吏弗诛矣，先生之以此听寡人也。’腹䵍对曰:‘墨者之法曰:“杀人者死，伤人者刑。”此所以禁杀伤人也。夫禁杀伤人者，天下之大义也。王虽为之赐，而令吏弗诛，腹䵍不可不行墨者之法。’不许惠王，而遂杀之。子，人之所私也，忍所私以行大义，钜子可谓公矣。”刘明《周秦时代生死观研究》指出:“这里没有描写墨家钜子对于处死自己唯一的儿子做何情感表达，但是可以推测墨家在义的统率下，一切个人的情感都受到了无情的抑制。这与儒家形成了鲜明的对比，如孔子讲‘父为子隐，子为父隐，直在其中矣’，强调的是血缘亲情。有时我们不得不诧异，以‘兼爱’而著称的墨家学派在对待死亡的情感表达上居然看起来与冷酷无情的法家相类似。”(人民出版社 2013 年 11 月第 1 版，第 121 页)刘先生所说甚是，值得我们深入思考研究。

理事父与事君的关系时，南方的原则是事父服从事君，北方的原则是事君服从事父，此南北文化之不同。”“（《论语·子路》）这段对话正体现出这个不同。这个不同，用另一套话说，就是：北方以‘孝’为本，南方以‘忠’为本。一部《楚辞》，没有一个‘孝’字，而有二十六个‘忠’字，就体现了这一点。”① 涂先生这种南北文化视角，有没有道理呢？我在前面伍子胥那一节已经作出了论述，仍然觉得说服力不够。因此，姑且先倾向于《韩诗外传》卷四、卷八所说：“可于君，不可于父，孝子不为也；可于父，不可于君，君子不为也。故君不可夺，亲亦不可夺也。诗曰：‘恺悌君子，四方为则。’”“子为亲隐，义不得正；君诛不义，仁不得受。虽违仁害义，法在其中矣。《诗》曰：‘优哉游哉！亦是戾矣。’”可见，忠（君/公）、孝（亲/私）难以两全（“君不可夺，亲亦不可夺”）的时候，“违仁害义，法在其中”就是儒家最佳的处置方式。

最后，我们再总结一下。韩非孝道学说具有的两大特点：一是，由其极端性恶论出发，将父母子女关系说成是纯粹的利害关系，主张非道德主义的伦理思想，否定慈孝道德的存在以

---

① 涂又光：《楚国哲学史》，第259页。涂先生并且讲：“孔子在此所说的‘直’，不在理智层次，而在情感层次。”“理智层次的直，是正直；情感层次的直，是直觉。父爱其子，子爱其父，直觉如此，无理可言。爱而隐之，亦直觉如此，无理可言。故父子相隐为情感之直，父子相证为情感之不直。这种情感的直，是人的真情实感。以此真情实感为前提、为基础、为素质的其他道德，如忠孝，如仁义礼智信，才是真的，不是假的；才是真情流露，不是矫揉造作。”“在孔子看来，维系家庭的纽带是情感，不是理智。这并非是反对理智，而是以情感为本，建立在情感层次上。”“俗话说：‘清官难断家务事。’断官司属于理智层次，家务事属于情感层次，不在一个层次，所以难断。”（第259—260页）供参考。

及孝道伦理对世道人心的劝化作用，只依赖严刑峻法来治理国家。这种学说适合于迅速富国强兵，对夺取天下有利，秦始皇采用之，终于统一天下。但是，这种割断文化传统、反道德反学术的学说，从根本上否定了人的内在主体性，它无助于提高人的道德精神文明水准，而只能封闭人性，窒息人心，淡漠人伦，弱化人情，因而不合于治世之道。想要万世、万万世的秦始皇，结果二世而亡，就是历史给出的有力裁决。汉朝建立不久，执政者便完全抛弃了韩非的这一套，重又拾起了儒家的仁孝思想、孝治天下理念，实行传统的伦理型政治，自此以后韩非的法家学说再也没有被执政者高调宣布。二是，其强调君对臣、父对子的绝对权力，这给后世执政者适应专制主义需要提供了给养，被毫不保留地予以采纳、巩固和强化。在位者常用的手法是“外儒内法”，“外儒”是治国安邦、教化百姓的伟大旗帜，“内法”则是帝王驾驭臣民的私下法宝。韩非以及法家学说就这样从曾经的不可一世隐入了历史的背后，并在实际上默默地做着帝王专制、御臣愚民的“贤内助”。

第三节　道家

关于道家的孝道学说，学者见仁见智，我认为，道家是对孝道不以为然的。这其实也很正常，无论老子还是庄子，他们思考的问题、探讨的对象、追求的主张，就不是人世间“凡夫俗子”的世界，而是宇宙的、终极的哲学性范畴和思辨式探究。孝道属于人情伦理，这在老庄看来自然是不值一提的细枝末节，或者说，他们对孝道也同样赋予了不食人间烟火的“概念”色彩。

《老子》第十八章谓：“大道废，有仁义；智慧出，有大伪；六亲不和，有孝慈；国家昏乱，有忠臣。”第十九章：“绝圣弃智，民利百倍；绝仁弃义，民复孝慈；绝巧弃利，盗贼无有。此三者以为文不足，故令有所属：见素抱朴，少私寡欲，绝学无忧。”一部五千言的《道德经》，就这两句话提到“孝”，而且还是在论证思想理念时顺带提到，并不是专门阐述。老子认为，仁、义、孝、慈这些东西并不是什么治国宝贝，正是由于有了不仁、不义、不孝、不慈的人和事，所以才需要大力提倡它，如果天下人都相亲相爱，没有争斗欺诈，哪里还用得着提倡仁、义、孝、慈？他认为，在没有倡言仁、义、孝、慈的时代，人们天然具有一种向善的美德，人人互相关心，互相帮助，父母都关怀爱护子女，子女也天然亲近服侍父母，人人安分守己，谁也没有作乱的行为，所以，必须要回到过去那种没有欺诈的纯朴世界中去。这就是老子论孝的观点，实在是缺乏现实的基础，最终只能滑入一种幻想境界之中。在这一点上，道家与墨家颇有相似之处：墨家不以亲亲仁爱为重，认为要兼爱而无厚此薄彼；道家则重返原始混沌状态，从而取消仁义孝慈。前者主动积极地去解决问题，后者则退守消极地化解问题。涂又光《楚国哲学史》谓：

讲哲学的历史，便可见《老子》哲学是对法治的否定，其五十七章云：“法令滋彰，盗贼多有”，可证。又可见，《老子》哲学是对孝治的否定，其十八章云：“六亲不和有

> 孝慈”，可证。《老子》当时的具体历史，有法治与孝治的对立，它不是用法治否定孝治，也不是用孝治否定法治，而是既否定法治，又否定孝治，这就是否定治。这个治，是“治理”之治，不是“治乱”之治。就是说，它不是否定某一种治，肯定另一种治，而是否定一切治。治是为，否定治，就是“无为”。其五十七章云：“我无为而民自化”，正谓此。

涂先生又说：“本书两个术语的含义：同一层面上的相互否定，谓之‘否定’；较高层面否定较低层面，谓之‘超越’。‘否定’是同一层面上的关系，‘超越’是高低层面间的关系。按照这样的含义，则《老子》对法治与孝治的否定，就不是否定，而是超越。”“正是在这样的含义上，可以称《老子》为超越哲学，更可以称《庄子》为超越哲学。”“所以法治与孝治碰撞时，法治否定孝治，孝治否定法治，谁是谁非，《庄子》以为‘是非之涂，樊然淆乱’，这样的互相否定是没有出路的。唯有以无为超越法治与孝治，才是出路。此乃逻辑的必然，即辩证的发展之必然。”① 我觉得，这对《老子》、《庄子》的评价过高。老庄于现实世俗的解构是否就意味着“较高层面否定较低层面，谓之‘超越’”呢？并不是那么简单可以断定的。

《庄子》中涉及孝的内容比《老子》稍多一些，但显然也不是庄子感兴趣、所要长篇大论的重点，其中的“父母于子，东西南北，唯命之从”（《庄子·大宗师》），“孝子不谀其亲，

---

① 涂又光：《楚国哲学史》，第74—75页。

忠臣不谄其君，臣子之盛也。亲之所言而然，所行而善，则世俗谓之不肖子；君之所言而然，所行而善，则世俗谓之不肖臣”（《庄子·天地》），不代表庄子本人的看法，仅是当时对于孝道的一般看法。又例如：

> 仲尼曰：“天下有大戒二：其一命也，其一义也。子之爱亲，命也，不可解于心；臣之事君，义也，无适而非君也，无所逃于天地之间。是之谓大戒。是以夫事其亲者，不择地而安之，孝之至也；夫事其君者，不择事而安之，忠之盛也；自事其心者，哀乐不易施乎前，知其不可奈何而安之若命，德之至也。为人臣子者，固有所不得已，行事之情而忘其身，何暇至于悦生而恶死！”（《庄子·人间世》）

> 子桑户、孟子反、子琴张三人相与友，曰：“孰能相与于无相与，相为于无相为？孰能登天游雾，挠挑无极，相忘以生，无所终穷？”三人相视而笑，莫逆于心，遂相与友。莫然有间而子桑户死，未葬。孔子闻之，使子贡往侍事焉。或编曲，或鼓琴，相和而歌曰：“嗟来桑户乎！嗟来桑户乎！而已反其真，而我犹为人猗！”子贡趋而进曰：“敢问临尸而歌，礼乎？”二人相视而笑曰：“是恶知礼意！”子贡反，以告孔子，曰：“彼何人者邪？修行无有，而外其形骸，临尸而歌，颜色不变，无以命之。彼何人者邪？”孔子曰：“彼，游方之外者也，而丘，游方之内者也。外内不相及，而丘使女往吊之，丘则陋矣。”（《庄子·大宗师》）

> 颜回问仲尼曰："孟孙才，其母死，哭泣无涕，中心不戚，居丧不哀。无是三者，以善处丧盖鲁国，固有无其实而得其名者乎？回壹怪之。"仲尼曰："夫孟孙氏尽之矣，进于知矣。唯简之而不得，夫已有所简矣。"(《庄子·大宗师》)

虽然史事未必确实，寓言更属杜撰(乃至丑化孔子师徒为代表的儒家形象)，但是假借孔子、子贡、颜回之口说出来的上述孝道理念也基本符合儒家事亲、丧礼的孝道思想，可供我们借鉴参考。① 而《庄子·天道》所谓"君先而臣从，父先而子从，兄先而弟从，长先而少从，男先而女从，夫先而妇从。夫尊卑先后，天地之行也，故圣人取象焉。天尊地卑，神明之位也"，"夫天地至神，而有尊卑先后之序，而况人道乎！宗庙尚亲，朝廷尚尊，乡党尚齿，行事尚贤，大道之序也。语道而非其序者，非其道也；语道而非其道者，安取道！"这分明是儒家的口吻，疑是古书编订时阑入者，不可以视作庄子的

---

① 这当中折射出来的庄子道家丧礼观实际上成了超脱人情人伦社会的虚无概念。"庄子认为这种礼节仪式乃'世俗之所为'，即人为制造出来的，不足以表达人们源于自然、出于自然的真性真情，反而局限了真性真情的自然流露。因此，庄子借渔父之口曰：'处丧以哀为主'，'处丧以哀，无问其礼'。处丧本为表达哀痛之情，不必讲究礼仪，主张在情理(礼仪)之间循情弃礼、任情越礼。这与儒家'丧思哀'、墨家'丧虽有礼，而哀为本焉'，强调丧礼的情感基础，有一定的相似之处。"(陆建华《先秦诸子礼学研究》，人民出版社 2008 年 12 月第 1 版，第 42 页)这种"一定的相似之处"，实在是有限的限度，因为按照庄子道家的逻辑思维，最终必然是消解"哀"的，这便不是"循情弃礼、任情越礼"了，而是"无情无义"，无所谓生死哀乐了。

思想。

真正可以称之为庄子道家孝道观的，我认为当推以下两处材料。一处是《庄子·天运》：

> 商大宰荡问仁于庄子。庄子曰："虎狼，仁也。"曰："何谓也？"庄子曰："父子相亲，何为不仁？"曰："请问至仁。"庄子曰："至仁无亲。"大宰曰："荡闻之，无亲则不爱，不爱则不孝，谓至仁不孝，可乎？"庄子曰："不然。夫至仁尚矣，孝固不足以言之。此非过孝之言也，不及孝之言也。夫南行者至于郢，北面而不见冥山，是何也？则去之远也。故曰：以敬孝易，以爱孝难；以爱孝易，以忘亲难；忘亲易，使亲忘我难；使亲忘我易，兼忘天下难；兼忘天下易，使天下兼忘我难。夫德遗尧舜而不为也，利泽施于万世，天下莫知也，岂直大息而言仁孝乎哉？夫孝悌仁义，忠信贞廉，此皆自勉以役其德者也，不足多也。故曰，至贵，国爵并焉；至富，国财并焉；至愿，名誉并焉。是以道不渝。"

商大宰荡问仁于庄子，庄子却偷换概念或者说将"仁"调适为道家形态的仁(所谓"至仁")，并大谈特谈，至于所说的敬、爱、忘亲、忘我、兼忘天下、兼忘我，此一系列孝道境界高下，全然已经变成道家坐忘的理想状态。在这种情况下，"至仁无亲"和墨家兼爱无差(包括汉末传入的佛教)反而具有了异口同声的共效，实际上已经解构或者取消了寻常意义上的孝。

第二处是《庄子·渔父》：

> 孔子愀然曰："请问何谓真？"客（渔父）曰："真者，精诚之至也。不精不诚，不能动人，故强哭者虽悲不哀，强怒者虽严不威，强亲者虽笑不和，真悲无声而哀，真怒未发而威，真亲未笑而和。真在内者，神动于外，是所以贵真也。其用于人理也，事亲则慈孝，事君则忠贞，饮酒则欢乐，处丧则悲哀。忠贞以功为主，饮酒以乐为主，处丧以哀为主，事亲以适为主，功成之美，无一其迹矣。事亲以适，不论所以矣；饮酒以乐，不选其具矣；处丧以哀，无问其礼矣。礼者，世俗之所为也，真者，所以受于天也，自然不可易也。故圣人法天贵真，不拘于俗，愚者反此。不能法天而恤于人，不知贵真，禄禄而受变于俗，故不足。惜哉，子之蚤湛于人伪而晚闻大道也！"

这里提出"圣人法天贵真"，用"真"来"事亲则慈孝"、"事亲以适"，确为不刊之论，但又走向极端，认为"无问其礼"、"不拘于俗"，抹煞了礼仪在日常生活中的和谐相处作用，遂难免放荡放任之流弊。魏晋玄学时期，竹林七贤即以此自负自诩，从庄子这里是可以找到根子的。所以说，此处庄子道家所谓的"真"不同于儒家如《中庸》所说的"诚"，前者不妨戏称为"真空中的真"，后者则是我们"真情实意的真"。

《庄子·盗跖》载：

> 孔子与柳下季为友，柳下季之弟，名曰盗跖。盗跖从卒九千人，横行天下，侵暴诸侯；穴室枢户，驱人牛马，取人妇女；贪得忘亲，不顾父母兄弟，不祭先祖。所过之

邑，大国守城，小国入保，万民苦之。孔子谓柳下季曰："夫为人父者，必能诏其子，为人兄者，必能教其弟，若父不能诏其子，兄不能教其弟，则无贵父子兄弟之亲矣。今先生，世之才士也，弟为盗跖，为天下害，而弗能教也，丘窃为先生羞之。丘请为先生往说之。"柳下季曰："先生言为人父者必能诏其子，为人兄者必能教其弟，若子不听父之诏，弟不受兄之教，虽今先生之辩，将奈之何哉！且跖之为人也，心如涌泉，意如飘风，强足以距敌，辩足以饰非，顺其心则喜，逆其心则怒，易辱人以言。先生必无往。"孔子不听，颜回为驭，子贡为右，往见盗跖。盗跖乃方休卒徒大山之阳，脍人肝而餔之。孔子下车而前，见谒者曰："鲁人孔丘，闻将军高义，敬再拜谒者。"谒者入通，盗跖闻之大怒，目如明星，发上指冠，曰："此夫鲁国之巧伪人孔丘非邪？为我告之：'尔作言造语，妄称文武，冠枝木之冠，带死牛之胁，多辞缪说，不耕而食，不织而衣，摇唇鼓舌，擅生是非，以迷天下之主，使天下学士不反其本，妄作孝弟而侥幸于封侯富贵者也。子之罪大极重，疾走归！不然，我将以子肝益昼餔之膳！'"

这篇寓言纯属无稽。其中语词粗鄙，疑为后来好事者编纂并杂入《庄子》者。抛开这些不论，我们就内容来看，"贪得忘亲，不顾父母兄弟，不祭先祖"的盗跖，堪称大不孝，孔子认为要用"父子兄弟之亲"教谕之，盗跖之兄柳下季则认为，对于丧心病狂的盗跖来说，无济于事。寓言故事以孔子落荒而逃结尾。但我们注意到，"妄作孝弟而侥幸于封侯富贵者也"

这一句，和庄子的无为旨趣正相通。即此而言，也可以明确，在孝道这一人伦亲情上，老庄的道家和孔孟的儒家是道不同不相为谋的。一个恍惚天上云端，一个俨然地上人间，所说所论都不在一个层面上。后世道教出现以后，教义中有大量的和儒家几无二致的孝道观，这固然说明了道家、道教前后期之不同，也反映出道教在世俗化过程中不得不作出的应对改变。佛教同样如此。

第四节 《管子》与《晏子春秋》、《吕氏春秋》

《管子》是先秦时期齐国杰出的政治家、思想家管仲及其学派的著述总集，保存了丰富的思想资料，具有很大的史料价值。《管子》对孝道的论述十分详尽，将其作为“道”的一个重要体现方面，[①] 有养老等孝文化内容。[②] 我们谨就其中的两

① 《管子·形势解》：“道者，扶持众物，使得生育，而各终其性命者也。故或以治乡，或以治国，或以治天下。故曰：道之所言者一也，而用之者异。闻道而以治一乡，亲其父子，顺其兄弟，正其习俗，使民乐其上，安其土，为一乡主干者，乡之人也。故曰：有闻道而好为乡者，一乡之人也。民之从有道也，如饥之先食也，如寒之先衣也，如暑之先阴也。故有道则民归之，无道则民去之。故曰：道往者其人莫来，道来者其人莫往。道者，所以变化身而之正理者也，故道在身则言自顺，行自正，事君自忠，事父自孝，遇人自理。故曰：道之所设，身之化也。”

② 《管子·入国》：“所谓‘老老’者，凡国、都皆有掌老，年七十已上，一子无征，三月有馈肉；八十已上，二子无征，月有馈肉；九十已上，尽家无征，日有酒肉，死，上共棺椁。劝子弟，精膳食，问所欲，求所嗜。此之谓老老。”

点稍作介绍。

第一点，是孝道伦理的相互责任："君不君，则臣不臣；父不父，则子不子。"

孝道伦理发生的主体构成是老（父母长辈）与子（儿女晚辈）两者，孝道伦理的发生、维系固然应侧重儿女晚辈这边，但父母长辈的责任也不可忽视，可以说是直接影响到孝道伦理的好与坏。换言之，涉及孝的实践层面时，其主体需要老（父母长辈）、子（儿女晚辈）两方面的配合，需要两者各自尽到自己应尽的义务。这与春秋时期孔子所强调的"君君，臣臣，父父，子子"是一致的，双方的彼此关系是相对应的，不可偏于任何一方。偏于君、父，过于强调君、父之尊严，便会走向专权、专制；偏于臣、子，过于容忍臣、子之任性，便会走向弑君、杀父。严格说起来，这种认识是孔子及其以前中国社会已经初步形成的一种伦理关系看法，而这一看法在今天能够看到的《管子》一书中亦有记载。

《管子·五辅》指出，"德有六兴，义有七体，礼有八经，法有五务，权有三度"。"养长老，慈幼孤，恤鳏寡，问疾病，吊祸丧，此谓匡其急"，这是"六兴"之一；"孝悌慈惠，以养亲戚"，这是"七体"之首：都可见对于孝道的重视。特别是"八经"，尤可见伦理责任的对应性。

> 曰：民知义矣，而未知礼，然后饰八经以导之礼。所谓八经者何？曰：上下有义，贵贱有分，长幼有等，贫富有度。凡此八者，礼之经也。故上下无义则乱，贵贱无分则争，长幼无等则倍，贫富无度则失。上下乱，贵贱争，

长幼倍，贫富失，而国不乱者，未之尝闻也，是故圣王饬此八礼以导其民。八者各得其义，则为人君者，中正而无私；为人臣者，忠信而不党；为人父者，慈惠以教；为人子者，孝悌以肃；为人兄者，宽裕以诲；为人弟者，比顺以敬；为人夫者，敦懞以固；为人妻者，劝勉以贞。夫然，则下不倍上，臣不杀君，贱不逾贵，少不陵长，远不间亲，新不间旧，小不加大，淫不破义。凡此八者，礼之经也。① 夫人必知礼然后恭敬，恭敬然后尊让，尊让然后少长贵贱不相逾越，少长贵贱不相逾越，故乱不生而患不作。故曰：礼不可不谨也。

这种伦理责任的对应性，《管子·形势》从反面予以强调："君不君，则臣不臣，父不父，则子不子。上失其位，则下逾其节，上下不和，令乃不行。"这句话，如何理解呢？《管子·形势解》给出了解释："为人君而不明君臣之义以正其臣，则臣不知为臣之理以事其主矣，故曰：君不君，则臣不臣。为人父而不明父子之义以教其子而整齐之，则子不知为人子之道以事其父矣，故曰：父不父，则子不子。"《管子》强调的主要是君、父的责任，也就是君、父对臣、子的教导、教育责任。我们经常说，"子不教，父之过"（《三字经》），《管子》显然是主张这一说法的，也就是"臣不正，君之错，子不教，父之过"。

---

① 《左传·隐公三年》石碏谏卫庄公曰："贱妨贵，少陵长，远间亲，新间旧，小加大，淫破义，所谓六逆也。君义，臣行，父慈，子孝，兄爱，弟敬，所谓六顺也。去顺效逆，所以速祸也。"这里的"六逆"，与此"八经"正可呼应。

接下来，《管子》更从自然界天地万物的排比陈述中肯定孝道责任的相应性：

山者，物之高者也；惠者，主之高行也；慈者，父母之高行也；忠者，臣之高行也；孝者，子妇之高行也。故山高而不崩则祈羊至，主惠而不解则民奉养，父母慈而不解则子妇顺，臣下忠而不解则爵禄至，子妇孝而不解则美名附。故节高而不解，则所欲得矣，解，则不得。故曰：山高而不崩，则祈羊至矣。

渊者，众物之所生也，能深而不涸，则沈玉至；主者，人之所仰而生也，能宽裕纯厚而不苛忮，则民人附；父母者，子妇之所受教也，能慈仁教训而不失理，则子妇孝；臣下者，主之所用也，能尽力事上，则当于主；子妇者，亲之所以安也，能孝弟顺亲，则当于亲。故渊涸而无水则沈玉不至，主苛而无厚则万民不附，父母暴而无恩则子妇不亲，臣下随而不忠则卑辱困穷，子妇不安亲则祸忧至。故渊不涸，则所欲者至，涸，则不至。故曰：渊深而不涸，则沈玉极。

天覆万物，制寒暑，行日月，次星辰，天之常也，治之以理，终而复始；主牧万民，治天下，莅百官，主之常也，治之以法，终而复始；和子孙，属亲戚，父母之常也，治之以义，终而复治；敦敬忠信，臣下之常也，以事其主，终而复始；爱亲善养，思敬奉教，子妇之常也，以事其亲，终而复始。故天不失其常，则寒暑得其时，日月星辰得其序；主不失其常，则群臣得其义，百官守其事；

父母不失其常，则子孙和顺，亲戚相欢；臣下不失其常，则事无过失，而官职政治；子妇不失其常，则长幼理而亲疏和。故用常者治，失常者乱，天未尝变，其所以治也。故曰：天不变其常。

地生养万物，地之则也；治安百姓，主之则也；教护家事，父母之则也；正谏死节，臣下之则也；尽力共养，子妇之则也。地不易其则，故万物生焉；主不易其则，故百姓安焉；父母不易其则，故家事办焉；臣下不易其则，故主无过失；子妇不易其则，故亲养备具。故用则者安，不用则者危，地未尝易，其所以安也。故曰：地不易其则。

莅民如父母，则民亲爱之，道之纯厚，遇之有实，虽不言曰吾亲民，而民亲矣；莅民如仇雠，则民疏之，道之不厚，遇之无实，诈伪并起，虽言曰吾亲民，民不亲也。故曰：亲近者言无事焉。

人主能安其民，则事其主如事其父母，故主有忧则忧之，有难则死之；主视民如土，则民不为用，主有忧则不忧，有难则不死。

民之所以守战至死而不衰者，上之所以加施于民者厚也，故上施厚，则民之报上亦厚，上施薄，则民之报上亦薄。故薄施而厚责，君不能得之于臣，父不能得之于子。故曰：往者不至，来者不极。

这些排比式的论证很明显讲的是孝道双方都应尽到各自相应的责任，大自然比如山渊、天地如此，人伦道德比如君臣、父子也是如此。要是做不到，会如何呢？《管子·形势解》强调："为主而贼，为父母而暴，为臣下而不忠，为子妇而不孝，四者人之大失也；大失在身，虽有小善，不得为贤。所谓平原者下泽也，虽有小封，不得为高，故曰：平原之隰，奚有于高。"因此，《管子》极力主张："为主而惠，为父母而慈，为臣下而忠，为子妇而孝，四者人之高行也；高行在身，虽有小过，不为不肖。所谓大山者，山之高者也，虽有小隈，不以为深，故曰：'大山之隈，奚有于深。'"可以说，在先秦孝文化中，对于孝道伦理中父母、子女彼此间的相应责任，应该以《管子》的阐发最为明确、详细。这是很值得我们注意的。

随着历史的发展、时代的变迁、社会的转换，中国古代社会的孝道伦理逐渐出现走极端、不正常的现象，从春秋时期"父慈子孝"的对等观念越来越转向父权家长制。当我们回头反观《管子》的孝道学说，便就别有一番重要的意义。

《管子》孝道学说，需要注意的第二点是"事主而不尽力则有刑，事父母而不尽力则不亲"（《管子·形势解》），也就是对不孝之人、不孝之罪的阐述。《管子·戒》记载了管仲临终前对齐桓公的恳切叮嘱，其中特别提到易牙、竖刁、开方这三个人，告诫齐桓公"必去之"。

> 管仲又言曰："东郭有狗啀啀，旦暮欲啮我，猳而不使也。今夫易牙，子之不能爱，将安能爱君？君必去

之。”公曰：“诺。”管子又言曰：“北郭有狗喔喔，旦暮欲啮我，猳而不使也。今夫竖刁，其身之不爱，焉能爱君，君必去之。”公曰：“诺。”管子又言曰：“西郭有狗喔喔，旦暮欲啮我，猳而不使也。今夫卫公子开方，去其千乘之太子，而臣事君，是所愿也得于君者，将欲过其千乘也，君必去之。”桓公曰：“诺。”管子遂卒。

这个情节，《韩非子·十过》、《吕氏春秋·知接》也有记载，所述更详。后世的当政者，都把这个故事当作防范小人、亲近忠臣的教材。如《说苑·贵德》：“竖刁、易牙，毁体杀子以干利，卒为贼于齐。故人臣不仁，篡弑之乱生；人臣而仁，国治主荣。”《说苑·尊贤》：“桓公得管仲，九合诸侯，一匡天下，失管仲，任竖刁、易牙，身死不葬，为天下笑，一人之身，荣辱俱施焉，在所任也。”从孝文化角度上来看，它明确地表达出《管子》对于孝道的高度重视：一个人，如果像易牙那样不慈不爱子、像开方那样不孝不爱亲、像竖刁那样不仁不爱身，这样的人“必去之”，否则必受其害。①《管子·戒》指

① 《战国策·魏一》：“乐羊为魏将而攻中山。其子在中山，中山之君烹其子而遗之羹，乐羊坐于幕下而啜之，尽一杯。文侯谓睹师赞曰：‘乐羊以我之故，食其子之肉。’赞对曰：‘其子之肉尚食之，其谁不食！’乐羊既罢中山，文侯赏其功而疑其心。”睹师赞所谓的“其子之肉尚食之，其谁不食！”正是《管子》此处之意。惟《战国策·中山》又说：“乐羊为魏将，攻中山。其子时在中山，中山君烹之，作羹致于乐羊。乐羊食之。古今称之。乐羊食子以自信，明害父以求法。”“古今称之”，则是肯定其做法。西汉《淮南子·人间·泰族》则谓：“乐羊攻中山，未能下，中山烹其子，而食之以示威，可谓良将，而未可谓慈父也。故可乎可，而不可乎不可，不可乎不可，而可乎可。”

出："孝弟者，仁之祖也，忠信者，交之庆也。内不考孝弟，外不正忠信，泽其四经而诵学者，是亡其身者也。"《管子·形势解》："圣人之与人约结也，上观其事君也，内观其事亲也，必有可知之理，然后约结；约结而不袭于理，后必相倍。故曰：不重之结，虽固必解。道之用也，贵其重也。"约结就是结盟、订约，这时候如何判断一个人呢？"上观其事君也，内观其事亲也"，也就是看他对君上的忠和对父母的孝，"必有可知之理"，就是说对君上的忠和对父母的孝符合情理，这样的人才值得信任、交往，否则日后必然背叛。《新序·杂事五》载："楚人有善相人者，所言无遗策，闻于国。庄王见而问其情，对曰：'臣非能相人，能观人之交也。观布衣也，其交皆孝悌笃谨畏令，如此者，其家必日益，身必日安，此所谓吉人也。'"也是从交友方面对孝道品行的观察。《管子·大匡》更明确强调："嫡子不闻孝，不闻爱其弟，不闻敬老国良，三者无一焉，可诛也；士庶人闻之吏贤孝悌，可赏也。"这与齐桓公葵丘会盟的盟约精神是一致的。① 由此可以看出，孝道在

① 《孟子·告子下》："五霸，桓公为盛。葵丘之会，诸侯束牲载书而不歃血。初命曰，诛不孝，无易树子，无以妾为妻；再命曰，尊贤育才，以彰有德；三命曰，敬老慈幼，无忘宾旅；四命曰，士无世官，官事无摄，取士必得，无专杀大夫；五命曰，无曲防，无遏籴，无有封而不告。曰，凡我同盟之人，既盟之后，言归于好。"这当中，"诛不孝"、"敬老"都是对于孝道德行的维护和崇尚。《国语·齐语》载齐桓公："君亲问焉，曰：'于子之乡，有居处为义好学、慈孝于父母、聪慧质仁、发闻于乡里者，有则以告。有而不以告，谓之蔽明，其罪五。'""桓公又问焉，曰：'于子之乡，有不慈孝于父母、不长悌于乡里、骄躁淫暴、不用上令者，有则以告。有而不以告，谓之下比，其罪五。'"这里对"慈孝于父母"、"不慈孝于父母、不长悌于乡里"的正反两面都有注重，其精神与《管子》亦相合相通。

《管子》中已经达到了法律的高度，可以决定一个人的生死、赏罚，这种高度，某种程度上代表了我国春秋时期孝文化的社会发展程度。

《管子·形势解》说："狂惑之人，告之以君臣之义，父子之理，贵贱之分，不信圣人之言也，而反害伤之，故圣人不告也。故曰：毋告不知。"让我们记住《管子》中明通的孝道理论吧：一是孝道的相互责任，君不君，则臣不臣，父不父，则子不子；二是不孝之人必去之，不孝之罪可诛也。这两点都将重点放在了父、子各自责任上，只不过是从反面来告诫我们而已。

看完管子，我们再不妨看看和他齐名、被司马迁合传记载的晏子。《晏子春秋》是记载晏子言行的书。晏子劝告君主不要贪于逸乐，要爱护百姓、任用贤能和虚心听取不同意见等治国经验，常为后世所取法。这里，我们从孝文化的角度来观察晏子是如何看重孝道，特别是辅佐君主注意孝道、实行孝治的。①

《左传·襄公十七年》："齐晏桓子卒，晏婴粗缞斩，苴绖、带、杖，菅屦，食鬻，居倚庐，寝苫、枕草。其老曰：

① 《晏子春秋·叔向问人何若则荣晏子对以事君亲忠孝》载："叔向问晏子曰：'何若则可谓荣矣？'晏子对曰：'事亲孝，无悔往行，事君忠，无悔往辞；和于兄弟，信于朋友，不谄过，不责得；言不相坐，行不相反；在上治民，足以尊君，在下莅修，足以变人，身无所咎，行无所创：可谓荣矣。'"将"事亲孝"作为荣耀之首。

'非大夫之礼也。'曰：'唯卿为大夫。'"①《晏子春秋·晏子居丧逊畣家老仲尼善之》记载此事曰："晏子居晏桓子之丧，粗衰，斩，苴绖带，杖，菅屦，食粥，居倚庐，寝苫，枕草。其家老曰：'非大夫丧父之礼也。'晏子曰：'唯卿为大夫。'曾子以闻孔子，孔子曰：'晏子可谓能远害矣。不以己之是驳人之非，逊辞以避咎，义也夫！'"孔子对于晏子的守孝丧礼是称赞的。

《晏子春秋·景公怜饥者晏子称治国之本以长其意》记载：

> 齐景公游于寿宫，睹长年负薪者而有饥色。公悲之，

① 杨伯峻《春秋左传注》(修订本)三："(倚庐)居丧时，临时所搭草棚。倚木为庐，在中门外东墙下，以草夹障，不涂泥，向北开户。既葬以后，再加高于内涂泥，向西开户。(寝苫、枕草)苫音山，编禾秆为席，孝子卧其上。以草为枕。以上并是晏婴所行之子丧父之礼。……似三年之丧，周代果有此事。然春秋已不实行，故晏婴行之，而其老止之。"(第1033页)据此，晏子父亲去世后，他是守孝三年的。然《晏子春秋·景公上路寝闻哭声问梁丘据晏子对》载："景公上路寝，闻哭声，曰：'吾若闻哭声，何为者也？'梁丘据对曰：'鲁孔丘之徒鞠语者也，明于礼乐，审于服丧，其母死，葬埋甚厚，服丧三年，哭泣甚疾。'公曰：'岂不可哉！'而色说之。晏子曰：'古者圣人，非不知能繁登降之礼，制规矩之节，行表缀之数以教民，以为烦人留日，故制礼不羡于便事；非不知能扬干戚钟鼓竽瑟以劝众也，以为费财留工，故制乐不羡于和民；非不知能累世殚国以奉死，哭泣处哀以持久也，而不为者，知其无补死者而深害生者，故不以导民。今品人饰礼烦事，羡乐淫民，崇死以害生，三者，圣王之所禁也。贤人不用，德毁俗流，故三邪得行于世。是非贤不肖杂，上妄说邪，故好恶不足以导众。此三者，路世之政，单事之教也。公曷为不察，声受而色说之？'"晏子和梁丘据在齐景公面前谈论儒家三年之丧，晏子是反对厚葬久丧的。《晏子春秋·仲尼见景公景公欲封之晏子以为不可》中也明确表示："厚葬破民贫国，久丧道哀费日。"

喟然叹曰："令吏养之！"晏子曰："臣闻之，乐贤而哀不肖，守国之本也。今君爱老，而恩无所不逮，治国之本也。"公笑，有喜色。晏子曰："圣王见贤以乐贤，见不肖以哀不肖。今请求老弱之不养，鳏寡之无室者，论而共秩焉。"公曰："诺。"于是老弱有养，鳏寡有室。

这个故事，在西汉刘向的《说苑·贵德》中也有记载，文字基本雷同，充分体现出晏子作为辅佐大臣不失时机地劝勉君主发扬孝道、体恤民意的施政理念。

这一次，齐景公很舒服，好话也听了，好事也办了。还有一次，就不像这次这么简单了。《晏子春秋·景公路寝台成逢于何愿合葬晏子谏而许》：

景公成路寝之台，逢于何遭丧，遇晏子于途，再拜乎马前。晏子下车挹之，曰："子何以命婴也？"对曰："于何之母死，兆在路寝之台牖下，愿请合骨。"晏子曰："嘻！难哉！虽然，婴将为子复之，适为不得，子将若何？"对曰："夫君子则有以，如我者侪小人，吾将左手拥格，右手梱心，立饿枯槁而死，以告四方之士曰：'于何不能葬其母者也。'"晏子曰："诺。"遂入见公，曰："有逢于何者，母死，兆在路寝当墉下，愿请合骨。"公作色不说，曰："古之及今，子亦尝闻请合葬人主之宫者乎？"晏子对曰："古之人君，其宫室节，不侵生人之居，台榭俭，不残死人之墓，故未尝闻请葬人主之宫者也。今君侈为宫室，夺人之居，广为台榭，残人之墓，是生者愁忧，不得安处，死者离易，不得合骨。丰乐侈游，兼傲生死，非仁君之行也。遂欲满求，不顾细民，非存之道也。且婴闻之，生者不得安，命之曰蓄忧；死者不得葬，命之曰蓄哀。蓄忧者怨，蓄哀者危，君不如许之。"公曰："诺。"晏子出，梁丘据曰："自昔及今，未尝闻求葬公宫者也，若何许之？"公曰："削人之居，残人之墓，凌人之丧，而禁其葬，是于生者无施，于死者无礼也。《诗》云：'谷则异室，死则同穴。'吾敢不许乎？"逢于何遂葬其母路寝之台墉下，解衰去绖，布衣縢履，元冠茈武，踊而不哭，躄而不拜，已乃涕洟而去。

上面的两例（包括和逢于何类同的《晏子春秋·景公台成盆成适愿合葬其母晏子谏而许》篇），都是晏子从国家治理角度上劝勉齐景公体恤百姓、维护孝道的。晏子说："礼之可以为国也久矣，与天地并。君令、臣共，父慈、子孝，兄爱、弟敬，夫和、妻柔，姑慈、妇听，礼也。君令而不违，臣共而不贰；父慈而教，子孝而箴；兄爱而友，弟敬而顺；夫和而义，妻柔而正；姑慈而从，妇听而婉：礼之善物也。"（《左传·昭公二十六年》）① "父子无礼，其家必凶；兄弟无礼，不能久同"（《晏子春秋·景公饮酒命晏子去礼晏子谏》），"为子之道，以钟爱其兄弟，施行于诸父，慈惠于众子，诚信于朋友，

① 《晏子春秋·景公问后世孰将践有齐者晏子对以田氏》："君令臣忠，父慈子孝，兄爱弟敬，夫和妻柔，姑慈妇听，礼之经也；君令而不违，臣忠而不二，父慈而教，子孝而箴，兄爱而友，弟敬而顺，夫和而义，妻柔而贞，姑慈而从，妇听而婉，礼之质也。"

谓之孝”，“举俭力孝弟”（《晏子春秋·晏子再治阿而见信景公任以国政》）。从他的言行来看，其孝道理念和儒家是一致的，尽管他本人和孔子在具体政见上存在着分歧。

最后，我们一起来看下融会贯通先秦诸子思想的《吕氏春秋》。历代学者向来将《吕氏春秋》视为杂家，又谓其宗主道家，但就其中的孝道思想内容来看则是儒家立场，比如专门阐述孝道的《孝行》篇：

> 凡为天下，治国家，必务本而后末。所谓本者，非耕耘种植之谓，务其人也；务其人，非贫而富之，寡而众之，务其本也；务本莫贵于孝。人主孝，则名章荣，下服听，天下誉；人臣孝，则事君忠，处官廉，临难死；士民孝，则耕芸疾，守战固，不罢北。夫孝，三皇五帝之本务，而万事之纪也。夫执一术而百善至、百邪去，天下从者，其惟孝也！故论人必先以所亲，而后及所疏；必先以所重，而后及所轻。今有人于此，行于亲重，而不简慢于轻疏，则是笃谨孝道，先王之所以治天下也。故爱其亲，不敢恶人，敬其亲，不敢慢人，爱敬尽于事亲，光耀加于百姓，究于四海，此天子之孝也。

这一段文字，毫无疑问是儒家孝道观。它把孝道定性为治国之本、万事纲纪，不可谓不重要。最后一句“天子之孝”，更是直接源自《孝经》，并以曾子、乐正子春的孝道言行补充说明。在孝道孝行态度上，《吕氏春秋》的宗旨是极为鲜明的。

《吕氏春秋》从尊师重教的角度着眼，指出学习、教育对于孝道孝治的必要性：

> 先王之教，莫荣于孝，莫显于忠。忠孝，人君人亲之所甚欲也；显荣，人子人臣之所甚愿也。然而人君人亲不得其所欲，人子人臣不得其所愿，此生于不知理义；不知义理，生于不学。（《劝学》）

> 教也者，义之大者也；学也者，知之盛者也。义之大者，莫大于利人，利人莫大于教；知之盛者，莫大于成身，成身莫大于学。身成则为人子弗使而孝矣，为人臣弗令而忠矣，为人君弗强而平矣，有大势可以为天下正矣。（《尊师》）

《吕氏春秋》指出，忠孝是人君、人亲、人子、人臣所想要的“显荣”，不忠不孝是因为不知理义，不知理义则是因为不学习；学习可以“成身”，成身则忠孝可得，因此要尊师重教，也要尊重其中的孝道。

通过《管子》、《晏子春秋》、《吕氏春秋》、《墨子》、《商君书》、《韩非子》等的解读，我们可以看出，先秦诸子百家基本上都对孝道给予了充分的重视，有所议论、阐发，或肯定，或否定，既有共同点，也有区别处，他们的学术思辨、理论构建虽然偏于政治和伦理上的主张、探讨，在当时并未能完全付诸实践，但为儒家孝道学说的集大成提供了详尽的素材，为丰富中国孝文化的内容与体系作出了各自的贡献。

春秋战国以前，孝道伦理思想已经产生，不过，它还没有完全从宗教、政治中分离出来，没有形成相对独立的思想体系。严格地说，我国的伦理思想体系产生于社会转型的春秋战国时期。当此之时，深刻的社会变革伴随着知识文化的普及、发展，形成了学术思想空前繁荣的“百家争鸣”局面，其所取得的成就与影响已远远超越了它的时代性、地域性。我国古代的系统伦理学说就是在这一社会大变革中确立和发展起来的，而作为伦理意义上的孝道，也正是丰富完善于这一时期。因此，考察先秦春秋战国时期诸子百家中的孝道学说，对于全面认识中国孝文化发展演进的历史具有重要意义。

第七章 《孝经》：先秦孝文化的体系构建

儒家十三经中，篇幅最短小、内容最集中、程度最易理解的，就是《孝经》。全文不足两千字的《孝经》，也是十三经中唯一一部书名自始即带“经”字的经典文献，[①] 它以简要通俗的文字，用孔子为弟子曾参讲述孝道的对话方式，阐述中国古人视为一切道德根本的孝道。古代学者将其称作儒家六经的总汇，并世代作为孩童启蒙教育的主要教材，是儒家经典中历代皇帝注释最多的。先后有魏文侯、晋元帝、晋孝武帝、梁武帝、梁简文帝、唐玄宗、清世祖、清圣祖、清世宗等君王和五百多位学者为该书作注释义。它不但被历代执政者奉为治理天下的至德要道，同时也是普通老百姓做人的基本准则，在中国传统文化体系中占有极其重要的位置。

---

① 《诗经》、《易经》等原来只称《诗》、《易》，后世尊为“经”。

第一节 《孝经》作者考论

《孝经》是谁写的？这是我们在接触《孝经》一开始便会想到的问题。

由于先秦时期的书籍都不署名，许多古籍非成于一时，又非出于一手，多经过后人整理，甚至也有附益和增饰。这是早期古书成书的通例，因此当后代追查某本书的作者究竟是谁时，便会出现许多问题。《孝经》的成书情况同样有些复杂。

自汉司马迁迄今，关于《孝经》的作者，学术界至少有孔子、孔子门人、曾子、曾子弟子、子思、孟子等约九种说法，众说纷纭，难以定论。综合前贤们的考证论据，我认为，《孝经》凝聚着孔子、曾子、子思的心血，其腹稿出于孔子，草稿出于曾子，定稿成于子思。

为梳理这一问题，兹先罗列前人九种意见如下：

1. 西汉司马迁《史记·仲尼弟子列传》："曾参，南武城人，字子舆，少孔子四十六岁。孔子以为能通孝道，故授之业，作《孝经》。死于鲁。"东汉班固《汉书·艺文志》之《孝经》类小序："《孝经》者，孔子为曾子陈孝道也。"《白虎通义·孔子定五经》："孔子……已作《春秋》，复作《孝经》何？欲专制正。"东汉何休《公羊解诂·序》："昔者孔子有云：吾志在《春秋》，行在《孝经》。此二学者，圣人之极至，治世之要务也。"东汉郑玄《六艺论》："孔子以六艺题目不同，指意殊别，恐道离散，后世莫知根源，故作《孝经》以总汇之。"隋陆德明《经典释文》："(《孝经》) 虽与《春秋》俱是夫子述作，然《春秋》周公垂训，史书旧章，《孝经》专是夫子之意，故宜在《春秋》之后。”《隋书·经籍志》：“孔子既叙六经，题目不同，指意差别，恐斯道散，故作《孝经》，以总会之，明其枝流虽分，本萌于孝者也。”清俞樾《古书疑义举例》之“寓名”引隋刘炫说：“《孝经正义》引刘炫《述义》曰：‘炫谓孔子自作《孝经》。’”谓孔子作，是为第一说。

2. 西汉孔安国《古文孝经序》：“曾参躬行匹夫之孝，而未达天子诸侯以下扬名显亲之事，因侍坐而咨问焉。故夫子告其谊，于是曾子喟然知孝之为大也。遂集而录之，名曰《孝经》，与五经并行于世。”谓曾子作，是为第二说。

3. 北宋司马光《古文孝经指解序》：“圣人言则为经，动则为法，故孔子与曾参论孝，而门人书之，谓之《孝经》。”南宋唐仲友《孝经解自序》：“孔子为曾参言孝道，门人录之为书，谓之《孝经》。”谓孔子门人作，是为第三说。

4. 南宋晁公武《郡斋读书志》：“今其首章云‘仲尼居，曾子侍’，则非孔子所著明矣。详其文义，当是曾子弟子所为书。”南宋朱熹《孝经刊误》：“(《孝经》)为夫子、曾子问答之言，而曾氏门人之所记。”南宋王应麟《困学纪闻》卷七《孝经》引胡寅语：“《孝经》非曾子所自为也。曾子问孝于仲尼，退而与门弟子言之，门弟子类而成书。”姚鼐《孝经刊误书后》：“《孝经》非孔子所为书也，而义出于孔氏，盖曾子之徒所述者耳。”张舜徽先生《汉书艺文志通释》：“朱熹《孝经刊误》谓‘为夫子、曾子问答之言，而曾氏门人之所记’。其言自足服人。”谓曾子弟子作，是为第四说。

5. 南宋朱熹《孝经刊误后序》引胡宏、汪应辰语：“衡山胡侍郎疑《孝经》引《诗》，非经本文；玉山汪端明亦以此书多出后人附会。”又曰：“《孝经》独篇首六、七章为本经，其后乃传文，然皆齐鲁间陋儒篡取左氏诸书之语为之。”谓后人、齐鲁间陋儒附会而作，是为第五说。

6. 南宋王应麟《困学纪闻》卷七引冯椅语：“冯氏曰：子思作《中庸》，追述其祖之语，乃称字，是书当成于子思之手。”谓孔子之孙、曾子弟子子思作，是为第六说。

7. 明吴廷翰《吴廷翰集·椟记》卷上《孝经》条：“《孝经》一书，多非孔子之言，出于汉儒附会无疑。”清姚际恒《古今伪书考》：“是书来历出于汉儒，不惟非孔子作，并非周秦之言也。”今人黄云眉《古今伪书考补证》：“此书之为汉人伪托，灼然可知。”谓汉人伪托，是为第七说。

8. 清毛奇龄《孝经问》：“春秋、战国间七十子之徒所作，稍后于《论语》，而与《大学》、《中庸》、《孔子闲居》、《仲尼燕语》、《坊记》、《表记》诸篇同时，如出一手。故每说一章，必有引经数语以为证，此篇例也。”《四库全书总目提要》：“今观其文，去二戴所录为近，要为七十子之徒之遗书。使河间献王采入一百三十一篇中，则亦《礼记》之一篇，与《儒行》、《缁衣》转从其类。”周予同《中国经学史讲义》：“慎重点说，以《孝经》为七十子后学的作品，较合理些。”① 谓七十子之徒作，是为第八说。

9. 近人王正己《孝经今考》：“《孝经》的内容，很接近孟子

① 周予同：《中国经学史讲义》，上海文艺出版社 1999 年 1 月第 1 版，第 117 页。

的思想，所以《孝经》大概可以断定是孟子门弟子所著的。”谓孟子弟子作，是为第九说。

上述九说，当为西汉以来《孝经》作者问题之全部主张。但在考论之前，别有一问题：所谓《孝经》作者之“作”字，应如何理解。究竟是谓《孝经》之讲述者为作者，抑或是谓《孝经》之编撰者为作者？苟以前者为是，则无论讲述者是否亲自写定《孝经》，都应视为作者；苟以后者为是，则惟有编撰《孝经》成书者，始为作者。以顾颉刚著、何启君整理《中国史学入门》为例：是书为顾先生与何先生讲史，后由何先生据笔记整理而成。若以讲述者为作者，则是书作者为顾先生；若以整理成书者为作者，则属之何先生。反观《孝经》：上述九说，均就此未尝明揭，故有以讲述者为作者，有以编撰者为作者，然则所论“作者”云云，实有不同标准。此问题不明，则讨论不清，实属考论《孝经》作者问题之关键。

今执此以观九说，第二、三、四、六、八、九说，显以《孝经》编撰者为作者，第一说则以《孝经》讲述者即孔子为作者。而以编撰者为作者，复有远近之不同：曾子、孔子门人为第一层，曾子弟子、子思、七十子之徒、孟子弟子为第二层，亦即一以曾子为聆听于孔子、编撰成《孝经》或曾子又讲授于弟子，曾子弟子、子思、孟子弟子而编成《孝经》，一以孔子门人(七十子)聆听于孔子、编撰成《孝经》或孔子门人又讲授于弟子，七十子之徒编成《孝经》。若以讲述者为作者，显然《孝经》作者当为孔子，亦如《中国史学入门》作者当为顾先生，这一点，诸说皆无异议。如此，所要探讨者当属编撰者问题，亦即《中国史学入门》之何先生。究竟哪个(些)“何先生”将孔子所讲述之孝道内容编撰为《孝经》，抑或是否孔子自己亲定此书，这才是我们所要考论的问题核心。

下面，我们分别检讨九说。

1. 第一说：孔子

司马迁最先提出此说，班固、何休、郑玄、陆德明以至《隋书·经籍志》同此。然太史公此处行文颇为后人误读。《史记·仲尼弟子列传》云："曾参，南武城人，字子舆，少孔子四十六岁。孔子以为能通孝道，故授之业，作《孝经》。死于鲁。"后人乃有以此谓曾子作《孝经》者。臧知非说："这儿的'作《孝经》'既可解释为孔子作《孝经》授予曾子，也可解作曾子听孔子教诲之后，将师徒对话记录下来而成《孝经》。汉人是按照前一层的意思理解司马迁的记述的。"① 伏俊连《〈孝经〉的作者及其成书时代》一文就此辨正曰：

> 司马迁的意思是说，孔子认为曾参能通孝道。故传授其业，并为之作《孝经》，"作《孝经》"是"授之业"的具体做法。后人不细察，以为司马迁认为曾子作《孝经》。所以，两晋以后，有认为《孝经》是曾子所作，这其实是误解了太史公的意思。

对于后人以《孝经》出现"仲尼"、"子曰"称谓断其非孔子所作，伏先生辩曰：

---

① 臧知非：《人伦本原——孝经与中国文化》，河南大学出版社 2005 年第 1 版，第 2 页。

> 从司马迁到班固，到郑玄，有汉一代学者都认为《孝经》为孔子所作，也就是说，他们认为《孝经》的基本观点是来自孔子的。今本《孝经》皆为曾参问，孔子答，就是明证。以司马迁、班固、郑玄之才，决不会不明辨《孝经》开头的“仲尼居、曾子侍”非孔子亲手所著。所以论者所驳《孝经》非孔子所著的最得力理由，其实是不辨古书体例之故。①

以伏先生之意，司马迁等谓《孝经》为孔子所作，此“作”即同于顾先生讲述《中国史学入门》，而非谓孔子亲手编撰。此说极有道理，有助于《孝经》作者问题之考论。② 故孔子作

---

① 伏俊连：《〈孝经〉的作者及其成书时代》，《孔子研究》1994 年第 2 期，第 48、51 页。

② 陈壁生《孝经学史》第一章《〈孝经〉名义及其先秦传承》第二节《〈孝经〉作者》认为，“孔子‘作《孝经》’是在什么意义上讲‘作’呢？关于‘作’字之义，主要有两种，一种是《论语·述而》‘述而不作’之‘作’，即特指圣王或素王的立法，如《礼记·中庸》云：‘虽有其位，苟无其德，不敢作礼乐焉。虽有其德，苟无其位，亦不敢作礼乐焉。’一种是现代人所说的‘作文’之‘作’，即一般意义上的写作。”“事实上，汉唐人言孝经为孔子所作，‘作’的意思，主要是说《孝经》的思想出于孔子。《论语》并非孔子书写，而是弟子门人所集，但《论语》之出于孔子，古今无异辞。同样，今所传《孟子》也多有孟子与弟子、时人的对话，但《孟子》出于孟子本人，古今亦无歧说。先秦典籍的书写，不像后世由某一明确的作者手书而成，而多为师弟相传的结果，《孝经》的成书，确实有类似于‘仲尼居，曾子侍’这样难以解释的话，但它可能是孔子向弟子讲授，弟子或门人书于竹帛的结果，不必非常具体地考究到底是谁第一次写下这篇文字，但可以确定的是这些文字与思想是孔子讲授的。因此，《孝经》思想出于孔子，不是像孔子‘作《春秋》’立一王大法，而是像《论语》思想也出于孔子一样。”（华东师范大学出版社 2015 年 5 月第 1 版，第 18、20 页）意见同此。

《孝经》说，当本此理解，只可谓孔子为曾子讲述《孝经》，如同顾先生为何先生讲史，在此意义上，司马迁等谓讲述者孔子为《孝经》作者，可也；而谓其为孔子自作、亲手编撰，则非。

2. 第三说：孔子门人；第八说：七十子之徒

《孝经》既非孔子亲手编撰，然则司马光等谓孔子门人（七十子）书之者，是否正确呢？按，司马光等谓孔子门人作《孝经》，盖因《孝经》出现“曾子”称谓，如同“仲尼”、“子曰”可证非孔子自作，“曾子”亦可证《孝经》非曾子作。《论语》为孔子门人纂辑而成，其中于曾参皆尊称为“曾子”，故孔子门人编撰《孝经》，有“曾子”称谓并无碍。然《论语》中载夫子讲孝之义者，有子游、子夏等，苟为孔子门人编撰《孝经》，为何不见记载呢？此亦颇可生疑。彭林因谓唐仲友说“不能举出证据，乃想当然而言”。[①] 后于温公者，毛奇龄、《四库全书总目提要》以下皆同之，均论据不足，“太笼统”。[②]

3. 第四说：曾子弟子；第六说：（曾子弟子）子思

晁公武最先提出曾子弟子说。伏俊连谓：“我看很有道理。最直接的理由是《孝经》全为孔子同曾参的对话，而对曾参全部称子。在孔子的学生中，曾参以孝道著称。……曾参平生传述的是孔子学说中的‘孝道’，今本《大戴礼记》、《礼记》中保留了许多篇曾参论孝的文字。”[③] 彭林指出：“《礼记》有《曾

---

① 彭林：《子思作〈孝经〉说新论》，《中国哲学史》2000年第3期，第60页。

② 伏俊连：《〈孝经〉的作者及其成书时代》，第52页。

③ 伏俊连：《〈孝经〉的作者及其成书时代》，第52页。

子问》一篇，《大戴礼记》有《曾子立事》、《曾子本孝》、《曾子立孝》、《曾子大孝》、《曾子事父母》以及《曾子制言》上中下三篇，共九篇，均出于曾子门人之手，而其体例、风格与《孝经》截然不同，故此说亦颇难成立。”[①] 在此情况下，南宋王应麟所引冯椅说为学者的进一步考察提供了视角。冯氏所说子思作《孝经》虽推测之言，“无多证据”，[②] 待郭店楚简《缁衣》等四篇之出土，学者将其与《孝经》比较研究，发现体例、文风十分贴近，内容亦多相表里，这就为子思作《孝经》说提出新证。[③] 子思且为曾子弟子，据此综合五、六两说，我认为，子思编撰《孝经》，最为可信。

4. 第二说：曾子；第五说：后人、齐鲁间陋儒附会；第七说：汉人伪托；第九说：孟子弟子

侯希文在其硕士论文《〈孝经〉作者考》中多方论证，阐述《孝经》作者应为曾子，谓“既然《孝经》中称孔子之字，则此书显然不是孔子自作了”，又云“单凭‘曾子曰’，不足以说明《孝经》的作者就是曾子弟子”，“《孝经》中的‘曾子曰’，应该是《孝经》在流传过程中，其弟子及后人加工整理时增补进去的”。[④] 实难自圆其说，毋宁曰《孝经》即曾子弟子作。汪受宽认为：“后人附会说，因其难以明晰，亦可置而不

① 彭林：《子思作〈孝经〉说新论》，第60页。

② 汪受宽：《孝经译注》，上海古籍出版社2004年7月新1版，第11页。

③ 参见彭林《子思作〈孝经〉说新论》，第54—66页。

④ 侯希文：《〈孝经〉作者考》，西北大学历史文献专业2001届硕士学位论文，第30、32页。

论。”① 汉人伪托说，则明显站不住脚。张舜徽先生指出：“清儒汪中《经义知新记》谓‘《吕氏春秋·孝行、察微》二篇，并引《孝经》，则《孝经》为先秦之书明矣’。亦平正之言，皆可依据。”② 今人对此说基本已否定。而孟子弟子说，学者亦据魏文侯《孝经传》，明确考证其不成立。

要之，犹如《中国史学入门》，《孝经》一书之作者，当依司马迁等说为孔子作，但这是就《孝经》大义源自孔子角度立论，非谓孔子亲手编撰《孝经》，故诸家辩非孔子作者，实辩所不当辩。编撰《孝经》成书者，则为子思。王玉德认为：“《孝经》凝聚着孔子、曾子、曾子的门人的心血，其腹稿成于孔子，草稿成于曾子，定稿成于曾子门人。换言之，把《孝经》归于任何一个人(孔子或曾子)都是不确切的，也是不服人心的。《孝经》非一人一时之作品，是儒家几位先贤共同完成的。古代的许多书籍都是这样，不足为奇。”③ 王先生此论极富发展联系之观点。揆诸上述考论，似乎可以说，《孝经》凝聚着孔子、曾子、子思的心血，其腹稿成于孔子，草稿成于曾子，定稿成于子思。简而言之，《孝经》作者之署名，当为讲述者孔子，编撰者子思。

---

① 汪受宽：《孝经译注》，第9页。

② 张舜徽：《汉书艺文志通释》，华中师范大学出版社2004年3月第1版，第245页。

③ 周国林、刘韶军：《历史文献学论集》，崇文书局2003年9月第1版，第187页。

第二节 《孝经》内容概论

《孝经》一共十八章，全书正文 1799 个字。[①] 接下来，我们逐章探讨其具体内容并稍作阐释。

1. 开宗明义章第一

> 仲尼居，曾子侍。子曰："先王有至德要道，以顺天下，民用和睦，上下无怨。汝知之乎？"曾子避席曰："参不敏，何足以知之？"子曰："夫孝，德之本也，教之所由生也。复坐，吾语汝。身体发肤，受之父母，不敢毁伤，孝之始也；立身行道，扬名于后世，以显父母，孝之终也。夫孝，始于事亲，中于事君，终于立身。《大雅》云：'无念尔祖，聿修厥德。'"

这一章开宗明义，是全书的总纲，总述孝的宗旨和根本，阐明孝道是做人最高的道德，是治理天下最好的手段。在师生对话伊始，孔子即将孝道的重要性揭示出来，指出这是"先王有至德要道"，可"以顺天下，民用和睦，上下无怨"，它是"德之本也，教之所由生也"，并言简意赅地说明了孝道的始终。《礼记·哀公问》载孔子侍坐于鲁哀公，鲁哀公问"人道谁为大"、"何谓为政"、"为政如之何"，孔子对曰"人道政为大"、"政者，正也。

① 《孝经》和《尚书》一样，是儒家十三经中存在今古文版本流派问题的一部经典，千余年来争辩不休，其实，二者的区别不似《尚书》那般重大，只是个别词句微异，并不影响其本身内容的一致性。

君为正，则百姓从政矣”、“夫妇别，父子亲，君臣严。三者正，则庶物从之矣”。随后，以婚礼为例阐发道：

> 君子无不敬也，敬身为大。身也者，亲之枝也，敢不敬与？不能敬其身，是伤其亲；伤其亲，是伤其本；伤其本，枝从而亡。
>
> 公曰：“敢问何谓敬身？”孔子对曰：“君子过言，则民作辞；过动，则民作则。君子言不过辞，动不过则，百姓不命而敬恭，如是，则能敬其身；能敬其身，则能成其亲矣。”
>
> 公曰：“敢问何谓成亲？”孔子对曰：“君子也者，人之成名也。百姓归之名，谓之君子之子。是使其亲为君子也，是为成其亲之名也已！”
>
> 公曰：“敢问何谓成身？”孔子对曰：“不过乎物。”“仁人不过乎物，孝子不过乎物。是故，仁人之事亲也如事天，事天如事亲，是故孝子成身。”

郑玄注曰：“事亲、事天，孝、敬同也。《孝经》曰：‘事父孝，故事天明。’举无过事，以孝事亲，是所以成身。”直接以《孝经·感应章》来诠释。看得出来，孔子在阐发“君子无不敬也，敬身为大”时，是把“身”、“亲”看成“枝”、“本”，所以“敬身”、“成身”和“成亲”是一脉相承、不可分割的，其对应的正是《孝经·开宗明义章》所述孝的一始一终：“身体发肤”、“立身行道”。真德秀、孙希旦说宋儒张载《西铭》是在此基础上的引申发挥：“仁人之事亲如事天，事天如事亲，此与《孝经》明察之指略同。先儒张氏作《西铭》，即事亲以明事天之道”，“愚谓仁人之事亲如事天，事天如事亲，此二语实张子《西铭》之所自出。仁孝无二道，事天与事亲亦无二理，故曰‘孝子成身’。”① 可以说，本章除了孝治天下的历史渊源外，对我们个人而言，“身体发肤，受之父母，不敢毁伤，孝之始也；立身行道，扬名于后世，以显父母，孝之终也”，仍是可以遵循的法则：前者讲爱身，不使父母忧惧，后者讲行道，使父母因我们的言行而受到彰显、尊敬，也就是中国人自古以来俗话说的光宗耀祖。清人李毓秀的《弟子规》第一部分“入则孝”说“身有伤，贻亲忧，德有伤，贻亲羞”，可谓对这一始一终最为精要的提炼。②

---

① ［清］孙希旦撰，沈啸宸、王星贤点校：《礼记集解》（下），第1265—1266页。

② 《史记·太史公自序》中，司马迁记录其父司马谈遗言说：“且夫孝始于事亲，中于事君，终于立身，扬名于后世，以显父母，此孝之大者。”直接引用《孝经》之语。从“身体发肤，受之父母，不敢毁伤，孝之始也”的角度讲，身遭宫刑这一奇耻大辱的司马迁，是已经有所亏损了。我们都知道他说的“人固有一死，死有重于泰山，或轻于鸿毛”这句话，却不知紧接着后面，则是“太上不辱先，其次不辱身，其次不辱理色，其次不辱辞令，其次诎体受辱，其次易服受辱，其次关木索被棰楚受辱，其次剔毛发婴金铁受辱，其次毁肌肤断支体受辱，最下腐刑，极矣”，这当中说的“辱”，有逐层递进的关系，像“剔毛发婴金铁受辱”、“毁肌肤断支体受辱”，正是“身体发肤”之事，因此，古代遂有髡刑、耐刑剔除犯人毛发、须眉、鬓颊，以为不幸耻辱；司马迁之所以从悲愤欲死的消极哀伤中坚强起来“苟活”，正是因其尚未完成父亲临终前握着他的手所嘱咐的著史这一大业。事实证明，“扬名于后世，以显父母，此孝之大者”，司马迁最终实现了含泪答应父亲的诺言，使得世代史官司马氏在他的手上产生了一部“究天人之际，通古今之变，成一家之言”的千古不朽杰作，做到了继承遗志、光宗耀祖的大孝。极为相似的是同样有牢狱之祸、同样撰著不朽史书的东汉大史学家班固，其《汉书》也是在父亲的基础上，最终撰成，但因并未如司马迁那样强调父亲、交代父亲的业绩，故颇为后世学者诟病，可见古人对于孝道的细微辨析。

2. 天子章第二

子曰："爱亲者，不敢恶于人；敬亲者，不敢慢于人。爱敬尽于事亲，而德教加于百姓，刑于四海，盖天子之孝也。《甫刑》云：'一人有庆，兆民赖之。'"

从第二章到第六章，孔子分别论说了天子、诸侯、卿大夫、士、庶人这五种不同阶层者孝行的不同要求，统称为"五等之孝"。这一章讲天子之孝，"爱敬尽于事亲，而德教加于百姓，刑于四海，盖天子之孝也"，也就是说，天子的孝道不仅要体现于自己的父母身上，还要"老吾老，以及人之老"，将此孝道推广至普天之下黎民百姓，这样的天子、"一人"才是老百姓拥护的。《吕氏春秋·孝行》在开篇即援引此章，并作出简要阐释。后世开创文景之治的汉文帝堪称是"天子之孝"的典范，以孝得天下，以孝治天下，是《二十四孝》中秦汉以降唯一一个入选的皇帝。这里的"爱亲者，不敢恶于人；敬亲者，不敢慢于人"，除了执政者这个角度外，对我们每个人同样适用。

3. 诸侯章第三

在上不骄，高而不危；制节谨度，满而不溢。高而不危，所以长守贵也；满而不溢，所以长守富也。富贵不离其身，然后能保其社稷，而和其民人，盖诸侯之孝也。《诗》云："战战兢兢，如临深渊，如履薄冰。"

4. 卿大夫章第四

非先王之法服不敢服，非先王之法言不敢道，非先王之德行不敢行。是故非法不言，非道不行；口无择言，身无择行；言满天下无口过，行满天下无怨恶。三者备矣，然后能守其宗庙，盖卿大夫之孝也。《诗》云："夙夜匪懈，以事一人。"

5. 士章第五

资于事父以事母而爱同，资于事父以事君而敬同，故母取其爱，而君取其敬，兼之者父也。故以孝事君则忠，以敬事长则顺。忠顺不失，以事其上，然后能保其禄位，而守其祭祀，盖士之孝也。《诗》云："夙兴夜寐，无忝尔所生。"①

6. 庶人章第六

用天之道，分地之利，谨身节用，以养父母，此庶人之孝也。故自天子至于庶人，孝无终始，而患不及者，未

---

① 《礼记·丧服四制》："资于事父以事母而爱同。天无二日，土无二王，国无二君，家无二尊，以一治之也。故父在，为母齐衰期者，见无二尊也。""其恩厚者其服重，故为父斩衰三年，以恩制者也。门内之治，恩掩义；门外之治，义断恩。资于事父以事君而敬同，贵贵尊尊，义之大者也。故为君亦斩衰三年，以义制者也。"说同此。

之有也。

这“五等之孝”针对相应的阶层身份，规定有不同的孝道要求。从情感角度而言，孝敬父母是无所谓差别的，然而由于角色不同，言行举止自然会有不一样的效果，因此，其孝道的责权利也是各有偏重。这和先秦礼制社会的总体情况是相配的。譬如，庶人只不过“用天之道，分地之利，谨身节用，以养父母”，物质孝养而已，而诸侯、卿大夫、士是国家的中上层权贵，所以他们的孝道中都有“保其社稷”、“守其宗庙”、“守其祭祀”这一共同的宗法担当。当然，这一点在秦汉郡县制以后，随着分封消失，上下层流动性加强，也就越来越成为既往，不再具有现实性的普遍意义。

7. 三才章第七

> 曾子曰：“甚哉，孝之大也！”子曰：“夫孝，天之经也，地之义也，民之行也。天地之经，而民是则之，则天之明，因地之利，以顺天下，是以其教不肃而成，其政不严而治。先王见教之可以化民也，是故先之以博爱，而民莫遗其亲；陈之以德义，而民兴行；先之以敬让，而民不争；导之以礼乐，而民和睦；示之以好恶，而民知禁。《诗》云：‘赫赫师尹，民具尔瞻。’”

“三才”是指天、地、人(《三字经》中便说“三才者，天地人”)。孔子指出，孝是符合天地运行法则和人类本性的行为，是三才和合的体现。我们现在常说孝敬父母是天经地义的，就是出自这里。《左传·昭公二十五年》：“子大叔见赵简子，简子问揖让周旋之礼焉。对曰：‘是仪也，非礼也。’简子曰：‘敢问何谓礼？’对曰：‘吉也闻诸先大夫子产曰：“夫礼，天之经也，地之义也，民之行也。”天地之经，而民实则之。则天之明，因地之性，生其六气，用其五行。气为五味，发为五色，章为五声，淫则昏乱，民失其性。是故为礼以奉之。’”杨伯峻注：“《孝经·三才章》袭此语，改‘礼’为‘孝’。说详梁履绳《补释》及周中孚《郑堂札记》卷四。”① 若是，则《孝经》晚于《左传》，“天经地义”典出《左传》。

8. 孝治章第八

> 子曰：“昔者明王之孝治天下也，不敢遗小国之臣，而况于公、侯、伯、子、男乎？故得万国之欢心，以事其先王；治国者，不敢侮于鳏寡，而况于士民乎？故得百姓之欢心，以事其先君；治家者，不敢失于臣妾，而况于妻子乎？故得人之欢心，以事其亲。夫然，故生则亲安之，祭则鬼享之。是以天下和平，灾害不生，祸乱不作，故明王之以孝治天下也如此。《诗》云：‘有觉德行，四国顺之。’”

这一章讲孝治天下。《礼记·祭义》：

> 先王之所以治天下者五：贵有德，贵贵，贵老，敬

① 杨伯峻：《春秋左传注》（修订本）四，第1457页。

> 长，慈幼。此五者，先王之所以定天下也。贵有德，何为也？为其近于道也；贵贵，为其近于君也；贵老，为其近于亲也；敬长，为其近于兄也；慈幼，为其近于子也。是故至孝近乎王，至弟近乎霸。至孝近乎王，虽天子，必有父；至弟近乎霸，虽诸侯，必有兄。先王之教，因而弗改，所以领天下国家也。子曰："立爱自亲始，教民睦也；立教自长始，教民顺也。教以慈睦，而民贵有亲；教以敬长，而民贵用命。孝以事亲，顺以听命，错诸天下，无所不行。"

这段话和本章主旨互通。《吕氏春秋·孝行》基本全录这段文字，而将其主语冠诸曾子。《孔子家语·王言解》："曾子问：'敢问何谓七教？'孔子曰：'上敬老则下益孝，上尊齿则下益悌，上乐施则下益宽，上亲贤则下择友，上好德则下不隐，上恶贪则下耻争，上廉让则下耻节，此之谓七教。七教者，治民之本也。"排在第一位、第二位的便是"上敬老则下益孝，上尊齿则下益悌"，又说进用贤良、退贬不肖、哀鳏寡、养孤独、恤贫穷、诱孝悌、选才能，"此七者修，则四海之内，无刑民矣。上之亲下也，如手足之于腹心；下之亲上也，如幼子之于慈母矣。上下相亲如此，故令则从，施则行，民怀其德，近者悦服，远者来附，政之致也"，都可见孝治天下的内容与效应。而《大学》的修齐治平中，"古之欲明明德于天下者，先治其国；欲治其国者，先齐其家；欲齐其家者，先修其身；欲修其身者，先正其心；欲正其心者，先诚其意；欲诚其意者，先致其知。致知在格物。物格而后知致，知致而后意诚，意诚而后心正，心正而后身修，身修而后家齐，家齐而后国治，国治而后天下平。”“所谓治国必先齐其家者，其家不可教而能教人者，无之，故君子不出家而成教于国。孝者，所以事君也；弟者，所以事长也；慈者，所以使众也。”“所谓平天下在治其国者，上老老而民兴孝，上长长而民兴弟，上恤孤而民不倍，是以君子有絜矩之道也。”这对于齐家、治国、平天下中的孝治阐述得尤为条理清晰。《中庸》哀公问政，孔子说“为政在人，取人以身，修身以道，修道以仁。仁者人也。亲亲为大；义者宜也，尊贤为大”，“故君子不可以不修身，思修身，不可以不事亲；思事亲，不可以不知人；思知人，不可以不知天。天下之达道五，所以行之者三，曰：君臣也，父子也，夫妇也，昆弟也，朋友之交也，五者天下之达道也。知，仁，勇，三者天下之达德也，所以行之者一也。”这和《大学》的修齐治平思路是暗合的。孟子曰：“道在迩而求诸远，事在易而求之难，人人亲其亲长其长而天下平。”（《孟子·离娄上》）更近乎“至德要道”的意味。

9. 圣治章第九

曾子曰：“敢问圣人之德，无以加于孝乎？”子曰：“天地之性，人为贵；人之行，莫大于孝；孝莫大于严父；严父莫大于配天，则周公其人也。昔者，周公郊祀后稷以配天，宗祀文王于明堂，以配上帝，是以四海之内，各以其职来祭。夫圣人之德，又何以加于孝乎？故亲生之膝下，以养父母日严，圣人因严以教敬，因亲以教爱，圣人之教，不肃而成，其政不严而治，其所因者本也。父子之道，天性也，君臣之义也。父母生之，续莫大焉，君亲临之，厚莫重焉。故不爱其亲而爱他人者，谓之悖德；不敬其亲而敬他人者，谓之悖礼。以顺则逆，民无则焉；不在于善，而皆在于凶德，虽得之，君子不贵也。君子则不然，言思可道，行思可乐，德义可尊，作事可法，容止可观，进退可度，以临其民。是以其民畏而爱之，则而象之，故能成其德教，而行其政令。《诗》云：'淑人君子，其仪不忒。'"

这一章以周公为例，说明圣人是用孝道使天下得到治理。其中"不爱其亲而爱他人者，谓之悖德；不敬其亲而敬他人者，谓之悖礼"，体现出儒家孝道亲情伦理优先的主张。《韩诗外传》卷二："曾子曰：'君子有三言，可贯而佩之。一曰无内疏而外亲，二曰身不善而怨他人，三曰患至而后呼天。'子贡曰：'何也?'曾子曰：'内疏而外亲，不亦反乎?身不善而怨他人，不亦远乎?患至而后呼天，不亦晚乎?'"和《孝经》这一章是相应的。

10. 纪孝行章第十

子曰："孝子之事亲也，居则致其敬，养则致其乐，病则致其忧，丧则致其哀，祭则致其严，五者备矣，然后能事亲。事亲者，居上不骄，为下不乱，在丑不争。居上而骄则亡，为下而乱则刑，在丑而争则兵，三者不除，虽日用三牲之养，犹为不孝也。"

这一章记录孝行的具体内容，提出孝子事亲有"五要三戒"，否则，即使每天给父母吃得再好也是不孝。比如唐人沈季诠，"少孤，事母孝，未尝与人争，皆以为怯。季诠曰：'吾怯乎？为人子者，可遗忧于亲乎哉！’贞观中，侍母度江，遇暴风，母溺死，季诠号呼投江中，少选，持母臂浮出水上。都督谢叔方具礼祭而葬之。”（《新唐书·孝友传》）救母而死的沈季诠，貌似胆怯，实际不然，正如他所说“为人子者，可遗忧于亲乎哉”，他“未尝与人争”，只是不想与人争斗而造成母亲不安罢了。再如晋人皇甫谧：

> 年二十，不好学，游荡无度，或以为痴。尝得瓜果，辄进所后叔母任氏。任氏曰：“《孝经》云：‘三牲之养，犹为不孝。’汝今年余二十，目不存教，心不入道，无以慰我。”因叹曰：“昔孟母三徙以成仁，曾父烹豕以存教，岂我居不卜邻，教有所阙，何尔鲁钝之甚也！修身笃学，自汝得之，于我何有！”因对之流涕。谧乃感激，就乡人席坦受书，勤力不怠。（《晋书·皇甫谧传》）

皇甫谧的故事可谓本章内容的极好注脚。《晋书·皇甫谧传》记载他撰有《笃终》一文，阐论葬送之制，主张身后薄葬，“平生之物，皆无自随，唯赍《孝经》一卷，示不忘孝道”，足见其于《孝经》孝道之钟爱与重视。此外，本章“孝子之事亲也，居则致其敬，养则致其乐，病则致其忧，丧则致其哀，祭则致其严，五者备矣，然后能事亲”，① 这“五者”在今日仍

---

① 《论语·八佾》：“子曰：居上不宽，为礼不敬，临丧不哀，吾何以观之哉？”《论语·子张》：“子张曰：士见危受命，见得思义，祭思敬，丧思哀，其可已矣。”“子游曰：丧致乎哀而止。”都与此处“丧则致其哀”相呼应。

旧有积极的教化意义。

11. 五刑章第十一

子曰：“五刑之属三千，而罪莫大于不孝。要君者无上，非圣者无法，非孝者无亲，此大乱之道也。”

五刑是古代的五种刑法。历代对五种刑罚的说法不尽相同，一般指墨、劓、刖、宫、大辟。墨刑，又称黥刑，是在脸上刺字；劓刑，是割掉鼻子；刖刑，又称剕刑，是去掉膝盖骨；宫刑，是对男女生殖器的破坏；大辟，是斩首。上一章论什么是孝的行为，这一章则论对不孝行为的刑法处置。古代对不孝甚至杀其亲者惩罚极重，《周礼·秋官司寇·掌戮职》言：“凡杀其亲者，焚之！”后来历代王朝都将不孝定为大逆不道之罪，如汉代法律里有“不孝者，斩首枭之”的律条，我们熟悉的“十恶不赦”来自后世北齐法典规定的十种不可赦罪，其中就有不孝。《汉书·王尊传》载：“春正月，美阳女子告假子不孝，曰：‘儿常以我为妻，妒笞我。’尊闻之，遣吏收捕验问，辞服。尊曰：‘律无妻母之法，圣人所不忍书，此经所谓造狱者也。’尊于是出坐廷上，取不孝子悬磔著树，使骑吏五人张弓射杀之，吏民惊骇。”“造狱”是“非常刑名，造杀戮之法”，虽然该女子告状在“春正月”，以古人惯例，应该顺助天地生长化育，不宜行刑，但王尊认为这是泯乱母子之伦的“大不孝”，不能等到秋冬，于是命令立刻处死（清人周寿昌注曰：“汉制春不行刑，此以非常逆恶，不能缓至冬，即今律之绝不待时也。”）。行刑方式也十分残酷，乃把这个不孝子吊在树上，乱箭射死。此非常时期行非常之刑，可见对不孝之罪处置之严。

12. 广要道章第十二

子曰："教民亲爱，莫善于孝；教民礼顺，莫善于悌；移风易俗，莫善于乐；安上治民，莫善于礼；礼者，敬而已矣。故敬其父，则子悦；敬其兄，则弟悦；敬其君，则臣悦；敬一人，而千万人悦。所敬者寡，而悦者众，此之谓要道也。"

13. 广至德章第十三

子曰："君子之教以孝也，非家至而日见之也。教以孝，所以敬天下之为人父者也；教以悌，所以敬天下之为人兄者也；教以臣，所以敬天下之为人君者也。《诗》云：'恺悌君子，民之父母。'非至德，其孰能顺民如此其大者乎！"

广，是推广、阐发的意思。第一章中，孔子开宗明义说，"先王有至德要道"，接下来，连续三章对此进一步论述，说明为什么孝道为礼顺天下最根本最重要的道德。这两章都是突出强调一个"敬"字，在位者只要自上而下抓住忠孝仁义的德治，民众自然会为其导引，知所措手足。《礼记·乡饮酒义》："乡饮酒之礼：六十者坐，五十者立侍，以听政役，所以明尊长也；六十者三豆，七十者四豆，八十者五豆，九十者六豆，所以明养老也。民知尊长养老，而后乃能入孝弟；民入孝弟，出尊长养老，而后成教；成教，而后国可安也。君子之所谓孝者，非家至而日见之也；合诸乡射，教之乡饮酒之礼，而孝弟之行立矣。孔子曰：‘吾观于乡，而知王道之易易也。’”这是阐发乡饮酒礼“尊长养老”的微言大义，① 其中“君子之所谓孝者，非家至而日见之也”正和《孝经》本章相合，而孔子的话，后世文献也有印证。《荀子·儒效》：“秦昭王问孙卿子曰：“儒无益于人之国?”荀子在回答这一问题时，以孔子为例：“仲尼将为司寇，沈犹氏不敢朝饮其羊，公慎氏出其妻，慎溃氏逾境而徙，鲁之粥牛马者不豫贾，必蚤正以待之也。居于阙党，阙党之子弟罔不分，有亲者取多，孝弟以化之也。儒者在本朝则美政，在下位则美俗，儒之为人下如是矣。”西汉刘向《新序·杂事第一》也载：“孔子在州里，笃行孝道，居于阙党，阙党之子弟畋渔，分有亲者多，孝以化之也。是以七十二子，自远方至，服从其德。鲁有沈犹氏者，旦饮羊饱之，以欺市人。公慎氏有妻而淫，慎溃氏奢侈骄佚，鲁市之鬻牛马者善豫贾。孔子将为鲁司寇，沈犹氏不敢朝饮其羊，公慎氏出其妻，慎溃氏逾境而徙，鲁之鬻马牛不豫贾，布正以待之也。既为司寇，季孟堕郈费之城，齐人归所侵鲁之地，由积正之所致也。故曰：其身正，不令而行。”（卷五秦昭王问孙卿处又出，

---

① 《礼记·射义》也有如此“微言大义”，说“酒者，所以养老也，所以养病也”，“卿、大夫、士之射也，必先行乡饮酒之礼”，“乡饮酒之礼者，所以明长幼之序也”。又说：“射之为言者绎也，或曰舍也。绎者，各绎己之志也。故心平体正，持弓矢审固；持弓矢审固，则射中矣。故曰：为人父者，以为父鹄；为人子者，以为子鹄；为人君者，以为君鹄；为人臣者，以为臣鹄。故射者各射己之鹄。”

为“孝悌以化之也”；《说苑·政理》谓：“罗门之罗，有亲者取多，无亲者取少；收门之渔，有亲者取巨，无亲者取小。”）可谓《孝经》“至德要道”的一个注脚。

14. 广扬名章第十四

> 子曰：“君子之事亲孝，故忠可移于君；事兄悌，故顺可移于长；居家理，故治可移于官。是以行成于内，而名立于后世矣。”

这一章论及孝亲、忠君二者的关系，所谓“移孝作忠”，在“修齐治平”思维的儒家看来，再正常不过，不存在什么违和。《战国策·赵二》：“王立周绍为傅曰：寡人始行县，过番吾，当子为子之时，践石以上者皆道子之孝。故寡人问子以璧，遗子以酒食，而求见子。子谒病而辞。人有言子者曰：‘父之孝子，君之忠臣也。’”赵武灵王立周绍为王子之傅，看重的便是周绍为子之时人皆称道周绍之孝：“父之孝子，君之忠臣也。”可见，战国时“移孝作忠”的思想已经深入人心。赵武灵王在强制推行胡服骑射时，“赵燕后胡服，王令让之曰：事主之行，竭意尽力，微谏而不哗，应对而不怨，不逆上以自伐，不立私以为名。子道顺而不拂，臣行让而不争。子用私道者家必乱，臣用私义者国必危。反亲以为行，慈父不子；逆主以自成，惠主不臣也。寡人胡服，子独弗服，逆主罪莫大焉。以从政为累，以逆主为高，行私莫大焉”。“子道顺而不拂，臣行让而不争。子用私道者家必乱，臣用私义者国必危。反亲以为行，慈父不子；逆主以自成，惠主不臣也”，这里仍然是“子道”/“臣行”、“反亲”/“逆主”的忠孝并举，并且特别强调“子道顺而不拂”、“子用私道者家必乱”、“反亲以为行，慈父不子”，突出唯父命是从的孝顺。

15. 谏诤章第十五

> 曾子曰：“若夫慈爱、恭敬、安亲、扬名，则闻命矣。敢问子从父之令，可谓孝乎？”子曰：“是何言与，是何言与？昔者，天子有争臣七人，虽无道，不失其天下；诸侯有争臣五人，虽无道，不失其国；大夫有争臣三人，虽无道，不失其家；士有争友，则身不离于令名；父有争子，则身不陷于不义。故当不义，则子不可以不争于父，臣不可以不争于君，故当不义则争之。从父之令，又焉得为孝乎？”

本章，孔子与曾子探讨了一个很具体的问题：“子从父之令，可谓孝乎？”孔子对此一再重申，连用了两句“这是什么话呢”、“这是什么话呢”，好像很不耐烦，语调都提高了，进行了彻底的否定，也就是“当不义则争之。从父之令，又焉得为孝乎”？这一主张，《论语》中亦有相应材料。《论语·里仁》：“子曰：事父母几谏，见志不从，又敬不违，劳而不怨。”为父母者贤愚有别，其所行未必都合于义理，为人子者当父母有过时应婉转劝谏（“几谏”，即微言劝谏之意，《大戴礼记·曾子立孝》中，曾子称为“微谏”，《礼记·坊记》亦曰：“子云：从命不忿，微谏不倦，劳而不怨，可谓孝矣。”），而不应一味盲从，陷父母于不义。孔子的意见，和《礼记·内则》“父母有过，下气怡色，柔声以谏，谏若不入，起敬起孝，悦则复谏。不悦，与其得罪于乡党州间，宁孰谏”的说法是一致的，[①] 虽然要注重方式方法，但在关系到社会公论的大是大非问题面前，即使父母再不高兴，也得极力劝阻。可以说，“几谏”的原则兼顾到了孝敬父母与社会群体利益这两个方面，而《说苑·正谏》记道：“孔子曰：良药苦于口，利于病，忠言逆于耳，利于行。故武王谔谔而昌，纣嘿嘿而亡，君无谔谔之臣，父无谔谔之子，兄无谔谔之弟，夫无谔谔之妇，士无谔谔之友，其亡可立而待。故曰君失之，臣得之；父失之，子得之；兄失之，弟得之；夫失之，妇得之；士失之，友得之。故无亡国破家，悖父乱子，放兄弃弟，狂夫淫妇，绝交败友。”也正可视作这一章的绝好注脚。

曾子对于孔子的这一教诲是有领会与传承的。他也指出，如果父母有过错，对父母的言行不能盲从，应加以劝谏：“君子之孝也，以正致谏。”（《大戴礼记·曾子本孝》）不过，值得注意的是，曾子为谏亲设立了一个界限：“父母有过，谏而不逆。”（《礼记·祭义》、《大戴礼记·曾子事父母》）按照曾子的逻辑，很容易陷入两难境地：父母有过，子女不劝谏，是不孝行为；父母有过，劝谏无效后不循从父母，也是一种不孝行

---

① 郑玄注曰：“子事父母，有隐无犯。”“子从父之令，不可谓孝也。”孔颖达疏曰：“此一节论父母有过子谏诤之礼。”“‘宁孰谏’者，犯颜而谏，使父母不说，其罪轻。畏惧不谏，使父母得罪于乡党州间，其罪重。二者之间，宁可孰谏，不可使父母得罪。”这里的内容，到了清初李毓秀《弟子规》那里，便整合加工变化为朗朗上口的三字句：“亲有过，谏使更，怡吾色，柔吾声，谏不入，悦复谏，号泣随，挞无怨。”

为。曾子论述道：

> 曾子曰："君子之孝也，忠爱以敬；反是，乱也。尽力而有礼，庄敬而安之，微谏不倦，听从而不怠，欢欣忠信，咎故不生，可谓孝矣。尽力无礼，则小人也；致敬而不忠，则不入也。是故礼以将其力，敬以入其忠；饮食移味，居处温愉，着心于此，济其志也。"（《大戴礼记·曾子立孝》）

根据曾子的意见，"微谏"是以柔克刚，要从情感上加以认可，将外在伦理规范升华为内在心理愉悦。《大戴礼记·曾子事父母》中，弟子单居离问曾子事父母之道，直观地体现出曾子"孝子无私乐"、"父母所乐乐之"的为人子之道：

> 单居离问于曾子曰："事父母有道乎？"曾子曰："有，爱而敬。父母之行若中道，则从；若不中道，则谏；谏而不用，行之如由己。从而不谏，非孝也；谏而不从，亦非孝也。孝子之谏，达善而不敢争辨；争辨者，作乱之所由兴也。由己为无咎，则宁；由己为贤人，则乱。孝子无私乐，父母所忧忧之，父母所乐乐之。孝子唯巧变，故父母安之。若夫坐如尸，立如斋，弗讯不言，言必齐色，此成人之善者也，未得为人子之道也。"

明乎此，我们也就不难理解《韩诗外传》卷九所说："曾子曰：'君子有三乐，钟磬琴瑟不在其中。'子夏曰：'敢问三乐。’曾子曰：‘有亲可畏，有君可事，有子可遗，此一乐也；有亲可谏，有君可去，有子可怒，此二乐也；有君可喻，有友可助，此三乐也。’”曾子把劝谏父母、使其改过迁善看作人生一大乐事，这种认识应该说是对孔子谏诤思想的新发展。在孔子和曾子看来，谏诤对孝不是可有可无，而是不可分割的整体，谏是一种值得尊敬和践行的义务，有助于家庭和国家正常运转。

与此相同，荀子也认为从父命不一定就是孝，问题在于这种父命是否符合礼义，也就是说，孝要服从于礼。因此，荀子特别看重明于礼义的“诤子”。《荀子·子道》说：

> 鲁哀公问于孔子曰：“子从父命，孝乎？臣从君命，贞乎？”三问，孔子不对。孔子趋出以语子贡曰：“乡者，君问丘也，曰：‘子从父命，孝乎？臣从君命，贞乎？’三问而丘不对，赐以为何如？”子贡曰：“子从父命，孝矣；臣从君命，贞矣，夫子有奚对焉？”孔子曰：“小人哉！赐不识也！昔万乘之国，有争臣四人，则封疆不削；千乘之国，有争臣三人，则社稷不危；百乘之家，有争臣二人，则宗庙不毁。父有争子，不行无礼；士有争友，不为不义。故子从父，奚子孝？臣从君，奚臣贞？审其所以从之之谓孝、之谓贞也。”

这段话和《孝经·谏诤章》内容很相似，从子贡“夫子有奚对焉”的回答来看，对此问题颇以为然的或不在少数，荀子在《子道》篇引述这个故事，反映了荀子与孔子具有相同的观点。《荀子·子道》还说：

> 孝子所以不从命有三：从命则亲危，不从命则亲安，孝子不从命乃衷；从命则亲辱，不从命则亲荣，孝子不从命乃义；从命则禽兽，不从命则修饰，孝子不从命乃敬。故可以从而不从，是不子也；未可以从而从，是不衷也；明于从不从之义，而能致恭敬，忠信、端悫以慎行之，则可谓大孝矣。传曰："从道不从君，从义不从父。"此之谓也。

荀子给出了"孝子所以不从命有三"的具体情况，在事关父母安危、荣辱的关键时刻，做子女的尽孝道要十分注意，"明于从不从之义，而能致恭敬，忠信、端悫以慎行之，则可谓大孝矣"，这对做子女的来说要求很高。《左传·宣公十五年》："秋七月，秦桓公伐晋，次于辅氏。壬午，晋侯治兵于稷以略狄土，立黎侯而还。及洛，魏颗败秦师于辅氏。获杜回，秦之力人也。初，魏武子有嬖妾，无子。武子疾，命颗曰：'必嫁是。'疾病，则曰：'必以为殉。'及卒，颗嫁之，曰：'疾病则乱，吾从其治也。'及辅氏之役，颗见老人结草以亢杜回，杜回踬而颠，故获之。夜梦之曰：'余，而所嫁妇人之父也。尔用先人之治命，余是以报。'"① 就孝文化角度来看，魏颗在面对父亲魏武子于其嬖妾一会儿"必嫁是"、一会儿

① 杨伯峻谓："此事虽涉迷信，固不可信，但亦可见当其时不以活人殉葬为然，而仍有人殉之俗。一九六九年在侯马乔村发现战国殉人墓，足见战国犹有人殉。"见《春秋左传注》(修订本)二，第764页。

“必以为殉”的遗嘱态度，最终“从其治”，“嫁之”，正是“从命则亲辱，不从命则亲荣，孝子不从命乃义”。《礼记·檀弓下》载：“陈乾昔寝疾，属其兄弟，而命其子尊己曰：‘如我死，则必大为我棺，使吾二婢子夹我。’陈乾昔死，其子曰：‘以殉葬，非礼也，况又同棺乎？’弗果杀。”郑玄注曰：“善尊己不陷父于不义。”陈尊己也是“明于从不从之义”、“从义不从父”、“不陷父于不义”的孝子典范。《晋书·卞壸传》：“魏颗父命不从其乱，陈乾昔欲以二婢子殉，其子以非礼不从，《春秋》、《礼记》善之。”说的就是这两件事。《战国策·齐一》载齐威王知信章子，说：“章子之母启得罪其父，其父杀之而埋马栈之下。吾使者章子将也，勉之曰：‘夫子之强，全兵而还，必更葬将军之母。’对曰：‘臣非不能更葬先妾也。臣之母启得罪臣之父。臣之父未教而死。夫不得父之教而更葬母，是欺死父也。故不敢。’夫为人子而不欺死父，岂为人臣欺生君哉？”“章子之母启得罪其父，其父杀之而埋马栈之下”，章子并非不能重新埋葬其母，只因为“父未教而死。夫不得父之教而更葬母，是欺死父也。故不敢”，可见章子对于父命是绝对忠诚的，完全不问道不道、义不义、礼不礼。

总之，我们常说“孝顺”，要尽孝道，“顺”是不可或缺的一个重要因素，但是不是绝对的、一味的、不管是非、毫无立场的“顺”呢？从《孝经·谏诤章》、《荀子·子道》、《礼记·内则》等儒家文献来看，答案显然是否定的。在这一点上，先秦儒家对于父母子女间孝道亲情的阐述，与君臣之间政治伦理的见解是相通的，所谓“君君，臣臣，父父，子子”，对于父子、君臣彼此间的责任、义务有所规定，① 异于后世儒家独尊后渐渐生发出来的君臣、父子伦理的简单化与极端化。这是历史本身的发展。类似的例子很多，需要我们用历史的、发展的眼光来看待和分析。汪受宽认为“这一章的内容，体现了早期儒家思想中的积极因素，是本书中最为闪光的部分”，② 这是用现代人的眼光与感受去判断，似乎和近现代以来的革命、民主、自由相合，其实，很平常，未必就比其他篇章“闪光”多少。

16. 感应章第十六

> 子曰：“昔者，明王事父孝，故事天明；事母孝，故事地察；长幼顺，故上下治。天地明察，神明彰矣。故虽天子，必有尊也，言有父也；必有先也，言有兄也；宗庙致敬，不忘亲也；修身慎行，恐辱先也。宗庙致敬，鬼神著矣。孝悌之至，通于神明，光于四海，无所不通。《诗》云：‘自西自东，自南自北，无思不服。’”

---

① 对国君劝谏和对父母劝谏是不同的。《礼记·曲礼下》言：“为人臣之礼，不显谏，三谏而不听，则逃之；子之事亲也，三谏而不听，则号泣而随之。”意谓人们可以离开国君，却不能离开自己的父母，这既可见君臣彼此间的责任、义务，也说明父母子女间孝道亲情与君臣之间政治伦理的区别。《论语·先进》：“所谓大臣者，以道事君，不可则止。”《论语·颜渊》：“子贡问友。子曰：忠告而善道之，不可则止，勿自辱焉。”君臣、朋友之间的“不可则止”，显然和父母子女间孝道亲情有明确的界限和原则性差别。(《论语·里仁》中子游也讲过：“事君数，斯辱矣；朋友数，斯疏矣。”)

② 汪受宽：《孝经译注》，第71—72页。

这一章讲孝道的感应，“孝悌之至，通于神明，光于四海，无所不通”，极具曾子孝道学说泛孝论的味道，并已有将孝道神秘化的倾向。古人对此基本上坚信不疑。我们在秦汉以后各历史时期的孝文化中，会看到大量充满神奇、怪异的孝道故事，并被载入正史，追本溯源，《孝经》中泛孝论的孝道感应说应该在其中起到了不可忽略的重要作用。

17. 事君章第十七

子曰：“君子之事上也，进思尽忠，退思补过，将顺其美，匡救其恶，故上下能相亲也。《诗》云：‘心乎爱矣，遐不谓矣，中心藏之，何日忘之？’”①

18. 丧亲章第十八

子曰：“孝子之丧亲也，哭不偯，礼无容，言不文，服美不安，闻乐不乐，食旨不甘，此哀戚之情也。三日而食，教民无以死伤生，毁不灭性，此圣人之政也；丧不过三年，示民有终也。为之棺、椁、衣、衾而举之，陈其簠、簋而哀戚之；擗踊哭泣，哀以送之；卜其宅兆，而安措之；为之宗庙，以鬼享之；春秋祭祀，以时思之。生事爱敬，死事哀戚，生民之本尽矣，死生之义备矣，孝子之事亲终矣。”

---

① 杨伯峻认为：“‘进思’两句，今《孝经·事君章》亦有之，乃作《孝经》者用《左传》，非此引《孝经》。”见《春秋左传注》(修订本)二，第748页。

这一章是《孝经》的最后一章，以“丧亲”结束。儒家十分重视为亲人送终，在许多场合，丧事、丧礼都是被郑重其事地单独提出来的。《论语·子罕》里，孔子说到人生几件大事：“出则事公卿，入则事父兄，丧事不敢不勉。”丧事就单列为大事之一。在本章，“哭不偯”，是说哭声不能拖腔带调。古人哭丧，因与死者的关系不同而有不同的等级，和丧服“五服”相应，根据《礼记·间传》，有“若往而不返”、“若往而返”、“三曲而偯”、“哀容”等区别。孝子丧亲的哭声，应该“若往而不返”，好像去而不返回一样，也就是哭声最为悲痛，好像要随父母而去，不愿再活着。“三曲而偯”，即哭声有抑扬顿挫的曲折，每三次曲折就一次长声，显得从容做作。《礼记·杂记下》：“曾申问于曾子曰：‘哭父母有常声乎?’曰：‘中路婴儿失其母焉，何常声之有?’”① “童子哭不偯，不踊，不杖，不菲，不庐”，是说小孩不知礼节，只知道放声直哭，不能辨知当偯不当偯。换句话说，小孩的哭，是最为哀伤、最为真切的哭，没有人为的规矩，这和本章“哭不偯”的意思正相同。“礼无容，言不文，服美不安，闻乐不乐，食旨不甘，此哀戚之情也”，亦即《礼记·问丧》所说：“夫悲哀在中，故形变于外也。痛疾在心，故口不甘味，身不安美也。”

---

① 《礼记·檀弓上》：“弁人有其母死而孺子泣者，孔子曰：‘哀则哀矣，而难为继也。夫礼，为可传也，为可继也。故哭踊有节。’”与此不同，孔疏云：“与此违者，云曾子所言，是始死之时，悲哀志懑，未可为节。此之所言，在袭敛之后，可以制礼，故哭踊有节也。所以知然者，曾申之问，泛问于哭时，故知举重时答也。此之所言哭踊有节，节哭之时，在于后也。”

“三日而食，教民无以死伤生，毁不灭性，此圣人之政也；丧不过三年，示民有终也。”① 这是“送死有已，复生有节”（《荀子·礼论》）。《礼记·丧服四制》：“三日而食，三月而沐，期而练，毁不灭性，不以死伤生也。丧不过三年，苴衰不补，坟墓不培；祥之日，鼓素琴，告民有终也，以节制者也。”和这里说法一模一样。《礼记·檀弓上》：“子夏既除丧而见，予之琴，和之不和，弹之而不成声。作而曰：‘哀未忘也。先王制礼，而弗敢过也。’子张既除丧而见，予之琴，和之而和，弹之而成声，作而曰：‘先王制礼，不敢不至焉。’”② 又载：

> 曾子谓子思曰：“伋，吾执亲之丧也，水浆不入于口者七日。”子思曰：“先王之制礼也，过之者俯而就之，不治焉者跂而及之。故君子之执亲之丧也，水浆不入于口者三日，杖而后能起。”

---

① 《礼记·问丧》谓“亲始死”，“恻怛之心，痛疾之意，伤肾、干肝、焦肺，水浆不入口，三日不举火，故邻里为之糜粥以饮食之”。另外，之所以是“三日”，也有讲究。《礼记·问丧》：“或问曰：‘死三日而后敛者，何也?’曰：‘孝子亲死，悲哀志懑，故匍匐而哭之，若将复生然，安可得夺而敛之也。故曰三日而后敛者，以俟其生也；三日而不生，亦不生矣。孝子之心亦益衰矣；家室之计，衣服之具，亦可以成矣；亲戚之远者，亦可以至矣。是故圣人为之断决以三日为之礼制也。’”

② 孔疏云：“此一节论子夏、子张居丧顺礼之事。此言子夏、子张者，案《家语》及《诗传》皆言子夏丧毕，夫子与琴，援琴而弦，衎衎而乐；闵子骞丧毕，夫子与琴，援琴而弦，切切而哀，与此不同者，当以《家语》及《诗传》为正。”

曾子的孝心孝道是毋庸置疑的，但在执亲之丧，“水浆不入于口者七日”这一点上，显然是“过之者”，所以子思如实指出。《礼记·檀弓下》：“乐正子春之母死，五日而不食。曰：‘吾悔之，自吾母而不得吾情，吾恶乎用吾情！’”孙希旦云：“愚谓曾子居丧，水浆不入口者七日，子春学于曾子者也，故其丧母也，五日而不食，皆贤者之过也。然曾子则出乎至情，而非有所勉强，子春则勉强以求过礼，而情或有所不逮矣，故以不用其情为悔也。”① 纯是无谓辩解。事实是，据《礼记·曾子问》：“曾子问曰：‘父母之丧，弗除可乎？’孔子曰：‘先王制礼，过时弗举，礼也；非弗能勿除也，患其过于制也，故君子过时不祭，礼也。’”曾子就丧礼过制请教过孔子，然而他最终并未知行合一地去践行。《礼记·丧服四制》：“始死，三日不怠，三月不解，期悲哀，三年忧，恩之杀也。圣人因杀以制节，此丧之所以三年。贤者不得过，不肖者不得不及，此丧之中庸也，王者之所常行也。”《礼记·檀弓上》：“子路有姊之丧，可以除之矣，而弗除也，孔子曰：‘何弗除也？’子路曰：‘吾寡兄弟而弗忍也。’孔子曰：‘先王制礼，行道之人皆弗忍也。’子路闻之，遂除之。”“伯鱼之母死，期而犹哭。夫子闻之曰：‘谁与哭者？’门人曰：‘鲤也。’夫子曰：‘嘻，其甚也。’伯鱼闻之，遂除之。”这两处可与子思所论相印证，是孔子对子路、孔鲤“过之者”的拨乱反正。《礼记·檀弓下》：“丧礼，哀戚之至也。节哀，顺变也，君子念始之者

---

① ［清］孙希旦撰，沈啸宸、王星贤点校：《礼记集解》(上)，第307页。

也。”我们现在说的“节哀顺变”，就是出自这里。①《礼记·杂记下》：

子贡问丧，子曰：“敬为上，哀次之，瘠为下。颜色称其情，戚容称其服。”

丧食虽恶，必充饥。饥而废事，非礼也；饱而忘哀，亦非礼也。视不明，听不聪，行不正，不知哀，君子病之。故有疾饮酒食肉，五十不致毁，六十不毁，七十饮酒食肉，皆为疑死。……孔子曰：“身有疡则浴，首有创则沐，病则饮酒食肉。毁瘠为病，君子弗为也。毁而死，君子谓之无子。”

《礼记·丧大记》也说：“有疾，食肉饮酒可也。”讲的都是《孝经》此处的道理。按照这个要求，后世正史上不绝如缕的大量因守丧、服丧哀伤毁瘠、骨瘦如柴乃至殒命的孝子，其孝心孝思有诚笃超人处，却不符合丧礼制度。《左传·襄公三十一年》鲁襄公死后，“立胡女敬归之子子野，次于季氏。秋九月癸巳，卒，毁也。”子野是鲁襄公爱妾敬归之子，因为守

① 据孔疏，所谓“顺变”的“变”，并非我们现在认为的生死“变故”，而是“所以节哀者，欲顺孝子悲哀，使之渐变也。故下文云：‘愠，哀之变也。’所以必此顺变者，君子思念父母之生已，恐其伤性，故顺变也。”孙希旦亦解释为“顺变者，谓顺其哀之隆、杀而渐变之而轻也”。(《礼记集解》上，第252页)简单说，就是顺着丧礼守孝时间的推移而逐渐改变自己的悲哀伤痛，逐步恢复到日常生活常态，不能“过之”。

孝服丧期间哀毁过度，痛失生命和王位。由此：

> 立敬归之娣齐归之子公子裯。穆叔不欲，曰："大子死，有母弟，则立之；无，则长立。年钧择贤，义钧则卜，古之道也。非嫡嗣，何必娣之子？且是人也，居丧而不哀，在戚而有嘉容，是谓不度。不度之人，鲜不为患。若果立之，必为季氏忧。"武子不听，卒立之。比及葬，三易衰，衰衽如故衰。于是昭公十九年矣，犹有童心，君子是以知其不能终也。

公子裯就是后来的鲁昭公。子野"卒，毁也"，给了他上位的机遇。穆叔反对他继位，除了立嗣的"古之道也"，还有一点便是"是人也，居丧而不哀，在戚而有嘉容，是谓不度"，① 也就是不符合"死事哀戚"的孝子孝道。

另外，本章中"举之"、"哀戚之"、"送之"、"安措之"、"享之"、"思之"，② 是丧葬、祭祀的程序。古代的丧葬祭祀仪式，随着时代的发展和地域习惯的不同而有异，但其总的形式是差不多的，其中大部分一直延续到今天。今天对逝者的洗

---

① 杨伯峻《春秋左传注》(修订本)三："《礼记·祭统》孔《疏》引《孝经援神契》云'天子之孝曰就，诸侯曰度'，则不度犹言不孝。"(第1185页)

② 《礼记·问丧》："'辟踊哭泣，哀以送之。送形而往，迎精而反也。'其往送也，望望然、汲汲然如有追而弗及也；其反哭也，皇皇然若有求而弗得也。故其往送也如慕，其反也如疑。求而无所得之也，入门而弗见也，上堂又弗见也，入室又弗见也。亡矣丧矣！不可复见矣！故哭泣辟踊，尽哀而止矣。心怅焉怆焉、惚焉忾焉，心绝志悲而已矣。祭之宗庙，以鬼飨之，徼幸复反也。"正与此处相呼应。

身更衣、入殓送葬，乃至祭祀方面的灵堂、忌辰的纪念等活动形式，都是对传统仪式的承继和保留。

“生事爱敬，死事哀戚，生民之本尽矣，死生之义备矣，孝子之事亲终矣”，最后这几句为全书十八章内容的总结。《礼记·祭统》：“孝子之事亲也，有三道焉：生则养，没则丧，丧毕则祭。养则观其顺也，丧则观其哀也，祭则观其敬而时也。尽此三道者，孝之行也。”① 养、丧、祭这“三道”，贯穿一个孝子生命的始终，正与《孝经》本章相发明。《礼记·丧服四制》：“父母之丧，衰冠绳缨菅屦，三日而食粥，三月而沐，期十三月而练冠，三年而祥。比终兹三节者，仁者可以观其爱焉，知者可以观其理焉，强者可以观其志焉。礼以治之，义以正之，孝子弟弟贞妇，皆可得而察焉。”和这里的意思相通。

以上是《孝经》十八章的全部内容。《孝经》是儒家关于孝道、孝行、孝治的专论，它把儒家学派谈孝的言论上升为理论，构成了比较系统完备的孝道学说，是儒家孝道思想的集成和总结，值得深入挖掘、梳理研究。《孝经》的主张，以尊老敬老、孝亲忠君为核心，以稳定家庭社会为目标，经过两千多年的提倡和传播，已经沉淀为我们民族道德观念和文化心理的重要内容，其巨大的影响，实在不是笔墨所能尽书的。周予

---

① 西汉扬雄《法言·孝至》亦强调：“孝子有祭乎？有斋乎？夫能存亡形，属荒绝者，惟斋也。故孝子之于斋，见父母之存也，是以祭不宾。人而不祭，豺獭乎！”

同说“《孝经》是十三经中最无学术价值的一部书”,① 这话恐怕失之简单。毕竟,《孝经》是倡导孝道孝行的一面旗帜，它肯定了尊老、敬老、养老、送老的原则与方式，这是人类社会发展中形成的后代人对前代人的义务与责任，在人类的文明史上是具有进步性的，正如我们所指出的，它的很多精神与内容都是具有永恒性的。因此，研究与普及中华优秀传统文化,《孝经》这一经典文献及其义理，值得我们每一个人用心去品读、去感悟。

① 周予同:《中国经学史讲义》，第115页。

余论：先秦孝文化史的总结判断

本书最后，稍作回顾如下。

第一，我国原始社会时期，和世界上其他国家民族一样，有着同样的蒙昧、开化、文明发展史。结合近现代以来历史学、考古学、人类学等研究成果，以及我国先秦古文献的口耳传说史料记载，在我国原始社会早期，母系氏族社会恐怕还没有孝道伦理的意识觉醒和关系发生，孝道伦理可能出现在父系氏族社会。两点原因使然：一是人类本身自我的进化，到此阶段，文明诸元素皆已是呼之欲出；二是亲子关系的明确、固定，知其母亦知其父的血缘亲情，有了家庭式的联结纽带，势必会促进人类人伦感情的发展。“不独亲其亲，不独子其子”，是我国原始社会前期孝道伦理尚未形成时的真实写照，“人面兽心”是这一阶段人类的生动写真。孝道伦理的血缘亲情出现，标志着人类进入“人面人心”的道德人门槛。此后，“人面人心”的人类，在道德文明的大道上日新月异。这当中，孝道孝文化自是一个永恒的话题。

第二，五帝时期的孝文化，我们以舜帝为例作了集中考察，这是因为舜帝是中国孝文化史上第一个大孝子典范，《尚书》里便是如此记载，在后来儒家孔孟的学说里，更是圣人示范，位居《二十四孝》之首，在普通民众心理中有着无可替代的价值影响。事实上，我们不必把舜帝的孝道孝行故事细节看得那么重要，我们不妨将它作为一个历史性意义的文化标签，这标签必然是和舜帝有着直接关联，所以舜帝的孝道孝行才会凸显于黄帝、尧、禹等帝王之上。作为原始社会时期的一个人物，舜帝个案的符号化、象征意义远大于他的历史性、实际意义。

第三，三代时期的孝文化，我们从养老、丧葬、祭祀、宗法等方面浅析其孝文化元素，这部分内容其实还应该更深化、更系统，奈何本人于先秦礼制不通，所以不得不浅尝辄止。至于《诗经》中的孝道情思，则因其诗教的“温柔敦厚”，对后世有深远影响，有必要在此作一交代。

第四，儒家四子的孝道学说，孔子开宗明义，曾子、孟子在其基础上深化之、扩展之、补充之，除了“从父之令”之类的具体而微、有所出入外，精神上是一脉相承的。他们的学说思想成为后世中国孝文化的正统，影响至今。相较而言，荀子的偏离大一些，也只是同道中人的内部分歧而已，总体上，依然具有儒家孝道伦理色彩，和其他诸子的各立门户还是有本质区别。

第五，诸子百家的孝道争鸣，我们考察了墨家、道家、法家等。墨家主张孝道，但思想不同于儒家；道家解构孝道；法家否定孝道；《管子》、《晏子春秋》、《吕氏春秋》则都是倾向于孝道，和儒家大致合拍。从后世影响上来看，墨家销声匿迹；道家发展为道教，孝道伦理上和儒家合流；法家则假借君主专制手法，和儒家孝道观糅合为君父式伦理，强化了儒家孝道伦理的家长制色彩。

第六，从中国历史来看，经过了先秦诸子，特别是儒家的孝道学说阐述之后，尤其是《孝经》系统、完整孝道理论的出现，中国孝文化的基本框架和内容，基本精神和特征，已经大体成形了。在《孝经》之后，历朝历代的孝子孝行，政府与学者的崇扬，因为古代社会的稳定性、连续性，基本上都在《孝经》阐述的要求和范围之内。当然，时代不同，也有具体差异存在，但整体上是根本一致的。

总之，先秦孝文化，是中国孝文化史的开始阶段，也是中国孝文化史最重要的一个阶段。无论是从学说理论上，还是从宗法礼制上以及日常生活上，先秦孝文化都给中国孝文化史打下了坚实的基础，奠定了浓厚的底色。秦汉以后的中国孝文化，都不过是先秦孝文化的延续发展，大同小异，根子在先秦孝文化这儿，根本也在先秦孝文化这儿。

主要参考文献[①]

（一）古籍

1. [清]阮元校刻：《十三经注疏》(全2册)，中华书局1980年9月第1版；

2. 《二十四史》，中华书局；

3. 《二十五别史》，齐鲁书社；

4. 《诸子集成》，中华书局；

5. [清]孙希旦撰，沈啸寰、王星贤点校：《礼记集解》(全3册)，中华书局1989年2月第1版；

6. [清]王聘珍撰，王文锦点校：《大戴礼记解诂》，中华书局1983年3月第1版；

7. [汉]韩婴撰，许维遹校释：《韩诗外传集释》，中华书局1980年6月第1版；

8. [汉]刘向撰：《古列女传》，中国书店2018年2月第1版；

9. [汉]刘向编著，石光瑛校释，陈新整理：《新序校释》

---

① 主要参考文献分为古籍、孝文化专题、文史哲综合三大类部，各类中又按不同内容主题(如丧葬、祭祖、宗教等)排列。同一内容主题，先依著作年代排序，次依出版时间先后。

中华书局2001年1月第1版；

10. 王贵民、杨志清编著：《春秋会要》，中华书局2009年3月第1版；

11. 陈士珂辑：《孔子家语疏证》，上海书店1987年1月第1版；

12. [宋]张载著、章希琛点校：《张载集》，中华书局1978年8月第1版；

13. [宋]程颢、程颐著，王孝鱼点校：《二程集》(全2册)，中华书局2004年2月第2版；

14. [宋]朱熹：《四书章句集注》，中华书局2003年6月第1版。

（二）孝文化专题

1. 骆承烈主编：《中华孝文化研究集成》(共12册)，光明日报出版社；

2. 骆承烈编：《中国古代孝道资料选编》，山东大学出版社2003年11月第1版；

3. 谢宝庚编著：《中国孝道精华》，上海社会科学院出版社2000年1月第1版；

4. 康学伟：《先秦孝道研究》，吉林人民出版社2000年12月第1版；

5. 王长坤：《先秦儒家孝道研究》，巴蜀书社2007年11月第1版；

6. 查昌国：《先秦“孝”、“友”观念研究——兼汉宋儒学探索》，安徽大学出版社2006年12月第1版；

7. 张祥龙:《〈尚书·尧典〉解说:以时、孝为源的正治》,生活·读书·新知三联书店2015年8月第1版;

8. 万里、刘范弟辑录点校:《虞舜大典》(古文献卷),岳麓书社2009年7月第1版;

9. 汪受宽:《孝经译注》,上海古籍出版社2004年7月新1版;

10. 高成鸢:《中华尊老文化探究》,中国社会科学出版社1999年8月第1版;

11. 丁鼎:《〈仪礼·丧服〉考论》,社会科学文献出版社2003年7月第1版;

12. 林素英:《丧服制度的文化意义——以〈仪礼·丧服〉为讨论中心》,文津出版社有限公司2000年10月1刷;

13. 徐吉军:《中国丧葬史》,武汉大学出版社2012年6月第1版;

14. 刘明:《周秦时代生死观研究》,人民出版社2013年11月第1版;

15. 刘源:《商周祭祖礼研究》,商务印书馆2004年10月第1版;

16. 钱宗范:《周代宗法制度研究》,广西师范大学出版社1989年7月第1版;

17. 钱杭:《周代宗法制度史研究》,学林出版社1991年8月第1版;

18. 陈瑛、唐凯麟等:《中国伦理思想史》,贵州人民出版社1985年4月第1版。

(三)文史哲综合

1. [美]路易斯·亨利·摩尔根著,杨东莼、马雍、马巨译：《古代社会》，商务印书馆 1977 年 8 月第 1 版；

2. [美]弗朗斯·德瓦尔：《猿形毕露：从猩猩看人类的权力、暴力、爱与性》，生活·读书·新知三联书店 2015 年 4 月第 1 版；

3. 郭沫若：《中国古代社会研究》，人民出版社 1964 年 10 月第 2 版；

4. 吕振羽：《史前期中国社会研究》，河北教育出版社 2000 年 5 月第 1 版；

5. 翦伯赞：《先秦史》，北京大学出版社 1999 年 5 月第 2 版；

6. 宋兆麟：《中国风俗通史·原始社会卷》，上海文艺出版社 2001 年 11 月第 1 版；

7. 陈绍棣：《中国风俗通史·两周卷》，上海文艺出版社 2003 年 6 月第 1 版；

8. 瞿同祖：《中国封建社会》，上海人民出版社 2005 年 5 月第 1 版；

9. 李安宅：《〈仪礼〉与〈礼记〉之社会学的研究》，上海人民出版社 2005 年 5 月第 1 版；

10. 程俊英、蒋见元：《诗经注析》，中华书局 1991 年 10 月第 1 版；

11. 李明晓、赵久湘：《散见战国秦汉简帛法律文献整理与研究》，西南师范大学出版社 2011 年 10 月第 1 版；

12. 陆建华：《先秦诸子礼学研究》，人民出版社 2008 年 12 月第 1 版。

后　记

本书，是我今生中国孝文化研究断代孝文化史系列“7部曲”的第一本。

第一本，自然是要开个好头，讨个吉利，可惜“万事开头难”，这个头并不好开，我认为，没有开好，虽然心有不甘，却也无可奈何，自己的时间精力、学识能力，都辜负当初“野心勃勃”的“宏愿”。编辑汪允普兄微信上和我说要把这本书做好，做成“开门红”，我笑道“不敢，不是‘开门黑’就行了”。成与败，“红与黑”，只能交给学界同仁“口诛笔伐”了。

我的中国孝文化研究断代孝文化史系列，目前正在第二本《秦汉孝文化史》的资料收集、撰写中，如果一切顺利，2025年应该可以正式出版为“二胎”。我和汪允普兄约定，接下来，要把这“7部曲”7本书都放在他这儿，因此，恳请他把这“带头大哥”第一本封面风格设计好，以便后面的“6个兄弟姐妹”一个接一个地排列在一起放在书架上，让人一看，就知道是“一个模子长得很像的相亲相爱一家人”。至于第二本《秦汉孝文化史》以及其后的“老二老三”们，我还是争取再多下点儿苦功夫，以便它们一个比一个“长得好”，越来越好，而不是每况愈下。这一点，我想，我还是可以拍下胸脯保证的，毕竟，先秦孝文化史最难啃，忙活完这一段，秦汉以下的，在我看来，真的是“so easy”了。

我也要“未能免俗”地感谢下这部书稿的一些“贵人”。首先是华中师范大学社科处刘师弟中兴处长，他虽然官儿比我大，是我领导，但他比我小，我更愿意称他为“广义的师弟”，觉得亲，不像领导那样让人“敬而远之”，所以我称他为“刘师弟中兴处长”，“师弟”排在“处长”之前，这是我看重的；这些年来，中兴厚爱提携我甚多，愧疚的是我碌碌无为，有负于他，本书能够立项，获得华师自主项目 5 万元“巨款”资助，必须得感谢他的功劳，希望这本书能对得起这 5 万元“巨款”。其次，还要感谢我所在的历史文化学院，这将近 10 年，“三无副教授”（无项目无经费无核心）的我一直“占着茅坑不拉屎”，对院里科研贡献“静态为零”，“母院”“不离不弃”地“容我”，给口饭吃，我老婆说我“命好”，“母院”待我不薄，起初我还不服，现在，我“卑服卑服”的，所以，我是要对吴师琦院长及其领导下的“母院”表示“感恩戴德”，不仅仅是因为这本书收到的一流学科建设项目 2 万元，绝不仅仅是，我希望，这本书的交差，可以让下一本《秦汉孝文化史》书稿受到好几个 2 万元的支持。院领导们，请让我看见你们尖叫挥舞的小手。

必须要敬谢凤凰出版社，以及其中的两个人。说起这部书稿来，也有个“一波两折”。最初，书稿是联系的中华书局，当时书局通过了，说对我这中国孝文化研究断代孝文化史系列很感兴趣，并安排了编辑对接我；结果一年后，当我社科处那5万“巨款”面临即将“动态清零”的使用期限时，我和书局说赶快签订出版合同转账，书局“猛然发现”我这“前所未有”的情况，而又说我的书稿不合书局要求。紧急情况下，只好赶快联系朋友圈的几家出版社朋友，最终，“花落”凤凰。这不得不感谢林日波师弟的“大恩大德”。十年前，刚有志于中国孝文化研究的我，在华师开讲通选课《中国孝文化》，把粗陋的讲义整理为《中国孝文化十讲》，当时，就是在日波这里编辑出版的；一晃，十年过去了，他已经高升了，不亲自编辑我这本书了，托付给了编辑汪允普兄，但这十年前后的两次机缘，还是值得铭记纪念的。因为这三年“疫情”，汪允普兄至今尚未谋面，但他应该比我小，他对拙著整体框架的调整、具体内容的删定，花了很多心思，使得书稿增色不少，接下来我愿和他一起努力，打造好我这中国孝文化研究断代孝文化史系列“7部曲”，如果他不嫌弃的话。

最后，我要特别恭谢康学伟先生。在我2006年参加工作后，我经过一番“深思熟虑”、“酝酿权衡”，最终选定中国孝文化为今生研究方向，于是便开始着手从先秦开始的中国孝文化资料收集。当我在图书馆发现康先生的《先秦孝道研究》一书后，拜读一过，将书中引文等错讹逐条笔录下来，以“初生牛犊不怕虎”的冒昧，给康先生写了一封信寄去，很快，当时还是通化师范学院院长的康先生，便交付助手给我寄来一本他的亲笔签名书。这对而立之年刚开始学术研究之路的青年“老刚子”来说，是殊为激动的鼓励！从那以后，一直和先生保持着联系，后来有了微信至今，联系更为方便，彼此也就走得更近，我俩对国内外事势的“三观相合”，更是可遇而不可求的难得！所以，本书不仅充分吸收了康先生《先秦孝道研究》一书的已有成果，更“理直气壮”地请求康先生拨冗赐序：无论从哪讲，康先生都是我这本《先秦孝文化史》最“当之无愧”、“当仁不让”的作序者。尽管这半年让我们压抑悲愤，康先生还是如约而至地满足了我的愿望，只是我微信上对康先生说的“三个一”（一分好话，一分批评，一分指示），康先生并没有做到，我感觉他对我全是三分好话了，这自是康先生对我的厚爱奖掖，我心意领了，也必将化作压力、动力，争取中国孝文化研究断代孝文化史系列“7 部曲”，呈现出越来越好的魅力、创造力！

以上，就算本书的后记罢；更多的师友襄助，容我在今后的书中，适时致谢。崔健唱道“快让我在雪地上撒点儿野”，学术著作，已经够“一本正经”的了，就让“一本不正经”的我在这后记里也“撒点儿野”吧！这样才鲜活好玩嘛，不是？

2022 年 12 月冬，辞旧迎新之际，“老刚子”书于“举国疫情全面放开一周”时。